無限と連続
─哲学的実数論─

河田直樹

現代数学社

はじめに

　本書は月刊誌「理系への数学」に 2007 年 2 月号から 2008 年 9 月号まで「無限と連続」というタイトルで連載した 20 回分の記事に加筆し，その一部を訂正してまとめたものです．

　「無限と連続」に関する'正しい数学書'は，いろいろ出まわっていて，そこでは概ね'正しい数学者'たちが微分積分あるいは解析学に関する'正しい無限と連続'論を展開してくれています．そのような'正しい数学'の華やかな都の領分においては，いまさら私如きがしゃしゃり出て何かを語る，といった必要はないのですが，しかし困ったことに，この「無限と連続」の問題は単に「数学の問題」ではないのではないか，と私自身は若い頃からずうっと感じてきました．

　それは，'学問の中心から遠く離れた鄙びた片田舎'に住んでいる'泰平の逸民'の'横着'に過ぎないのですが，そこは高木貞治先生の，そんな片田舎には「横着な泰平の逸民が生息する余地が与えられている[1]」という言葉に助けてもらうことにしましょう．

　村田全[2]氏は『散策』という数学エッセイの最後に「連続の問題は，私にはもともとわれわれの意識の持続性，連続性などに（基づくとは言わぬまでも，）深いつながりをもつものと思われる」とお書きになっていますが，私もその思いに強く共感する者の一人で，この「単に数学の問題ではない」という思いは，歳をとるにしたがい薄れるどころかますます深まり，田舎人の老害と言われそうですが，ある種の確信にまでなってしまいました．

　たとえば，数学者たちは有理数 $a, b (a<b)$ の間にも $\dfrac{a+b}{2}$ という有理数が存在することを恐れ気もなく認めますが，私自身はこれを是認することにある種の躊躇いと不安を感じ，愚かと言われそうですが，この有理数

---

[1] 『数学雑談』（共立全書）181 頁．
[2] むらた　たもつ（1924〜2008），立教大学名誉教授，数学思想史．

の存在の容認はいったい人間のどのような認識から生まれてきているのだろうか，といつも躓いてきました．それは，人間の認識主観からすでに独立に存在しているのか，あるいはその存在は人間自身の認識主観を待ってはじめて保証されているのか，といった問題が執拗に私自身に纏わりついてくるのです．

　愚かと言われて嗤われるかも知れませんが，正直かつ率直に告白すれば，「実数」を取り巻く微分積分あるいは解析学の根本にあるのは「人間精神の問題」あるいは「心の問題」ではないか，という気持ちを今もって拭い去ることが，私にはどうしても出来ません．あのラディ・ラッカー[3]が『無限と心』を書かざるを得なかったゆえんでもあります．もちろん，このような言い方をすれば，では「人間精神」とは何か，「心」とは何か，という新たな問題が浮上してきますが，ここではとりあえず「理知の論理から逸脱した曰く言いがたい領分」とでも言っておくことにしましょう．

　かつて私は『優雅な $e^{i\pi}=-1$ への旅』（現代数学社）という本で，次のように書きました．

> クロネッカーは「自然数のみ神が創造し，他の数は人間が作り出した」と述べているが，むしろ「実数」こそは「神」が人間をして造らしめた「神自身」の姿ではないか，と私には感じられる．

　この思いに今も変わりはなく，本書は「無限と連続」の原基である「実数」

---

[3] Rudy Rucker (1946〜)，『無限と心』の原題は 'INFINITY and the MIND' で，1986年好田順治氏の訳で「現代数学社」から刊行された．この本の序文ではプリンストン高等研究所の竹内外史氏との出会いについて語られており，その折り竹内氏は集合論について「**私達は，無限な心の思考の正確な描写を得ようと試みている**」と述べた，という記述が見られる．なお，ラディ・ラッカーは同じ序文の中で「論理と集合論は精密な形而上学の道具である」と書いている．

を通して,「人間精神」の問題を考えようとしたものです．その意味では人間精神,あるいはその心を考えるための「**哲学的実数論**」の書ともいえます．

　解析学の問題を考えながら,「精神や心」の足枷から抜け出せないのは,私の愚昧の為せるところですが,こればかりは今更如何ともし難く,ならばその「暗愚」を他人から何と言われようとも受け入れるほかはなく,その「曰く言いがたい精神の領域」から「純粋理性によって構築された解析学」という学問の一端を考えてみたい,と思って書き上げたのがこの本なのです．

　本書を'数学書'と言っていいかどうかは大いに疑問ですが,しかし高校生や大学初年級の学生,あるいは数学に興味のある社会人の方々を,「ルベーグ積分」や「関数解析学」の'とば口'まで案内してみたいという身の程知らずのことも考えています．なぜなら,実は,こういうテーマの中にこそ「人間精神」と「無限と連続」の問題が,アングリと口を開けて私たちの直ぐ足下にその'驚くべき深淵'を覗かせているからです．その'驚くべき深淵'の身も竦むような絶景を,読者諸氏と共に眺めてみたい,そのように思っている次第なのです．

　なお,本書は「第Ⅰ部:自然数と有理数の世界へようこそ,第Ⅱ部:実数の世界へようこそ,第Ⅲ部:関数空間の世界へようこそ」の3部から構成され,それぞれのテーマについて,関連する数学的,哲学的な問題をいろいろな面から考えてみました．第Ⅲ部,特に第10章は,少し専門的な数式が多くなりすぎ,高校生や大学初年級の学生諸君にはやや難しく感じられるかもしれませんが,分からないところはとばして読み進んでいただいてもかまいません．

　ともあれ,本書は'正統'な数学書ではないと構えて,手に取り読んで頂けたら,と思っています．そして,「無限と連続」の問題が生身の私たちの「精神と心」に深く関わっていることを実感して頂けたら,と,これは筆者の僭越な望みですが,そんなことも庶幾(しょき)している次第です．

2013年浅春　河田直樹

独逸文字

独逸文字	英文字	独逸文字	英文字
𝔄	A	𝔑	N
𝔅	B	𝔒	O
ℭ	C	𝔓	P
𝔇	D	𝔔	Q
𝔈	E	ℜ	R
𝔉	F	𝔖	S
𝔊	G	𝔗	T
ℌ	H	𝔘	U
ℑ	I	𝔙	V
𝔍	J	𝔚	W
𝔎	K	𝔛	X
𝔏	L	𝔜	Y
𝔐	M	ℨ	Z

希臘文字

小文字	大文字	読み方	小文字	大文字	読み方
α	A	アルファ	ν	N	ニュー
β	B	ベータ	ξ	Ξ	クシー
γ	Γ	ガンマ	o	O	オミクロン
δ	Δ	デルタ	π	Π	パイ
ε	E	イプシロン	ρ	P	ロー
ζ	Z	ゼータ	σ	Σ	シグマ
η	H	エータ	τ	T	タウ
θ	Θ	シータ	υ	Υ	ユプシロン
ι	I	イオタ	ϕ	Φ	ファイ
κ	K	カッパ	χ	X	カイ
λ	Λ	ラムダ	ψ	Ψ	プサイ
μ	M	ミュー	ω	Ω	オメガ

小文字の書き方は以下のようになり，"＊"のついているところから書き始めるのが標準的である．

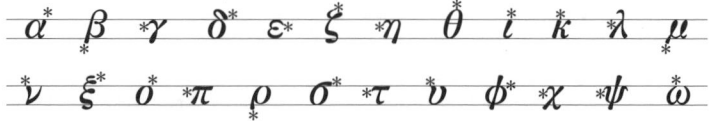

目次

はじめに ……………………………………………………………………… *i*

第 I 部　自然数と有理数の世界へようこそ

第1章　無限と連続へのいざない …………………………… *2*
1.1　小学生時代の思い出 ………………………………………… *2*
1.2　無限と連続は単に数学の問題なのか ……………………… *5*
1.3　無限, そして連続にまつわるある質問 …………………… *11*

第2章　自然数と有理数 ………………………………………… *17*
2.1　自然数の無限系列 …………………………………………… *17*
2.1.1　その次の数 ……………………………………………… *17*
2.1.2　連続との出会い ………………………………………… *21*
2.1.3　ライプニッツの形而上学と連続 ……………………… *24*
2.2　有理数の世界 ………………………………………………… *28*
2.2.1　有理数の代数構造と順序構造 ………………………… *28*
2.2.2　有理数の稠密性 ………………………………………… *32*

第 II 部　実数の世界へようこそ

第3章　実数 ………………………………………………………… *36*
3.1　実数の基本的性質 …………………………………………… *36*
3.1.1　上限と下限 ……………………………………………… *36*
3.1.2　ワイエルシュトラスの連続定理 ……………………… *39*
3.2　デデキントの切断の理論 …………………………………… *42*
3.2.1　デデキントの決意 ……………………………………… *42*

v

	3.2.2	有理数の切断 ………………………………………………	*44*
	3.2.3	無理数の創出 ………………………………………………	*46*
	3.2.4	ワイエルシュトラスの連続定理と切断公理 …………………	*50*
3.3	切断理論への疑問 ………………………………………………………		*52*
	3.3.1	私自身のある蟠り …………………………………………	*52*
	3.3.2	デデキントの数認識 ………………………………………	*56*
	3.3.3	G. マルチンの批判 …………………………………………	*59*
	3.3.4	小平邦彦の講演 ……………………………………………	*62*

第4章 可算集合と非可算集合 …………………………………… *66*

4.1	集合の定義とその算法 ……………………………………………………		*66*
	4.1.1	集合論誕生秘話 ……………………………………………	*66*
	4.1.2	集合の定義と記法 …………………………………………	*68*
	4.1.3	集合の算法 …………………………………………………	*70*
4.2	集合と写像 ……………………………………………………………………		*74*
	4.2.1	写像の定義 …………………………………………………	*74*
	4.2.2	写像の基本的な性質 ………………………………………	*77*
4.3	可算集合 ………………………………………………………………………		*80*
	4.3.1	集合の濃度 …………………………………………………	*80*
	4.3.2	可算集合の定義とその濃度 ………………………………	*84*
	4.3.3	可算集合の例 ………………………………………………	*87*
4.4	非可算集合と連続体の濃度 ………………………………………………		*92*
	4.4.1	カントールの対角線論法 …………………………………	*92*
	4.4.2	自然数の集合 N の冪集合 $\mathfrak{P}(\mathrm{N})$ ………………………	*96*
	4.4.3	濃度の大小とベルンシュタインの定理 …………………	*102*
4.5	選択公理とその周辺 ………………………………………………………		*107*
	4.5.1	選択公理とは何か …………………………………………	*107*
	4.5.2	連続体仮説 …………………………………………………	*110*

| | | 4.5.3 バナッハ・タルスキのパラドックス ……………… | *116* |

第5章　実数と数列 …………………………………………… *120*

- 5.1 無限数列 ………………………………………………… *120*
  - 5.1.1 区間縮小法の原理 ………………………………… *120*
  - 5.1.2 数列の定義 ………………………………………… *121*
  - 5.1.3 収束する数列の極限 ……………………………… *125*
- 5.2 区間縮小法の原理と連続定理 ………………………… *130*
  - 5.2.1 収束数列の基本的な性質 ………………………… *130*
  - 5.2.2 連続定理から区間縮小法の原理を導く ………… *133*
  - 5.2.3 区間縮小法の原理から連続定理を導く ………… *136*
- 5.3 ボルツァノ・ワイエルシュトラスの定理 …………… *138*
  - 5.3.1 有界な数列の収束する部分列 …………………… *138*
  - 5.3.2 集積値と有界な数列 ……………………………… *142*
- 5.4 コーシーの基本列と完備性 …………………………… *144*
  - 5.4.1 基本列は収束する ………………………………… *144*
  - 5.4.2 上極限と下極限 …………………………………… *147*
  - 5.4.3 コンパクト ………………………………………… *150*

第6章　連続関数 ………………………………………………… *155*

- 6.1 連続関数の基本的性質 ………………………………… *155*
  - 6.1.1 連続関数の存在定理のいろいろ ………………… *155*
  - 6.1.2 極限の定義 ………………………………………… *157*
  - 6.1.3 一つの問題 ………………………………………… *160*
  - 6.1.4 ボルツァノの定理の証明 ………………………… *165*
- 6.2 連続とは何か …………………………………………… *167*
  - 6.2.1 連続 = 繋がっている？ …………………………… *167*
  - 6.2.2 ボルツァノの定理再論 …………………………… *169*
  - 6.2.3 連続関数の和，差，積，商の連続性 …………… *172*

vii

		6.2.4 最大値・最小値到達の定理 ………………………	*175*
	6.3	一様連続 ………………………………………………………	*178*
		6.3.1 一様連続とは？ ……………………………………	*178*
		6.3.2 一様連続のための条件 ……………………………	*181*

第7章　カントールの3進集合とルベーグ積分へのいざない …… *186*

7.1	カントールの3進集合 ………………………………………	*186*
	7.1.1 カントールの3進集合を構成する ………………	*186*
	7.1.2 集合 T はいかなる要素から構成されているか？ ……	*188*
	7.1.3 集合 T の要素の個数はどの程度なのか？ ………	*191*
	7.1.4 イメージの危うさ …………………………………	*193*
7.2	ルベーグ積分へのいざない …………………………………	*196*
	7.2.1 なぜルベーグ積分なのか …………………………	*196*
	7.2.2 測度について ………………………………………	*198*
	7.2.3 ルベーグ積分入門の入門 …………………………	*204*
7.3	西田哲学と無限と連続 ………………………………………	*206*
	7.3.1 これまで考えてきたこと …………………………	*206*
	7.3.2 連続体のラビリントス ……………………………	*209*

第Ⅲ部　関数空間の世界へようこそ

第8章　関数空間 ……………………………………………………… *214*

8.1	距離空間 ………………………………………………………	*214*
	8.1.1 実数空間から関数空間へ …………………………	*214*
	8.1.2 距離空間の定義 ……………………………………	*216*
	8.1.3 非ユークリッド幾何の距離 ………………………	*219*
	8.1.4 基本的な距離空間の例 ……………………………	*224*
	8.1.5 今後の目論見 ………………………………………	*230*

8.2 ミンコフスキーの不等式 ······ *232*
8.2.1 Young の不等式 ······ *232*
8.2.2 Hölder の不等式 ······ *236*
8.2.3 Minkowski の不等式の証明 ······ *239*
8.3 距離空間から位相空間への展望 ······ *242*
8.3.1 至る所微分不可能な連続関数の存在 ······ *242*
8.3.2 距離空間における開球と閉球について ······ *246*

第 9 章 距離から位相へ ······ *249*
9.1 位相の言葉 ······ *249*
9.1.1 開集合と閉集合 ······ *249*
9.1.2 開集合と閉集合の基本的な性質 ······ *254*
9.1.3 距離空間における連続写像と言葉の変容 ······ *256*
9.2 位相空間 ······ *259*
9.2.1 位相空間の発想 ······ *259*
9.2.2 素朴な位相空間の例 ······ *261*
9.2.3 いくつかの位相の定め方 ······ *267*
9.2.4 位相空間における連続写像 ······ *270*
9.2.5 分離公理とハウスドルフ空間について ······ *271*

第 10 章 関数解析学事始め ······ *276*
10.1 完備距離空間 ······ *276*
10.1.1 距離空間の完備化 ······ *276*
10.1.2 完備距離空間の例 ······ *279*
10.2 縮小写像 ······ *283*
10.2.1 縮小写像の原理 ······ *283*
10.2.2 縮小写像の原理の合成写像 f^k への拡張 ······ *285*
10.2.3 縮小写像の原理の簡単な応用 ······ *287*
10.3 至る所微分不可能な連続関数 ······ *291*

ix

10.3.1	Baire の定理への準備	*291*
10.3.2	Baire の定理	*295*
10.3.3	至る所微分不可能な連続関数の存在証明	*297*
10.3.4	至る所微分不可能な連続関数の具体例	*302*

第 11 章　近代解析学と認識問題 ……………………… *307*

11.1　近代解析学と認識主観 ……………………………… *307*
11.2　完備化とは何か ……………………………………… *310*
11.3　選択公理の問題 ……………………………………… *312*
11.4　結語 …………………………………………………… *316*

おわりに ……………………………………………………… *318*
参考文献 ……………………………………………………… *320*
索　　引 ……………………………………………………… *322*

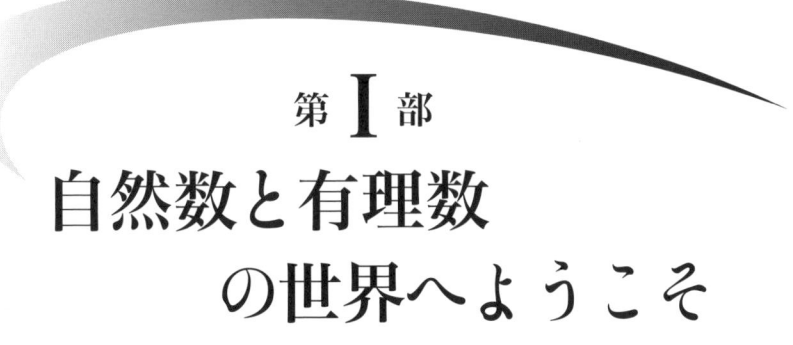

第 I 部
自然数と有理数
　の世界へようこそ

第1章
無限と連続へのいざない

1.1 小学生時代の思い出

　小数や分数を習いはじめた小学生のころ，どうしても納得できない問題がありました．それは，「1, 2, 3, …」といういわゆる「自然数」を，左から右に小さい順に並べると「2」の'左隣り'は「1」であり，'右隣り'は「3」であると，その数をきちんと名指しすることができるのですが，「小数の世界」では「2」の'すぐ左隣り'は「1.9」でも「1.99」でも「1.999」でもなく，またその'すぐ右隣り'は「2.1」でも「2.01」でも「2.001」でもなく，結局「2」の'すぐ左隣り'も'すぐ右隣り'も名指しできない，という不思議な事実でした．
　「自然数の世界」では'すぐ隣り'があるにもかかわらず，習いたての「小数の世界」では'すぐ隣り'を言い当てる「数（あるいは言葉）」がないのです．これはどうしても納得し難いことに思われ，これをどう考えていいのか分からなかったのです．いったい，「2」という隣り近所やその境界はどうなっているのでしょうか？

　これと同様の問題は，たとえば居間に掛けてあった柱時計の丸い文字盤を眺めていても感じたことでした．たとえば，午後2時を告げる「ボーン，ボーン」という音を聞いて，「2時の次は何時だろう」と自問し，それは「2時1分でもなく，2時1秒でもなく，…」というふうに考え，ついに「午後2時のそのすぐ次の時刻はないのだ！」と思い至ったときは，これはもう衝撃的としか言いようのない気味の悪さを感じたものでした．というのも，いま述べたように考えていくと「2時」から「2時1分」までの間にほとんど気の遠くな

るようなたくさんの時間が詰まっているように思われ，突如「2時1分」が自分の生きているうちにはとうてい到達できないはるか彼方の遠い未来のように受け取られたからでした．

有限の時間で無限個の点を通過することはできない！時間的な距離(＝遠近)は，単に空間的，物理的距離ではなく認識者の意識に依存するものなのでしょうか？

そういえば，その昔読んだ藤井貞和氏[1]の『ハウスドルフ空間』(思潮社)という詩集の「ハウスドルフ空間と『都市空間のなかの文学』へむかうわれわれのノート」という詩に，前田愛さん[2]が語ったという次のような言葉の引用があります．場所(＝トポス)の心理学ともいうべきたいへん面白い詩句です．

> 「……住まいのなかでオモテ＼ウラ
> ないしはウチ＼ソトの領域を分離するのは，
> 平面図の上で測定可能な物理的距離であるよりも，
> むしろ住み手の意識と，
> 場所に結びついた禁忌との相関から作り出されるもうひとつの
> 　『距離』であって，
> 二つの距離は必ずしも一致するとはかぎらない……．
> 距離空間であらわされるイレモノとしての家にたいして，
> 生きられた家の位相をハウスドルフ空間(T_2-空間)としようか．
> ……二つの分離された領域のあいだに明瞭な境界を持たない
> 　ハウスドルフ空間は，
> ここでの有効なモデルではないのか……．
> ……あるいは座敷や居間などのオモテの領域から，

---

[1] (1942～)詩人，日本文学者．「源氏物語論」で角川源義賞，「ことばのつえ，ことばのつえ」で藤村記念歴程賞・高見順賞受賞．

[2] (1931～1987) 本名は前田愛(よしみ)で男性文芸評論家．著書に『都市空間のなかの文学』『文学テクスト入門』などがある．

台所，手洗いなどの内密で隠微なウラの領域が分離，排除される条件を強めることによって，
われわれは境界のある閉集合を持つ T_3-空間のモデルを導入することができる．
ウラの領域が境界を持つ閉集合 F として隔離される，という次第だ……．
二葉亭の『浮雲』，田山花袋の『布団』，漱石の『門』，島崎藤村の『家』……．」

「生きられた家」を「ハウスドルフ空間[3]」に見立て，「住み手の意識」と「場所に結びついた禁忌」との相関から生まれる T_2 条件[4]や T_3 条件[5]を考えるという発想には非常に興味深いものがあり，「距離」を抽象して得られたという「位相」の本質を突いているような気がします．たとえどんなに狭くても，心理的位相空間としてかつての日本家屋には「座敷や居間」などのオモテの領域と「台所，手洗い」などのウラの領域との間に無限の距離が横たわっていたのかもしれません．

ともあれ，子供というものは，なんでも好きなように考えて楽しむ悪癖をもっています．少年時代のわたしも例外ではなく，こうした直線や時間にま

---

[3] Hausdorff 空間についてはいずれ詳しく述べなければならないが，ここで簡単に触れておく．実数の集合 $\mathbb{R}$ やユークリッド空間 $\mathbb{R}^n$ を抽象化して得られる空間を位相空間というが，この位相空間の相異なる 2 点が必ず互いに交わりのない近傍によって分離されるとき，これを Hausdorff 空間という．

[4] 第 2 分離公理と言われるもので，Hausdorff 空間の任意の相異なる 2 点に対し，互いに交わらない近傍が存在する条件をいう．なお第 1 分離公理または Fréchet の公理といわれる条件 T_1 があり，これは位相空間の任意の 2 点 x, y に対し，y を含まない x の近傍が存在する，というものである．

[5] 第 3 分離公理または Vietoris の公理といい，位相空間 S が T_1 条件を満たし，さらに S の任意の点 x と閉集合 A に対して，$x \in O_1, A \subset O_2, O_1 \cap O_2 = \emptyset$ となる開集合 O_1, O_2 が存在する，というものである．

つわる奇妙な論理を弄びながら自分がなにか大発見をしたのではないかと密かに思い為したものですが、その一方でこの非現実的な理屈を自分なりに論駁しようと躍起になり、しかしそれがどうしても出来ずにとうとう疲れ果ててしまった記憶があります．

さて，こうした話で読者の方はただちにあの「アキレスは亀に追いつけない」とか「飛んでいる矢は止まっている」といったゼノンの逆説を想起されるのではないかと思います．

またたとえば，数直線の上を「0.3, 0.33, 0.333, …」と辿りながら，しかし現実には決して「$\frac{1}{3}$」には到達できないことに不思議を感じた体験や，$\sqrt{2}$ が「1.41421356…」のように無限に続き，それが 0.1 の整数倍でも 0.01 の整数倍でも 0.001 の整数倍でもないこと，つまりどんな小さな単位の長さを選んでも $x^2 = 2$ で定められる正数 $x(=\sqrt{2})$ はその単位の整数倍にならないことに苛立ちを覚えたことを思い出した方もいらっしゃるのではないでしょうか．あるいはまた，大学時代に学んだ「位相空間論」を懐かしく思い出された方もいるでしょう．

いずれにせよ，ここにはふつう私たちが「無限」とか「連続」とか，そんなふうに呼び慣わしている性質（？）の容易ならざる問題が潜んでいるのは，言うまでもないことです．

1.2 無限と連続は単に数学の問題なのか

ところで，こうした「無限」と「連続」の問題は，こんにちでは「数学の問題」ということになっていて，たとえばバートランド・ラッセル[6]は『数理哲学序説』(平野智治訳・岩波文庫)の序文で次のように記しています．

---

[6] Bertrand Russell（1872〜1970）英国の哲学者，数学者，文明評論家で1950年にノーベル文学賞受賞．

第 1 章　無限と連続へのいざない

　　本書の各章で述べられたものの多くは，それに関する満足な科学がなかった時代には哲学の中に入れられていたが，本来これを哲学の中に入れるべきではない．たとえば**無限や連続の本質も昔は哲学の中で論ぜられたが，今日では数学の中の一つの研究題目である**[7]．厳密な意味での数理哲学は，おそらく決定的な科学的結論について述べるものではなく，むしろ今なお確実性をうることができないで，吾々の知識の境界近くに横たわっている問題を取り扱うものであると考えるのが自然であろう．（ゴチック体は河田）

　要するにラッセルは，「かつては無限や連続の本質は哲学の中で議論されたが，今はそれを数学の中で論ずべきである」と述べ，そして数理哲学は「今なお確実性を得ることができない問題」を取り扱うのが自然である，と指摘しています．こういった物言いはなるほどノンクリスチャン[8]にして進歩主義者，科学主義者ラッセルに相応しいと言うべきかもしれません．

　わたし自身は「無限と連続」の問題の真の難点が浮きぼられるために，この問題が可能な限り数学的に論じられるべきであるとは思いますが，しかしそれが「数学」だけの世界で論じ尽くせるとは考えていません．また将来数学的学問知や脳生理学，認知科学が「進歩，発達」して，無限と連続について「確実性」に満ちた知見が得られるだろう，と考えるほど楽天的でもありません．その意味では「無限と連続」の問題は，ゼノン以来依然として「数理哲学」の問題ではないか，いやそれ以上の問題を孕んでいるテーマではないか，と考えています．

---

[7] The nature of infity and continuity, for example, belonged in former days to philosophy, but belongs now to mathematics.

[8] ラッセルには『WHY I AM NOT A CHRISTION』という著書があり，これに対する批判として原子力科学者ダグラス・クラークは『CHRISTIANITY AND BERTRAND RUSSELL』という本を物している．

名著『零の発見』(岩波新書)で「アキレス問題」について，この問題が「わからないのは，粗雑な日常言語によってものを考えるからであって，本来こういう量に関する問題は量の言語である数学によって考えなければならない，すなわち，いまのべた級数による考えかたがこの問題に対するもっとも正しい考え方であって，これによれば，この問題など明白のきわみである，と力んでいる数学者もあるのであるが，不幸にして，私はまだその意味がよく呑み込めるほどの楽天家にはなれないでいる[9]」と述べられたのは吉田洋一氏(1898〜1989)でしたが，氏はこの書を，「直線を切る」の最終節39において次のように結ばれています．

> デデキントの与えた連続の定義が連続の本質をつくしていると考えるのは早計に 過ぎるであろう．ゼノンのまきおこした問題はいまにいたるも謎であって，デデキントの数学的連続の概念によってこれを解明しえようとはどうしても思われない．よく考えてみれば，こういう問題を考究することは，あるいは，哲学の領分であって，数学本来の職掌外であるかも知れない，という気もするのである．

　「デデキントの与えた連続の定義」とは，彼が1872年に『連続と無理数(Stetigkeit und irrationale Zahlen)』で発表した「切断(Schnitt)の理論」を指していますが，この吉田洋一氏の感慨を，私もその通りではないかと共有する者の一人です．尤も，そのように受け止めるかどうかは人それぞれであり，そこには何か人間の稟質も関係しているような気もします．
　ともあれ，「無限や連続」の問題には数学という枠におさまりきらない厄介なアポリア(＝解決困難な難問)が秘められていると言うべきでしょう．その厄介なアポリアをもう少し明らかにするために，ここでもう一人の援軍を頼むことにしましょう．それは『連続体の数理哲学』(東海大学出版会)の著者

---

[9] 『零の発見』139頁．

第1章 無限と連続へのいざない

沢口昭聿(1927〜)氏ですが，氏はこの書物の序論で，次のように述べられています．

> われわれが連続体に接するとき，その不思議な性格に深い驚異を感ぜずにはいられないであろう．連続体は直観的には自明である．われわれがそれをもっとも素朴に表象するとするならば，描かれた直線を以ってする外ないであろう．従って連続体は感性的認識の一番根底に関係がある．しかるに連続体は数学の基礎概念として高度な理性的認識の対象であり，ここではその直観的自明性は突如消滅して複雑な論理的構築物へと変貌する．よって連続体の問題は哲学の方からは，感性と理性の関係という古来の大問題とほとんど同一の課題と見做さなければならないであろう．感性と理性は調和できない．むしろ両者は相互に否定的である．ここに連続問題の真の難点がある．

ここには「連続問題」の真の難点がわかりやすく剔抉されています．「連続体」というものが，一方では「感性的認識」の対象であり，他方では数学の基礎概念として高度な「理性的認識」の対象であるという二面性を負わされており，この2つの認識が互いに疎外，否定し合い，そして調和できない[10]というのです．

同様のことは，「無限問題」についても言えます．すなわち，「有限」な人間は自然数を数え尽くすことができないだろうという「感性的現実認識」があるにもかかわらず，「いかなる自然数よりもさらに大きな自然数を思惟することができる」という「理性的仮想認識」も可能なのです．換言すれば「『際限のない繰り返し』を(理性的仮想認識によって)肯定できる『主体』自体が，そ

---

[10] 古代ギリシアにおいては，「感性的直観性」と「理性的論理性」とは原則として合致していた，あるいは古代ギリシア民族の文化意志によって合致させられていた，というべきであって，2つの認識の間の不調和が明確に自覚され始めたのは「運動」が数学の俎上にのせられ始めた近代以降というべきであろう．

の『際限のない繰り返し』をあからさまに否定されるものでもあった[11]」ということで，このギャップは一体何を意味するのでしょうか．

また，自然数における部分集合である偶数全体の個数と自然数全体の個数は，素朴な"有限世界"に依拠した「感性的認識」に頼るならば

$$(偶数の個数)<(自然数の個数)$$

という関係が成り立つはずなのですが，自然数全体の集合を $\mathbb{N}$，偶数全体の集合を $E(\subset \mathbb{N})$ とし，

$$\mathbb{N} \ni n \longmapsto 2n \in E$$
$$E \ni 2n \longmapsto n \in \mathbb{N}$$

という「理性的認識」の"対応"を持ち出すならば，

$$(偶数の個数)=(自然数の個数)$$

という関係が成立してしまうのです．この関係は，自然数の集合と正の偶数の集合のみならず，自然数と奇数，自然数と3の倍数，自然数とその平方数[12] との間にも成り立ちます．

ガリレオ・ガリレイの『新科学対話』の「第1日」には，上でのべたような例だけではなく，「無限」に関するパラドックスがいくつか紹介してありますが，ガリレイの分身とおぼしきサルヴィヤチは「私たちは人間の言葉がそれ（無限）を本当に言い表すには不十分だということを認めますが，それでも人間の本性はそれを論ぜずにはいられないのです」と語り，そしてかれは次のような結論に達します．

> 「より大」，「より小」，「等しい」という言葉が，無限量同士を比較
> したり，あるいはそれと有限量とを比較するときには使えないと

---

[11] 拙著『世界を解く数学』35頁．
[12] 平方数とは，n^2 (n は自然数) のことで，
$$n \longmapsto n^2$$
という対応を考えると，自然数の集合とその平方数の集合 (これは自然数の集合の部分集合である) とが同数の要素を持つ，ということが分かる．というよりも，そのことに同意せざるを得ないのである．

いう結論が出てくるのです．

　なるほど，私たちは「言葉」の遣い方そのものを反省してみる必要があったのですが，『無限の逆説』という著作を残したベルナルト・ボルツァノ（1781〜1848）は，有限集合においては不合理としか考えることができない

　　　　　自分の中の部分集合と自分自身が1対1に対応する

という性質をもって，無限集合の定義としました．
　同様のことはあのデデキントも『数とは何か，何であるべきか』で次のように述べています．

　　　集合 S は，もしそれ自身の真部分集合に相似ならば，「無限」であるといい，そうでない場合には S を「有限」集合であるという．

　言うまでもなく，「相似」とは，部分集合と自分自身との間に1対1の対応がつく関係のことですが，面白いのは「無限集合」を先に定義し，その否定として「有限集合」を規定している点[13]です．デデキントは，「無限集合」によって「有限集合」を定義しているのです．
　最初に述べたわたしの子供時代のささやかな経験も含めて，こうしたアポリアは，実は数学世界のさまざまなところに，まるで小さな妖怪の顔のように出没しますが，しかし，これは数学自体の問題というよりも，なにか人間の事物認識一般に関わる問題のように思われます．ただし，ここで注意しておきたいのは，その小さな妖怪の顔が見えるのは，明らかに高度な「理性的認識」の所産である「数学」のお陰であることを忘れてはならない，ということです．あえて言えば「数学」こそ，事物認識一般の問題点を闡明にしてくれるのです．

---

[13] 高木貞治は『数学雑談』202頁で「有限とは何ぞやと言われたと仮定して，有限は有限なり，読んで字の如しなどと字や語に責任を転嫁する勇気を持ち合わさないと仮定するとき，その有限とは何ぞやに端的に答えることは出来ない．然るにそれが無限集合だと，わけはない」と述べて，デデキントの定義を紹介している．

しかし，それにしても「感性的認識」と「理性的認識」とは，私たち「人間」においては，なぜ「調和できない」のでしょうか？「神」ならばいざ知らず，それは私たち「人間」の宿命なのでしょうか？沢口氏も述べられるように，私たちが「連続体」を表象する場合，1本の描かれた数直線を以ってし，これを素朴に実在する（＝実際にこの世界に存在する）もの，と考えているわけですが，私たちが五感で捉えている実在物には，何か私たち人間の与りえない非合理が胚胎しているのでしょうか．

西田幾多郎は，終生「数学」に関心を懐き続けた哲学者でしたが，かれは昭和7年（1932年）に出版した後期の代表的著作のひとつである『無の自覚的限定』で「実在と考えられるものは，その根底に何処までも非合理と考えられるものがなければならない．単に合理的なるものが実在ではない」と述べたそのすぐ後で，「ただし，非合理なるものがたとい，非合理的としても，考えられるという以上，いかにして考えられるかが明らかにせられなければならぬ．非合理的なるものが考えられるというには，我々の論理的思惟の構造そのものに，その可能なる所以のものがなければならぬ[14]」と書いています．

以って至言というべきですが，私たちも「無限や連続」がたとい非合理であったとしても，それが考えられる以上，私たち自身のその思考を，あらゆる角度から徹底的に検討してみるべきではないでしょうか．本書で，わたしが試みたいと思っているのはまさにそのことなのです．

1.3 無限，そして連続にまつわるある質問

数学における「無限や連続」にまつわる問題は，ごく少数ではありますが数学がけっして得意とは言えない大学受験生にも，大きな興味と関心をよびさまします．「ゼノンの逆説」や「嘘つきのパラドックス」，「平行線問題」は言わずもがな，「無理数と超越数」「無限集合の濃度問題」「シュワルツの提灯」「フラクタル図形」といった問題などは彼らの好奇心を刺激する恰好のテーマで

---

[14] 『西田幾多郎全集第六巻』（岩波書店）3頁．

第 1 章　無限と連続へのいざない

すが，逆にある生徒から，妙な質問をされて困惑したこともあります．
　一つは 2 直線の共有点に関する問題です．いま 2 直線
$$\begin{cases} y = x+1 \\ y = ax+1 \end{cases}$$
の共有点の個数を考えます．容易に分かるように共有点の個数は
$$\begin{cases} a \neq 1 \text{ のとき，1 個} \\ a = 1 \text{ のとき，無限個} \end{cases}$$
となります．

　ここまでは，問題ないのですが，彼によると，$a = 1.1$ のときも $a = 1.01$ のときも $a = 1.001$ のときも共有点の個数が「1 個」なのに，a が 1 になった途端にその共有点の個数が "無限個" になるのはちょっとおかしい．実際に図を描いてみると下の図 1 のように $y = x + 1$ と $y = 1.01x + 1$ とはほとんど重なっているではないか，直感的に納得できない，どうして突如 '0' 個から '無限' 個に飛躍するのか，その中間はないのか，そのあたりのところを説明してほしい，というものでした．

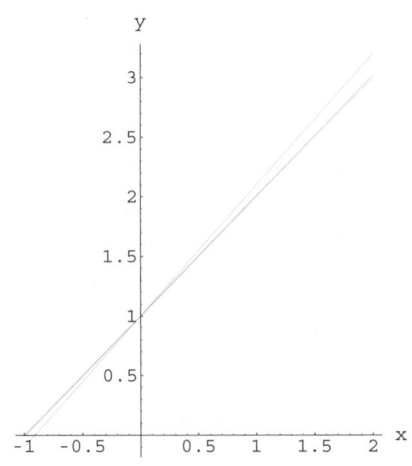

図 1　$y = x + 1$, $y = 1.1x + 1$, $y = 1.01x + 1$ のグラフ

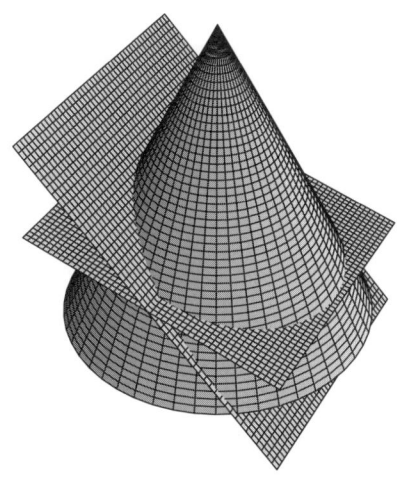

図2　円錐を平面で切ったところの図

　さらに，上の図2のように円錐を平面で切ったときの切り口の図形は，母線に対する平面の傾きによって，

楕円，放物線，双曲線

になることはよく知られた事実ですが，切り口が楕円から放物線，放物線から双曲線に変化するその変化の様子は，いったいどうなっているのか，平面が'連続的'に変化するにもかかわらず，その切り口の形が'非連続的'に変化するのはおかしいではないか，と質問されたのでした．

　正直，かれの質問にはどうこたえていいのかわからず，いささか面食らいましたが，考えてみればこの疑問はもっともなものです．読者のみなさんは一体どのようにお考えになられるのでしょうか．おそらくこの問題をほんとうに考えようとすれば，まず私たちの事物認識と言葉の分節作用の問題を反省してみなければならないのでしょう．そして，ここには「自同律，矛盾律，排中律」の三原則を柱とする古典論理学とは別種の思考法がある，というべきかもしれません．

第1章 無限と連続へのいざない

あるいはまた，ニコラス・クザーヌス[15]が，あの『知ある無知 (De Docta Ignorantia)』で探究したように，「対立物の一致」という発想が求められているのかもしれません．半径無限大の円は「直線」になる，というのはクザーヌスの有名な言説ですが，彼はこの書物の「第13章最大で無限な線の諸属性 passiones について」で次のように述べています．

> 円周がより大きな円の円周であればあるほど，その円周の曲線は，その曲度において「より少なく」minus を受け入れるからには，それよりも大きくなることのできないところの最大の円周は，最小度に曲がっている．だから，最大度に直である．それゆえ，「最小なもの」は「最大なもの」と一致する．[16]

ここに登場する「直」や「曲」，あるいは「曲度」といった言葉の定義は曖昧ですが，しかしこれらの言葉をごく常識的に解釈しておくとすれば，クザーヌスの主張は素直に頷けます．

ところで，「楕円，放物線，双曲線[17]」で思い出されるのが，地球をはじめとする惑星やほうき星 (彗星) の軌道です．地球がほとんど円に近い楕円軌道を描きながら太陽を周回していることはよく知られていますが，彗星もまた一般的には楕円軌道を描きながら太陽の周りを回っています．ただし，その楕円は非常に細長く，ハレー[18]彗星のようにおよそ75年ごとに太陽に接近す

---

[15] Nicolai de Cusa (1401〜1464)．ドイツの神秘主義哲学者，神学者で，否定神学に強い共感を示す．

[16] ニコラウス・クザーヌス『知ある無知』(岩崎允胤・大出哲訳，創文社) 26 頁．

[17] これらの曲線は定直線と定点 F までの距離の比が一定である点 P の軌跡としても定義される．点 P から定直線に下ろした垂線の足を H とすると，$e = \dfrac{\text{PF}}{\text{PH}}$ を離心率といい，$e = 0$ ならば円，$0 < e < 1$ ならば楕円，$e = 1$ ならば放物線，$e > 1$ ならば双曲線になる，というのは高校数学の '2次曲線' で学んだだろう．

[18] Edmund Halley(1756〜1742)．英国の天文学者，グリニッチ天文台長．ハレー彗星の軌道決定を行う．またニュートンを経済的に支援したのは有名．

14

るものから，数千年，数万年かかって太陽のまわりを巡るものもあります．また，中には放物線や双曲線の軌道を描く彗星もあり，この種のほうき星は，二度と再び太陽に接近することはなく，太陽系から無限に離れていく運命にあります．

ちなみに，昭和天皇は明治43年（1910年）5月と昭和60年（1985年）12月の2度にわたってハレー彗星を御覧になっており，その僥倖と御自身の健康とを感謝されるお言葉を遺されています．

「軌道離心率：マピオン大百科」によれば，地球の離心率は0.016，ハレー彗星の離心率は0.967であり，ヘール・ホップ彗星の離心率は0.995086，マックノート彗星の離心率は1.000030で，ヘール・ボップ彗星の離心率eは1より小さいので楕円軌道であり，再び我々の前に現れるのは紀元4380年（！）であると言われています．またマックノート彗星の離心率eは1よりわずかに大きいので，こちらの方は双曲線軌道で，最早我々の前にその姿を現わすことは永遠にないのです．

それにしても，「太陽系から'無限'に離れていき，最早その姿を永遠に現わすことはない」とは，一体どういうことなのでしょうか．eの値のわずかの違いが，このような軌道の大きな相違を生むわけですが，eの値が限りなく'1'に近い値，たとえば$e = 0.99999\cdots$のようなほうき星は，一体どのように振舞うのでしょうか．例の受験生の疑問が思い出されます．

ともあれ，彗星の軌道は無底の宇宙への子供時代の想いを懐かしく思い出せてくれますが，「無限と連続」という一種の超越的不可能性への先天的な憧れは，そもそもどこから生れてくるのでしょう．稲垣足穂さんの『一千一秒物語』という'ショートショート'には「箒星を獲りに行った話」というのがあり，これは「ある夜おそくホーキ星を獲りに出かけて，HÔTEL DE LA COMÈTEというホテルの部屋に入り込んだのもつかの間，いつのまにかポン！とはね返されて外に放り出され，'Ne soyez pas en colère!'と記された紙片を握っていた」というお話です．

これから私たちも「無限と連続」のホーキ星を獲りに出かけるのはいいのですが，いつのまにか'Ne soyez pas en colère!'と記された紙片を握らされて，

第 1 章　無限と連続へのいざない

いつもの見慣れた風景の中に，放り出されているのかもしれません．
　「宇宙の外は何？」と父に問い，しかし，終に残されたのは「疑問詞の空」であった少年時代の 3S（Space, Solitude, Silence）が思い遣られます．本書を読んで，結局残されたのは「疑問詞の ∅」だったとしても，そのときは，soyer（氷シャンパン）でも飲んで，どうか怒りを静めてください．
　「少年の原始リビドーの／大人の夜の深間の尚深き夜を懐かしむ／幾億万光年の思ひをたどり」．

第2章
自然数と有理数

2.1 自然数の無限系列

2.1.1 その次の数

　小学入学と同時に教わる「$1, 2, 3, \cdots$」という「数の言語」のおかげで，わたちたち現代人は，人生のかなり早い時期に「無限」という"観念"と出会うことができるように思います．しかも，ある程度はっきりした形でそれを知ることができます．もちろん，「無限」という漠然とした想念は，限りある人間の命への自覚やこの果てしない宇宙への想いなどによってもはぐくまれます．しかし，明確な言語認識の結果としての「無限」（ということは単なる経験を超越した「無限」）ということになると，やはり「$1, 2, 3, \cdots$」という自然数系列によってではなかったかと考えられるのです．

　実際，小学1年の子供でも大きな数の単位は知らないにしても，「$1, 2, 3, \cdots$」という自然数系列がどこまでも（あるいは，いつまでも）続くだろう，ということはある躊躇いと違和感とを覚えながらも，うすうす感じているものです．いま「ある躊躇いと違和感とを」と断わったのは，この予感が最終的には日常的な実体験を超越しているからです．すなわち，子供は子供なりに自分の命に限りがあること，そしてそうであれば「その次の数」をいつまでも言うことは現実には不可能であることを感じているのです．

　しかし，それにもかかわらず，「その次の数」というものを考えることができる，これはまことに不思議な体験です．「任意の自然数には，必ずその次の数がある」という発見は，素朴な経験に端を発していますが，その法則化はけっして経験的ではありません．「躊躇いと違和感」とは，すなわちその「経験的でない」というところに根差すそれにほかなりません．

ところで，この「法則化」の私たちの直観的な是認がどこからやってくるのか，という問題は一度は考えておかなければならないテーマですが，たとえば音響生理学で有名なヘルムホルツ[1]は「意識現象の継起という心理的経験」にその根源をみていたようです．この説は「Zählen und Messen（数えることと計ること）」という論文の中にあるそうで，白石早出雄著『数と無限の哲学』（共立全書）には次のような説明があります．

> ヘルムホルツに依れば，意識現象が時間的に次々と起こってきて，一つの系列をなして来るとき，その系列は一定不変の様式を持っている．即ち最初の意識現象があり，その次のものがあり，更にその次があるという風に引続いて来る訳で，そういう引続き方，即ち継起の様式は個々の意識現象の内容がどんなものであるかということに無関係である．
> 　さて継起の一定不変の様式を我々の記憶に保存する為に $1, 2, 3, \cdots$ なる記号の系列を取って，最初の意識現象に 1 なる記号を結び付け次の意識現象に 2 なる記号を結び付け，順次斯の如くしていく．このとき，これ等の記号 $1, 2, 3, \cdots$ を順序数と名づくるのである．自然数には物の数を表す基数と順序を表す順序数が考えられるが，ヘルムホルツは先ず順序数から基礎づけようというのである．[2]

なるほどと頷かされる考え方ですが，白石氏はこれを「卓見」としながらも，「経験説」の一種であって，この「経験説に直ちに賛成するというわけにはいかない」と書かれています．そして，その論拠の一つとして，「今仮に任意の数に

---

[1] Helmholtz（1821～1894）ポツダム生まれの物理学者，生理学者でベルリン大学では医学を学び20歳代は軍医であった．1855年ボン大学教授をかわきりにハイデルベルク大学，ベルリン大学の教授を歴任し，晩年は国立理工学研究所総裁になる．
[2] 『数と無限の哲学』11頁．

は次の数ありということを経験的法則とするも，この法則を次々に『無制限に限りなく適用してゆく』という思想そのものは経験から来ることは出来ない．経験ではいつも或数までしか到達出来ない故，純粋に経験の範囲に止まるとすれば，無限に進行するという如き観念が得られる筈はないのである．斯様な無限進行ということ，従って無限進行の可能性を持っている法則たる『任意の数には次の数がある』という法則は共に経験を超越したものである」と述べられています．

わたし自身は，ヘルムホルツの考え方を単に「経験説」として割り切ってよいものかどうか迷っています．実は，私もヘルムホルツと同じように「自然数」を「再帰的自己意識」に関連させて考えていた時期があります．拙著『世界を解く数学』(河出書房新社)から引用してみます．

> 「春の目覚め」に思春期に入れば誰でも，「ここにいる自分」を観察している自分(これを自分'と書こう)を意識しはじめるが，これが過ぎると，その「観察している自分」を見ている自分(これを自分"と書こう)をさらに意識しはじめ，こうなるといわゆる「自意識過剰」ということにもなるが，さらにその「過剰の道」をまっしぐらに突き進んでゆくと，
>
> 　　　　自分'，自分"，自分"'，自分""，・・・　　…(＊)
>
> なども考えることができる．
>
> 　これは曾呂利新左衛門の
>
> 　　　　(須弥山にかけたる人)を呑む人をふきとばす
>
> 歌の結構にも似ているが，この「過剰の道」は「無限個の自分」に通ずる．とすれば，無限産出の原理は，人間の自意識そのものの反映であり，「再帰的自己意識」にこそ「おしまいの現れない」自然数系列のつくられてゆくメカニズムが隠されていた，と言わなければならない．「自然数のおしまい」は，私たちの外部に潜み隠れていたのではなかったのだ．

19

第2章　自然数と有理数

　この「再帰的自己意識」のメカニズムを抽象化して，数学的言語で自然数の集合を定義してみせたのが，イタリアの数学者ペアノ[3]だったと言ってもいいのではないかと思いますが，ペアノは次の5個の公理（(P1)〜(P5)）を満たす集合 N を考えて「自然数」を定義します．

(P1)　N には1つの要素 e が含まれている．

(P2)　N の各要素 n に対して，それぞれただ1つの N の要素 n' が定まるような対応が定められている．n' を n の"直後の要素"，n を n' の"直前の要素"という．

(P3)　$e = n'$ となる N の要素 n は存在しない．すなわち e の直前の要素は存在しない．

(P4)　N の要素 m, n に対して $m' = n'$ ならば，$m = n$ である．

(P5)　N の部分集合 M が，次の性質 1. 2. をもてば，M と N とは一致する．
　1. e は M に含まれる．
　2. n が M の要素であれば，n' も M に含まれる．

　(P1)から(P5)までをまとめて「ペアノの公理(Peano's axiom)」といい，上で考えた集合 N の各要素を「自然数」というはよく知られています．ペアノはこの公理で，集合 N に最初の要素 e が存在することを確認し，e の次の要素（直後の要素），e の次の次の要素がただ一通りにどんどん定まって，これらがすべて N のメンバーである，と述べます．そして，上で述べた性質によって，N の要素を「漏れなく，重複することなく」並べることができて，いまそれを左から順に書いていくと

$$e,\ e',\ (e')',\ ((e')')',\ \cdots\cdots$$

---

[3] Giuseppe Peano（1856〜1932）イタリアの数学者．ペアノ曲線の発見者であり，自然数の公理化を最初に行った．

のようになります．実はこれは先ほどつくった自意識の系列（∗）と瓜二つです．そこで私たちはあらためて，「自分」または「e」を"1"，「自分'」または「e'」を"2"，「自分''」または「e''」を"3"，「自分'''」または「e'''」を"4"というふうにかくことにすれば，ここに私たちに馴染みの「自然数系列」を得ることができるというわけです．いうまでもなく，これは限りなく続く系列です．なぜなら，この系列が n で終わったと仮定しても，公理(P2)により，n の直後の要素 n' が決まり，この n' はいま考えている系列の要素だからです．すなわち，これは仮定に反します．

この集合を私たちはふつう "$\mathbb{N}$" という記号で表しますがともかく，現在の私たちはすでに小学生にして，「自然数」に対してペアノが明確に公理化したことを，ごく素朴ではありますが直感的に理解し，そして「無限」というものをある程度論理的に考えてみることができる「自然数の無限系列」という「数の言語」を手にしているのです．小学生にとって，「無限」とはまさに全自然数の集合 $\mathbb{N}$ にほかなりません．

2.1.2 連続との出会い

それに対して「連続」の方はどうでしょうか．「連続」というものが何か，という話はいまは措くとして，「連続」に関連してすぐに思い浮かぶのは，下図のようないわゆる「数直線」ではないかと思われます．

整数比の「分数」や「小数」が自在に扱える小学5，6年生にもなれば，この数直線の「0」と「1」との間には，たくさんの「点」が「連続的」に詰まっていて，その一つ一つの「点」に「数」をキチンと対応させることができるだろうと，大人顔負けの「いっぱし」のことも考えるようになります．しかし，これが「運の尽き」で，1.1でも述べたように，「1」のすぐ「左隣りの点」は 0.9 でもなく 0.99 でもなく，以下いくら9を並べてもその「すぐ左隣りの点」を言い当てる「数」

がないという結論に至るのです．そして挙句の果てには，「1」のすぐ左隣りそのものがなく，「連続とは連続ではないこと！ なぜなら1と繋がっているまさにその点を言い表す『数』が存在しないからだ」と言ってみたくもなるのです．

「無限」は「自然数」という「数言語」によってひとつの可能性としてそれなりに考えることができましたが，「連続」はそうはいかないのです．わたしの個人的な愚かしい思い出ですが，数直線上の 0 と 1 の間にある「数」をすべて「分数ないしは小数」で言い尽くせば「連続」が把握できると妄想し，しかしそれがどうしても不可能なことに苛立った記憶があります．そして「連続」なんてものはないのだ，と考えたこともあります．

また，中学生になれば「ピュタゴラスの定理」に関連して，
$$x^2 = 2 \quad (x > 0) \qquad \cdots ①$$
を満たす整数比の分数 x，すなわち「有理数 x」は存在しないという，これまた是認したくないようなコトを受け入れざるを得なくなります．それで私たちは，数 x を $\sqrt{2}$ のように記し，この種の数を「無理数」と言い習わしているわけですが，①を満たす x をそれまでに習った小数で表すと，
$$1.4142135623730950488\cdots\cdots$$
のようになり，小数部分は絶対に循環することなく「無限」に続くというのです．

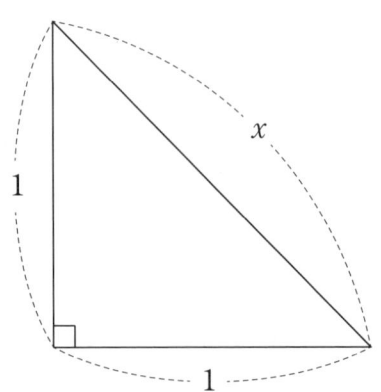

素朴かつ日常的な立場にたってこのことを考えると，これはまことに困ったことという他はありません．なぜなら，展開された小数部分をいくら辿っていっても①を満たす数 x に到達できないにもかかわらず，その一方で私たちは上図のように数 x に相当する長さをもった自己完結した線分の存在を見ているからです．小数部分を辿るという日常的な行為によって，数 x を完全に把握することは不可能なのです．

　実は，すでに小学生のとき私たちは $\sqrt{2}$ よりももっとキッカイな数を教わります．いうまでもなく円周率[4]

$$\pi = 3.1415926535897932384626433832795\cdots\cdots$$

であり，よく知られているようにこれはどのような有理数係数の代数方程式；

$$a_0 + a_1 x + a_2 x^2 + \cdots + a_n x^n = 0 \quad (a_i \in \mathbb{Q},\ i = 1, 2, \cdots, n)$$

の解にもならない「超越数[5]」になります．数学屋は「超越数」とひとことで言いますが，これは恐るべき「数」であり，私たちが知っている有理数や無理数のほとんどすべての数が「代数方程式」に依拠し，その「代数方程式」がその数の認識の淵源であったとするならば，まさに「超越数」とは私たちのごく一般的な数認識の範疇を超えている数なのです．しかもそれが「円」というもっとも身近な図形に隠されているとは，いったい自然界のどんな秘密によるのでしょうか．

　ともあれ，私たちは「自然数」というものによって「無限」というものをまがりなりにも考えることができましたが，数直線における「連続」をそれまでに習った「分数」や「小数」で捉えようとすると，奇妙な論理の迷路に迷い込みます．もちろん，いまはあえてふれませんが「無限」にも「無限のパラドックス」はあります．しかし「連続」はそれよりもさらに複雑で厄介な難問に私たちを

---

[4] ratio of circumference of circle to its diameter.

[5] transcendental number. 超越数には，π のほかに自然対数の底 e もあり，e の超越性は 1873 年に Hermite（1822〜1901）によって，また π は 1882 年に Lindemann（1852〜1939）によって証明された．

直面させるのです．

　「$\sqrt{2}$」や「π」の傍ではどんな数が犇きあっているのでしょうか．この問いに個々の「数」でこたえようとした途端に「数の連続性」そのものが破綻していくのです．「連続性」は物事の分節機能を先天的に内包している言語認識を受け付けない宿命にあるのでしょうか？ そうであれば，いやそうであればこそ，私たちには分かりきっていたと思われた数の「連続性」について

「連続」とは何か？

という問いをあらためて問う必要があるのです．

2.1.3　ライプニッツの形而上学と連続

　「数の連続性」については，私たちはそれが何であるかを直観的(あるいは直感的)には知っていても，それに「数の言語」で明確にこたえるすべを知らず，ただただ呆然と立ち竦むだけです．この慨嘆は，アウグスティヌス[6]の『告白』第11巻，第14章のあの有名な時間論を想起させます．彼はこんなふうに「告白」しているのです．

　　それでは時間とはいったいなんであるか．だれがそれを容易に簡単に説明することができるであろうか．だれがそれを言語に述べるために，まずただ思惟にさえもとらえることができるであろうか．しかし，私たちが日常の談話において，時間ほど私たちの身に近い熟知されたものとして，語るものがあるであろうか．そして私たちは時間について語るとき，それを理解しているのであり，また，他人が時間について語るのを聞くときにもそれを理解している．それでは，時間とはなんであるか．だれもわたしに問わなければ，わたしは知っている．しかし，だれか問うも

---

[6] (354〜430) Aurelius Augustinus，初代キリスト教会最大の教父であり，中世思想に決定的影響を与えた哲学者．主著は『告白』『三位一体論』など．

のに説明しようとすると，わたしは知らないのである．しかもな
お，わたしは確信をもって次のことを知っているということがで
きる．すなわちなにものも過ぎ去るものがなければ，過去という
時間は存在せず，なにものも到来するものがなければ，未来と
いう時間は存在せず，なにものも存在するものがなければ現在
という時間は存在しないであろう．わたしはそれだけのことは
知っているということができる．

　「時間」はとりあえずは「数直線」と同型と考えられますので，アウグスティ
ヌスの言葉は，私たちが数直線の連続性に直面したときの戸惑いに酷似して
います．時間や運動のことを考えれば，「連続性」は私たちに身近かなものでむ
しろ熟知されているといっていいのかもしれません．私たちは日常生活にお
いて「連続」について語るとき，それを一応理解していると信じています．し
かし，「連続とはなにか」と問う者に，それを説明しょうとした途端に，これま
で述べてきたように，その正体が言語認識の暗闇の中に溶暗してしまうので
す．
　ところで，かのライプニッツ[7]は，「無限と連続」を言語認識の暗闇から救
い出そうとしてこの問題を生涯にわたって考えつづけた近世の稀有な哲学者
ですが，『ライプニッツその思想と生涯』[8]には面白い記述があります．ライプ
ニッツはある友人に宛てた手紙の中で「しかし，静力学（Mechanik）と運動論
（Bewegungslehre）そのものの最終的な基礎を追求しているときに，実に驚
いたことに，私は次のようなことがわかったのです．つまり，その基礎は，

---

[7] Gottfried Wilhelm Leibnitz（1646～1716）ドイツの哲学者，数学者，物理学者であるが，
その業績は言語学，神学，歴史，法律，政治など多方面に及び，外交官，技術家，実務
家としても活躍．著書，論文，書簡などは膨大な量にのぼるが，生前の公刊された哲学
主著は『弁神論』の一冊のみ．

[8] R・フィンスター＆G・ファン・デン・ホイフェル著，沢田允茂監訳向井久他訳（シュ
プリンガー・フェアラーク）．

数学の中には見出すことはできず，それを発見するには形而上学へと逆戻りしなければならなかったのです」と書いているというのです．

「形而上学」とは，これは少々胡散臭い話ですが，実は，かれと同時代の哲学者たちからはあまり省みられることのなかったトマス・アキナスをはじめとするスコラ哲学に，ある種の強い共感を懐いていたライプニッツは『形而上学叙説』でも同様のことを繰り返し述べています．すなわち「物体のさまざまな現象を説明するには，拡がりというものからはなれた形而上学的考察によらなければならない」とか「もし，力学の法則が幾何学だけに依存して形而上学を欠くとすれば，現象はまったくちがったものになるであろう」とか，あるいはまた「物体の本性の一般的原理，さらにまた力学の一般的原理は幾何学というよりもむしろ形而上学的であり」といった具合にです．

いったいこれはなにを意味しているのでしょうか？わたしは，ながいことこの問題を考えたことがありますが，ライプニッツのいう「形而上学」とは「『無限者』をその源泉とする『連続性の哲学あるいはその原理』」のことではないかと結論づけるようになりました．ここではライプニッツにとっての「無限者と神」の問題は措くとして，かれにとって「連続性の哲学」と「形而上学」はシノニムであり，「連続性の哲学」として「形而上学」を語っていたのではないかと思われます．したがってその「形而上学」は，無限と連続概念をその核にもつ近代数学の萌芽であったということもできるのではないでしょうか．

ライプニッツは書いています．「与えられ仮定された要素の系列において，2つの項の区別が無制限に減少するとき，その系列から生じる従属的な要素において，必然的にその区別は，任意に小さな量よりも，その区別が小さくなる[9]」——これは要するに，連続関数の概念であり，いま「2つの項」を a, x とし，$x \longrightarrow a$（2つの項の区別が無制限に減少する）のとき，その系列から生じる従属的な要素，すなわち $f(a), f(x)$ においても $f(a) \longrightarrow f(x)$ のようにな

---

[9] 沢口昭聿著『連続体の数理哲学』序論参照．

る, ということを述べているのです.

もっと, いま風にのべれば, 任意の正数 ε に対して, ある正数 δ が定まって,
$$|x-a|<\varepsilon \Longrightarrow |f(x)-f(a)|<\delta$$
が成り立つ, ということにほかなりません.

またライプニッツはこんなことも述べています.「所与の系列において2つの項が互いに連続的に近づくとき, すなわち最後に一方が他方に移行するとき, 従属的に対応する所求の系列において同じことが必然的に行われる」と. そして, これは「所与の中の法則的秩序は所求の中の法則的秩序に対応する」という一般的な形に敷衍されます. 沢口氏は, このあたりの消息を「これらの原理の表現を見るとほぼ函数の連続性に相当することは明らかであるが, これは原理であって定義ではない. ライプニッツによれば, これは数学, 物理学などに遍なく適用する普遍的原理であって, その源泉は無限者にあるという. つまり真なる形而上学的原理なのである」と述べられています.

確かに, ライプニッツの「形而上学」は「19世紀の後半に至って, 批判数学の発展の後, 連続性の本質が闡明されて, 始めて論理的根拠を獲得[10]」するための魁であったというべきなのです.

私たちは, さらに「連続の問題」を考えるために, そのもっとも典型的モデルである「実数」について考えてみなければならないでしょう. そして, それはライプニッツの「モナド」の存在論的な構造を考えることにつながっているのかもしれません. しかし, 先を急がないで, 次節では「有理数」について考えてみます.

---

[10] 高木貞治著『数の概念』序.

2.2 有理数の世界

2.2.1 有理数の代数構造と順序構造

　私たちは，中学3年で教わる $\sqrt{2}$ や $\sqrt{3}$ などの無理数によって，はじめて「実数」というものに出会います．そして高校数学では実数の連続性というものを，私たちが暗黙のうちに共有しているいわく言いがたい「連続への直感」とも言うべきものに依拠して，それをすでに自明なものとして議論をすすめていきます．

　たとえば，$y = 2^x$ という指数関数において，$x = \sqrt{2}$ のとき y がどんな数になるかは常識的な直感にゆだねて，そのグラフをなめらかに繋がったものとして描きます．また，数列や関数の極限においても「連続の原理」すなわち「運動の原理」と考えてその扱い方はきわめて感覚的です．ある意味では，それは仕方のないことですが，しかし，'実数の連続性'というものが，なにか私たちの素朴な直感を裏切る性質をもっているのではないか，ということはこれまで述べてきたとおりです．

　実際，0から1までの実数をひとつひとつ「名指し」できないにもかかわらず，私たちは0から1までの実数全体をすでに体感，あるいは直感しています．いや，むしろ逐一名指しできないがゆえに，それに'連続'という言葉を与えたといってもいいのかもしれません．ここには「一と多」の問題が潜んでいますが，言語化された点(＝数)をいくら列挙しても私たちは「連続」に到達できないのです．

　ともあれ，実数の連続性の問題を数学的に考えてみるには，整数や有理数がそもそもどんな結構をもっていたかをいま一度反省してみる必要がありそうです．

　ところで，「数」は

順序構造，代数構造，位相構造

の3つをもっている，といわれています．すなわち「順序構造」とは数の大小関係，「代数構造」とは数の加減乗除などの演算規則，そして「位相構造」とは

要するに数直線における点同士の近さの問題です．

いうまでもなく，私たちは順序構造にもっとも早く接し，次に数の演算規則に慣れ親しんでいきます．そして，位相構造については曖昧なまま，高校数学を卒業していきますが，その過程のなかで，ごく自然に自然数の世界($\mathbb{N}$)，整数の世界($\mathbb{Z}$)，有理数の世界($\mathbb{Q}$)，さらには実数の世界($\mathbb{R}$)を獲得していきます．

高校で微分積分を教わったとしても，位相構造に関してはかなり無自覚であるのは致し方のないことで，歴史的にみても「位相概念」が確立されていくのは，ボルツァノ(1781～1848)，コーシー(1789～1857)，ワイエルシュトラス(1815～1897)，カントール(1829～1920)，デデキント(1831～1916)などが活躍する19世紀以降です．

『数学-その形式と機能』(森北出版)[11]の著者S.マックレーンは「実数」について次のように述べています．

> 実数で測られる大きさとその近似への応用に関して実用的な理解が進むにつれて，やがて実数体$\mathbb{R}$を適当な公理で特徴づけようとする考えが出てくる．それには$\mathbb{R}$が順序体であるというだけでは十分ではない．なぜならば，有理数体$\mathbb{N}$や形式的冪級数体$\mathbb{R}((t))$をはじめ，ほかにも多くの順序体が存在するからである．$\mathbb{R}$を決定づける特徴は完備性の公理，すなわち，上に有界な空でない実数の集合はつねに上限をもつ，という公理である．この性質をもつ順序体は，完備順序体と呼ばれる．

次章では，なぜ実数を決定づけるのが「完備性の公理」なのか，その数学的な技術面を観察しながら，この問題を考えてみたいと思いますが，以下では有理数全体の集合$\mathbb{Q}$がどんな性質を有していたかを簡単に概観しておきましょう．

---

[11] 弥永昌吉監修，赤尾和男・岡本周一共訳．134頁．

第 2 章　自然数と有理数

（I）$\mathbb{Q}$ は体をなす．

　数の集合 K が「体をなす」とは，K の 2 つの要素 a, b に対し，加法 $a+b$，乗法 ab が定義されていて一意に定まり，$a+b$（和）も ab 積も K に属し，次の (1)～(4) が成立することである．

　(1) 以下の交換，結合，分配法則が成立する．

- 交換法則；$a+b = b+a$, $ab = ba$

- 結合法則；$(a+b)+c = a+(b+c)$, $(ab)c = a(bc)$

- 分配法則；$a(b+c) = ab+ac$

　(2)（加法と乗法の単位元の存在）K に次の性質を満たす加法の単位元 0 と乗法の単位元 1 が存在する．
$$a+0 = a, \quad a \cdot 1 = a$$
　(3)（加法の逆元の存在）K の任意の元 a に対して，
$$a+x = 0$$
であるような a の加法の逆元 $x = -a$ が K の中に存在する．

　(4)（乗法の逆元の存在）K の 0 と異なる任意の元 a に対して，
$$ax = 1$$
であるような a の乗法の逆元 $x = a^{-1}$ が K の中に存在する．

（II）$\mathbb{Q}$ は順序体をなす．

　集合 K が「順序体」であるとは，K が体であって，かつ K の元の間の大小関係が次の (1)～(4) を満たすように定められていることである．

　(1) K の任意の 2 つの元 a, b に対して
$$a > b, \ a = b, \ a < b$$
のいずれか 1 つのみ成立する．

　(2) K の 3 つの元 a, b, c に対し，
$$a \geq b, \ b \geq c \Longrightarrow a \geq c$$

が成立する．

(3) K の 3 つの元 a, b, c に対し，
$$a \geqq b \Longrightarrow a+c \geqq b+c$$
が成立する．

(4) K の 3 つの元 a, b, c に対し，
$$a > b, \ c > 0 \Longrightarrow ac > bc$$
が成立する．

いま確認したことはよく知られていることですが，有理数は元来「分割（または分節）」という作用あるいは操作に対応する記号として生まれてきたもので，(I) はその有理数の代数的構造に関する性質にほかなりません．要するに足し算，引き算，掛け算，割り算が可能だ，述べているだけのことです．ここでは，有理数がどのように定義され，その演算がどのように行われるか，ということには触れませんが，とりあえずは私たちが普通に行っている分数計算を想起してもらえれば十分でしょう．(II) は有理数の順序構造に関する性質です．これについても，私たちのごく素朴な大小感覚を論理的に裏付けたもので，特にコメントする必要はないのですが，(1) は少々気になるところではあります．というのは，オランダの数学者ブローエル[12]に代表される直観主義一派のように，排中律に異を唱え $a > b$, $a = b$, $a < b$ のいずれも成立しないことも起こり得る[13]という立場もあるからです．

---

[12] Luitzen Egbertus Jan Brouwer(1881〜1966)．スティーブン・F・バーカー『数学の哲学』（赤摂也訳，培風館）の 117 頁には，次のような説明がある．「ブルーウェルはカントと同様，時間的にかぞえるという'純粋直観'は数の数学の立脚点として役立つ，と主張した；そうしてその結果，"直観主義"という名前がこのグループの哲学につけられたのである．しかし，これらの新しい数学者たちにとっては，直観主義はカントの場合とは異なり，単に哲学的理論にとどまらなかった；かれらはこの直観主義にしたがって，実際に，数学的議論の正当性についてかれらの判断が，直観主義を受け入れない他の数学者の判断と食い違うところまで，その数学的仕事を押し広げたのである」．

[13] これについては拙著『優雅な $e^{i\pi} = -1$ への旅』の 114 頁を参照して頂きたい．

$\mathbb{Q}$ の任意の 2 つの元 a, b については，等しいか等しくないかのいずれかが成り立ち，等しくない場合には $a > b$ か $a < b$ のいずれかが成り立つ，という論理の背景には，自同律[14]や排中律[15]があることを忘れてはならいと思います．そして，自同律も排中律も単なる論理法則というよりも，有限な存在である私たちの言語認識のもつ分節作用の必然的な要請のようなものであったとも考えられます．その意味では，直観主義の立場は，人間の有限性を顧慮した考え方であり，「数学」に，というよりも「数理哲学」にとって重大な意味を持っているというべきかもしれません．

2.2.2 有理数の稠密性

ところで，有理数の大きな特徴の 1 つは，「有理数と有理数との間に無数の有理数が存在する」ということです．実際，いま $a, b (a < b)$ を有理数とし，新しい有理数 c_1 を $c_1 = \dfrac{a+b}{2}$ （これが有理数であることは（Ⅰ）によって保証される）で定めると，

$$\frac{a+b}{2} - a = \frac{b-a}{2} > 0, \quad b - \frac{a+b}{2} = \frac{b-a}{2} > 0$$

のようになり，これより，

$$a < c_1 = \frac{a+b}{2} < b$$

となります．以下同様に，

$$c_2 = \frac{a+c_1}{2}, \quad c_3 = \frac{a+c_2}{2}, \quad c_4 = \frac{a+c_3}{2}, \ldots$$

のように定めていくと，

$$a < \cdots < c_n < c_{n-1} < \cdots < c_3 < c_2 < c_1 < b$$

のようになって，「有理数と有理数との間に無限個の有理数がある」ことがとりあえずはわかります．

---

[14] law of identity； $p \equiv p$

[15] law of excluded middle； $p \vee \overline{p}$

この無限個の有理数の産出原理を一般化してみると，漸化式
$$c_{n+1} = \frac{a + c_n}{2} \quad (n = 1, 2, 3, \cdots)$$
に集約されますが，上の漸化式による有理数の産出原理はまた自然数 $\mathbb{N}$ から $\mathbb{Q}$ への
$$\mathbb{N} \ni n \longmapsto \frac{a + c_n}{2} \in \mathbb{Q}$$
という写像で捉えることもできます．そして有理数 a と b の間に無数の有理数が存在することは，結局自然数の集合 $\mathbb{N}$ が無限集合であることの反映にほかならなかった，ということもできます．

上の議論では，数直線における 2 つの有理数の中点を表す有理数を作ることによって，無数の有理数が存在することを示しましたが，もちろん有理数 a, b に対して $\frac{ma + nb}{m + n}$ ($m, n \in \mathbb{N}$) をとることを繰り返すことで，無限個の有理数が存在することを示すこともできるのはいうまでもありません．

ともあれ，「有理数と有理数の間に無限個の有理数がある」ことは整数の世界との決定的な違い（整数と整数の間には無限個の整数は'存在'しない）ですが，このような有理数の性質を**稠密性**(density)といいます．

「稠密 (dense)[16]」とは何か，ということはなかなか難しいことで，自分のことを考えると小中学生にとっては「稠密 ≒ 連続」であり，「稠密」と「連続」とがほぼ同義語ではなかったのか，とも思われます．つまり，

$$\text{稠密} \rightarrow \text{ビッシリ詰まっている} \rightarrow \text{連続}$$

という粗雑な思考です．数学的にはこの 2 つに截然とした区別がある，ということはいうまでもありませんが，しかし私はこれを明確に認識するのはかなり困難なことではないかと，感じています．

中学生時代の数学の恩師から 2 次方程式 $x^2 = 2$ の解は有理数の集合 $\mathbb{Q}$ の

---

[16] '位相' の言葉では，位相空間 S の部分集合 M の閉包 $\overline{M}$ が S に一致するとき，M は稠密である，という．

中には存在せず，したがって「有理数の集合はスカスカで，穴だらけだ」と聞かされたときはかなりショックだった記憶があります．そして，愚かと受け取られるかもしれませんが，「稠密」である有理数の集合を実数の集合の中でどのようにイメージすればよいのかという問題[17]は，私を長い間悩ましていました．

---

17 これについては拙著『優雅な $e^{i\pi} = -1$ への旅』の 51 頁〜54 頁に述べてあるので，参照して頂けたらと思う．

第II部
実数の世界へようこそ

第3章
実数

3.1 実数の基本的性質

3.1.1 上限と下限

　数理哲学者の Hugh Lehman は「**実数論の言明はさまざまな領域の数学的知識を象徴的に示している**[1]」と述べていますが，正にその通りであり，集合や位相の概念のみならず関数論や関数解析，微分幾何や多様体などの世界を知るにしたがって，そのことを強く実感するようになるはずです．

　実数の世界が有理数と同様に順序体をなすことは周知の事実です．では，有理数の集合 $\mathbb{Q}$ と実数の集合 $\mathbb{R}$ の本質的な違いとは何なのでしょうか．いうまでもなく，それは，

$$\mathbb{R} \text{ は連続性を満たし, } \mathbb{Q} \text{ はそれを満たさない}$$

ということでしょう．しかし，その「連続性」とは何なのか？ 数学者たちはそれをいったいどのように定式化してきたのか，この問題を数学的に考えるにはいくつかの「言葉」を準備する必要がありますが，その前に1つの簡単な問題を考えてみます．いま2つ集合

$$E = \{x \in \mathbb{R} \mid x < 2\}, \quad F = \{x \in \mathbb{R} \mid x \leq 2\}$$

を考えます．すぐにわかるように，集合 F には「順序構造」により最大数（その集合に属す一番大きい数）が存在します．いうまでもなくそれは2です．

　では，集合 E の最大数はいったい何なのでしょうか？ 高校生にこの問題を質問すると，'2' と答える者が必ず何人かはいます．また '2' を超えない最

---

[1] 『数学と哲学』（岩坪紹夫訳・紀伊國屋書店）16頁．

大の数がそれだ，となんとも奇妙な答を言い出す生徒もいますが，もちろん最大数は存在しません．これは第1章の冒頭で述べた，'2'の直ぐ左隣りはどんな数か，という問題とも重なりますが，'2'と答えた高校生の気持ちもわからないわけではありません．'2'は集合 E には属してはいませんが，集合 E の上の限界と考えることができるからです．

そこで私たちは，その高校生の気持ちをうまく表現するために次のような言葉を準備します．いま $\mathbb{R}$ の部分集合 A の任意の元 x に対して，$\mathbb{R}$ のある元 m が $x \leq m$ を満たすとき，m を集合 A の**上界**（upper bound）ということにします．いうまでもなく m より大きい数はすべて A の上界です．そして，上界をもつ集合 A を**上に有界**であるということにします．すなわち，

$$\text{実数の集合 } A \text{ が上に有界} \iff [\exists m \in \mathbb{R}; x \in A \Longrightarrow x \leq m]$$

と定義します．ここで，'∃'は「存在記号（あるいは特称記号）」と言われるもので，'⟺'の右側は，「x が集合 A の要素であれば，x を上から押さえる実数 m が存在する」とか，「ある適当な実数 m が存在して，x が A の要素であれば，x は必ず m 以下である」といった意味を表します．

同様に，**下界**（lower bound），**下に有界**という言葉も定義します．すなわち，

$$\text{実数の集合 } A \text{ が下に有界} \iff [\exists m \in \mathbb{R}; x \in A \Longrightarrow x \geq m]$$

ということになります．そして実数の集合 A が上にも下にも有界であるとき，これを単に**有界**といいます．

さらに，実数の集合 A が上に有界であるとき，「最小の上界」を**上限**（supremum, least upper bound）といい，これを $\sup A$ と表します．すなわち，

$a = \sup A$ であるとは
1) a は A の上界である．すなわち
$$x \in A \Longrightarrow x \leq a$$
2) $a' < a$ ならば，a' は A の上界ではない．すなわち
$$a' < a \Longrightarrow \exists x \in A; a' < x \leq a$$

37

の二条件を満足することです．1) は明らかで，2) も a' が a より小さいならば，a' よりほんとうに大きい A の元 x が存在するぞ，と述べているにすぎません．もし，このような元 x が A に存在しないとすると，a' が A の上限になってしまい，これは $a = \sup A$ に反します．

これとまったく同様にして実数の集合 A が下に有界であるとき，「最大の下界」つまり**下限**(infimun, greatest lower bound) が定義されます．すなわち，

$a = \inf A$ であるとは

1) a は A の下界である．すなわち
$$x \in A \Longrightarrow a \leq x$$
2) $a < a'$ ならば，a' は A の下界ではない．すなわち
$$a < a' \Longrightarrow \exists x \in A ; a < x \leq a'$$
の二条件を満足することです．

以上のように，「上に有界，上界，上限 (=最小上界)」および「下に有界，下界，下限 (=最大下界)」という言葉を定義しておくと，最大数の存在しなかった集合 E に対して，
$$\sup E = 2$$
のように，例の高校生の気持ちを明確に表現できるようになります．

私たちは，人生においてそれまでに経験したことのないさまざまな局面に遭遇しますが，その際，その新しい未知のコトやモノを的確に把握し，正確に表現するために既知の言葉の新たな組合せを考えたり，新語を作ったりします．分数 $\dfrac{p}{q}$ や $\sqrt{a}$ もそうした事例の一種であり，上で述べた '言葉' もそれらと同じ性格のものです．新しい言葉が新たな認識の仕方を生み出し，逆にその認識が私たちにそこで何が起こっていたかをはっきりと自覚させてくれるのです．

これから以後も，そうした言葉が続々と登場してきますが，本書は**数学の世界 (実はそれは私たちの '心の世界' でのあるのですが) において遭遇する未知のコトやモノとそのための言葉の研究**と言ってもいいでしょう．ともあれ，これらの言葉に幻惑されないで，繰り返し使うことで，新しい言葉を自

然に身につけて頂きたいと思います．

3.1.2 ワイエルシュトラスの連続定理

以上で私たちは「実数の連続性」を捉える「言葉」を獲得したことになりますが，ここでまず「上に有界」という言葉を使って，有名な

アルキメデスの公理

を確認しておきます．以下の (**Ar**) がそれです．これは，いわば $\mathbb{R}$ の中における $\mathbb{N}$ の '行動様式' を規定したものといえます．

(**Ar**) $\mathbb{N}$ は $\mathbb{R}$ において上に有界ではない．

要するに上で述べられていることは，論理学の記号で記せば
$$\forall x \in \mathbb{R} \exists n \in \mathbb{N}; x < n$$
ということにほかなりません．ここで，$\forall$ は 'すべての' とか '任意の' と読み，上の記号列は「任意の実数 x に対して，その x の値に応じてある自然数 n が存在して，n は x を超える」あるいは「任意の実数 x に対して，その x を超える自然数 n が存在する」といったほどのことを意味します．なーんだ，こんなこと当たり前じゃないか，と思わずにこんな当たり前のことをわざわざ '言挙げ (言葉に出して言い立てること)' しているという，その意味を十分に考えて頂きたいと思います．

アルキメデスの公理は有理数体でも成立していますが，(**II**)[2] と (**Ar**) を満たす順序体を「アルキメデス的順序体」といいます．

この公理を使うと

2 つの実数 $a, b (a < b)$ の間には無限個の有理数が存在する

ということを示すことができます．今度は「異なる 2 つの有理数の間に無数の有理数が存在する」ことを示したように，$\dfrac{a+b}{2}$ とするわけにはいきません．

---

[2] 2.2.1 で述べた「$\mathbb{Q}$ は順序体をなす」という命題．

なぜなら, $a=\sqrt{2}$, $b=\sqrt{3}$ の場合, $\dfrac{a+b}{2}$ は無理数になるからです.

　無限個の有理数が存在することは, $b=a+(b-a)$ のように考えて, 以下のように示すことができます.

　アルキメデスの公理により,
$$\dfrac{1}{b-a} < n \Longleftrightarrow \dfrac{1}{n} < b-a$$
なる自然数 n が存在し, また実数 na に対して,
$$m \leqq na < m+1 \Longleftrightarrow \dfrac{m}{n} \leqq a < \dfrac{m+1}{n}$$
を満たす整数 m が存在する[3]ので, $r=\dfrac{m+1}{n}$ とすると,
$$a < \dfrac{m+1}{n} = r = \dfrac{m}{n} + \dfrac{1}{n} < a+(b-a) = b$$
となります. すなわち r が 2 つの実数 a,b の間にある有理数というわけです. したがって, この議論を繰り返せば,「異なる 2 つの実数の間に無限個の有理数が存在する」ことがわかります.

　この事実を「$\mathbb{Q}$ は $\mathbb{R}$ において稠密である」といいます. この言葉遣いを踏襲するなら,「異なる 2 つの有理数の間に無限個の有理数が存在する」ことは「$\mathbb{Q}$ は $\mathbb{Q}$ において稠密である」ということができますが, この場合 $\mathbb{Q}$ を「自己稠密集合」といったりします.

　さていよいよ上で定義した言葉を用いて, **有理数と実数との決定的違い**について考えてみることにしましょう. 手はじめに有理数と実数ではこの言葉 (上限, 下限) に対して異なる'数理反応'を示すことを確認します. いま実数の集合 A を
$$A = \{x \mid x^2 < 2\}$$
と定めましょう. このとき, $\sqrt{2} \notin \mathbb{Q}$ であるから, 集合 A を正の有理数 a を

---

[3] くどいようだが, 整数 m の存在について簡単にコメントしておく. $\mathbb{Z}$ は $\mathbb{R}$ において上にも下にも有界でないので, 実数 x に対して $k \leqq x \leqq l$ なる整数が存在し, 集合 $A = \{n \in \mathbb{Z} \mid n \leqq x\}$ を考えると, これには最大数がある. この最大数を m とすると, $m \leqq x < m+1$ が成り立つ.

用いて
$$-a < x < a$$
のように表現することは絶対にできません．実際，
$$-1.4142 < x < 1.4142$$
とすることも
$$-1.41421 < x < 1.41421$$
とすることもできません．なぜなら，1.41421より大きくて，$x^2 < 2$ を満たす有理数 x が存在するからです．つまり，有理数の範囲では，上に有界でも'上限が存在するとは限らない'のです．

ところが，実数の範囲で考えると集合 A は
$$-\sqrt{2} < x < \sqrt{2}$$
のように表わすことができます．つまり，実数の範囲で考えると'上限が存在する'のです．

これが有理数と実数との決定的な相違点です．すなわち

上に有界な空でない実数の集合はつねに上限をもつ

ということになります．もちろんこの性質は，

下に有界な空でない実数の集合はつねに下限をもつ

と同値です．これによって，実数の連続性が保証されているわけですが，上限，下限の'存在'[4] は実数の最も基本的な性質で，これを

ワイエルシュトラス[5] **の連続定理**[6]

---

4 この'存在'は，私たちの言葉による言明によってはじめて保証されるのか，それともア・プリオリにすでに存在していたものを，私たちの言葉で発見したものなのか，は意見の分かれるところであろう．

5 Karl Theodor Wilhelm Weierstrass（1815～1897）ドイツの数学者で，関数論方面で多くの業績を残すが，26歳から15年間中学教師をしていた．いたるところ微分不可能な連続関数の存在を見いだしたことは有名．

6 ここで'定理'といっているのは，たとえばデデキントの切断公理を第1原理，すなわち'公理'とすると，上で述べた性質が導けるからである．

といいます．

ところで，**わたしは「ワイエルシュトラスの連続定理」を「上限・下限の存在公理」**などと勝手に名づけていますが，ともかくこの定理（または公理）から出発して，アルキメデスの公理を背理法によって証明することができます．本節の最後にこの証明を述べておきます．

「$\mathbb{N}$ が $\mathbb{R}$ において有界である」と仮定します．すなわち
$$\exists x \in \mathbb{R} \forall n \in \mathbb{N}; n \leq x$$
とします．すると，$\mathbb{R}$ の完備性[7]により，$\mathbb{N}$ の上限（最小上界）$\sup \mathbb{N} = a$ が存在します．このとき，a より小さい数 $a-1$ を考えると，上限の定義から $a-1 < n$ なる $n \in \mathbb{N}$ が存在します．したがって，$a < n+1$ となり，この $n+1$ は $n+1 \in \mathbb{N}$ となって，これは a が $\mathbb{N}$ の上限であることに反します．

よって，$\mathbb{N}$ は $\mathbb{R}$ において上に有界ではない，すなわち，「アルキメデスの公理」が示されたことになります．

3.2 デデキントの切断の理論

3.2.1 デデキントの決意

前節では「実数の連続性」を特徴付けるために「上限・下限の存在」について考えてきました．これは，

上に有界な空でない実数の集合はつねに上限をもつ

あるいは，

下に有界な空でない実数の集合はつねに下限をもつ

ということで，こうした性質を「ワイエルシュトラスの連続定理」といったのでした．

ところで，実数の連続性の数学的認識には「**ワイエルシュトラスの連続定**

---

[7] この言葉については第5章で説明するが，とりあえずは実数世界のように隙間無くぎっしりと詰まった性質，と思っておいてよい．

理(上限・下限の存在公理)」の他に,「**デデキント**[8]**の切断理論**」や「**カントールの連続の公理(区間縮小法の原理)**[9]」を用いる方法がありますが,本節では「デデキントの切断理論」を取り上げてみます.ここにも「連続性」というものの数学的捉え方の一つのお手本があります.

この理論は 1872 年に刊行された「Stetigkeit und irrationale Zahlen(連続と無理数)」という論文を読むことで知ることができます.これは岩波文庫の『数について−連続性と数の本質−』(河野伊三郎訳)の第一編におさめられていますが,その「序文」によると,この論文で述べられる考察はすでに 1858 年の秋に導出されたもので,当時デデキントはスイス連邦工科大学の教授として,はじめて微分学の基礎を講義しなければならない立場にあり,ついては「数の理論の真に科学的な基礎が欠けていることを痛感していた」というのです.そして彼は次のように述べています.

> 微分学が連続的量を取り扱うとは,しばしば言われていることであるが,それにもかかわらずどこにも連続性の説明は与えられていないし,微分学の最も厳密な叙述といっても,その証明は基礎を連続性におかず,幾何学的な,または幾何学によって生ぜしめられた表象の意識に多かれ少なかれ訴えるか,またはそれ自身いつになっても純粋に数論的に証明されないような定理に基づいているかのいずれかである.

この指摘はもっともであって,現在でも高校や予備校の微積分の授業の基礎的な部分の議論はそのほとんどが「幾何学的な,または幾何学によって生ぜしめられた表象の意識」に依拠して行われています.それは仕方がないことで,デデキント自身も述べる如く「幾何学的直観に助けを借ることは,はじめて微分学を教えるのに教育的見地からは非常に有用であり,余り多くの時

---

[8] Julius Wilhelm Richard Dedekind (1831 〜 1916) ドイツの数学者.
[9] これについては,第 5 章で扱う.

間を掛けまいとすれば，欠くことのできないもの」だからです．

しかし，このような微分学への導入が「科学性を有すると主張できない」ことは明らかで，このような事態に対してデデキントは不満を感じ，あまつさえそれをおさえ切れなくなり，その結果「無限小解析の原理の純粋に数論的な全く厳密な定義を見いだすまではいくらでも永く熟考しようと固く決心した」というのです．

つまりデデキントは，直線内のあらゆる現象（それは，端的に言えば「連続性」という現象ですが）を，幾何学的にではなく，一見「連続性」とは無縁に感じられる「数論」を通して徹底的に探究しようとしたのです．それゆえ，デデキントは「私は数論自身のうちから（連続性の議論が）展開されるべきものと要求する」と述べ，そして「無理数も有理数だけによって余すところなく定義されるように努力しなければならない」と語るのです．

要するにデデキントは幾何学的な連続イメージに依拠しないで，純粋に数論的かつ論理的に「連続」を把握しようと決意したというわけです．G・マルチンもその著『Klassische Ontologie der Zahl』[10]で「デデキントは幾何学を引き合いに出すことを峻厳に拒否しており，彼は算術学を論理学の一部と見做しているのである」と指摘しています．論理的整合性が'存在'を保証するというわけです．

3.2.2 有理数の切断

論文「連続と無理数」は，まず有理数の集合 $\mathbb{Q}$ [11] の性質の考察からはじめられます．すでに述べたように，この集合内では加法，減法，乗法，除法（0による除法は除く）という四則演算が可能であり，$\mathbb{Q}$ 内の 2 つの要素に対してこの演算を実行した結果は，いつでも $\mathbb{Q}$ 内の要素になります．このことをデ

---

[10] 直訳すれば「数の古典的存在論」であるが，斎藤義一氏の訳では『数理哲学の歴史』となっていて，この本は昭和38年に理想社から出版された．
[11] デデキントはこれを「R」という記号で表している．なお，R は「Rationale Zahlen」の頭文字「R」からとってきたものであろう．

44

デキントは「一種の完備性[12](あるいは完璧性)と完結性を有している」と述べ、これを彼は「数体(Zahlköper)」と呼びます．
次にデデキントは，「**一つの有理数 a が『切断』を引き起こす**」ことを次のように指摘します．

> 一つ一つの有理数 a は集合 R [13] を次のように二つの組 A_1, A_2 に分ける．すなわち，第一の組 A_1 は a より小さい有理数 a_1 という有理数をすべて包括する集合であり，第二の組 A_2 は a より大なる a_2 という有理数をすべて包括する集合である．つまり
> $$A_1 = \{a_1 \in R \mid a_1 < a\}$$
> $$A_2 = \{a_2 \in R \mid a_2 > a\}$$
> である．そして，a 自身は，第一の組 A_1 か第二の組 A_2 かに割り込ませることが可能であり，割り込ませ方に対応して有理数 a は第一の組 A_1 の最大数か，第二の組 A_2 の最小数になる．

デデキントはこのような組み分けを「切断」とよび，
$$(A_1 \cdot A_2)$$
のように表します．
ここまで述べてきたことを簡単に図式化しておくと

$$\text{任意の有理数} \Longrightarrow \text{切断を創出する}$$

ということにほかなりません．そこで，次に考えてみなければならないのは，この命題の逆，すなわち

$$\text{「任意の切断} \Longrightarrow \text{有理数を創出する」か？}$$

---

[12] ここでいう「完備性」は，先に述べた実数の「完備性」とは異なることに注意しておきたい．
[13] これはデデキントの意味の有理数の集合である．

という問題なのです．デデキントはこの問いを手がかりにして，有理数の集合 R に無数の隙間があることを導出していきます．

3.2.3 無理数の創出

デデキントは，有理数の集合と直線とを比較しながら，「われわれは直線に完備性，隙間のないこと，連続性を認める[14]のに，R（デデキントの意味での有理数の集合）には，隙間があって，不連続」であり，したがって「数の領域が直線と同じだけの完備性，または直線とおなじだけの『連続性』を得るようにすることが必要である」と述べています．そして，彼は

> この連続性は本来何に存しているのであろうか？

という問いを問いながら，この疑問に答えることによってのみ，「あらゆる」連続領域に対する科学的[15]基礎がえられるのだ，と述べています．

さて，いま考えてみなければならない問題は「どのような切断に対しても，その切断を与える有理数が必ず存在するか？」という問題でした．これに対する答えは，「否」です．実際

$$A_1 = \{a_1 \in R \mid a_1^2 < 2\}$$
$$A_2 = \{a_2 \in R \mid a_2^2 > 2\}$$

とすると，これは確かに R の「切断」ですが，この切断 $(A_1 \cdot A_2)$ は R の要素 a によって引き起こされたものではありません．なぜなら，この切断を引き起こすであろう「$\sqrt{2}$」は決して有理数ではないからです．

ここにこそ，有理数の集合が「完備でない」理由があります．デデキントは「あらゆる切断が有理数によって引き起こされたのではないというこの性質にこそ，あらゆる有理数の領域 R の足りないところがあること，すなわち不連

---

[14] なぜ私たちは，直線に隙間のないこと，すなわち連続性を認めるのか？またそこで是認された連続性とはそもそも何なのだろうか？
[15] ここは「科学的」というよりも，「学問的」あるいは「学的」と言った方がいいのかもしれない．

続性が存しているのである」と述べています．そして，さらに次のように続けます．

> いかなる有理数によっても産出されない切断 $(A_1・A_2)$ が存在する場合には常に，我々は α という一つの新しい数すなわち無理数を創造する．そしてこの数を我々は切断 $(A_1・A_2)$ によって完全に定義されたものと見做す．我々は数 α はこの切断に対応するとか，あるいは数 α がこの切断を産出するとかいうであろう．かように，今後はどの特定の切断にも一つのしかもただ一つだけの有理数または無理数が対応することになるわけであり，したがって我々は，二個の数が本質的に違った切断に対応する場合には常にかつそうした場合にのみ，この二個の数を異なったものとしてあるいは等しからざるものとして考えることになるわけである．[16]

ここでデデキントが述べようとしていることは，有理数の「不連続性」は「あらゆる切断が有理数で引き起こされてはいないという点にこそ存する」ということで，そうであれば，「切断」によって新しい「数」を定めて，この種の数を包括した数の体系を考えてみよう，というわけです．このようにして拡張された数の集合(＝実は実数の集合)をデデキントは $\mathfrak{R}$ という記号で表し，これについてまず次の三つの性質を確認します．

I. $\alpha > \beta$，$\beta > \gamma$ ならば $\alpha > \gamma$ である．このとき，我々は数 β は数 α, γ の間にある，という言い方 をする．

II. α と γ が相異なる2数ならば，α と γ の間に，無限に多くの相異なる数 β が存在する．

---

[16] この部分は，G・マルチン著『数理哲学の歴史』の斎藤義一氏の訳を参考にした．

第 3 章　実数

Ⅲ. α がある確定した数ならば，集合 $\mathfrak{R}$ のあらゆる数を 2 つの組 $\mathfrak{A}_1$ と $\mathfrak{A}_2$ とに分割して，そのどちらの組も無限に多くの要素を含み，第一組 $\mathfrak{A}_1$ は $\alpha_1 < \alpha$ なるあらゆる数 α_1 を包括し，第二組 $\mathfrak{A}_2$ は $\alpha_2 > \alpha$ なるあらゆる数 α_2 を包括し，α 自身は随意に 第一組か第二組に加入させてよい．そうすると，それに応じて α は第一組の最大数か，第二組の最小数になる．

そして最後に，「しかしこれらの諸性質のほかに領域 $\mathfrak{R}$ はまた『連続性』を有している．言い換えると次の定理が成立する」と述べて，

Ⅳ. 実数の集合 $\mathfrak{R}$ を二つの組 $\mathfrak{A}_1$, $\mathfrak{A}_2$ に分割して，組 $\mathfrak{A}_1$ のどの数 α_1 も，組 $\mathfrak{A}_2$ のどの数 α_2 よりも小さくなるようにすると，この分割を引き起こした数 α は一つ存在して，そしてただ一つに限る．

という命題を証明しています．以下，この定理のデデキント自身の証明を簡単に追跡してみましょう．

[証明] $\mathfrak{R}$ を Ⅳ. で述べられたように $\mathfrak{A}_1$ と $\mathfrak{A}_2$ とに分割（または切断）する．この切断によって，有理数の集合 R の切断 $(A_1 \cdot A_2)$ が与えられる．ここに，A_1 は $\mathfrak{A}_1$ のすべての有理数からなる集合であり，A_2 は $\mathfrak{A}_2$ のすべての有理数からなる集合である．

いまこの切断 $(A_1 \cdot A_2)$ を引き起こす数を α とする．ここで α と β が相異なれば，α と β の間に無数の有理数 c が存在することに注意しておこう．このとき，

$$\beta < \alpha \Longrightarrow \beta < c < \alpha \Longrightarrow c \in A_1 \Longrightarrow c \in \mathfrak{A}_1$$

となり，$\beta < c$ であり，$\mathfrak{A}_2$ のどの数も，$\mathfrak{A}_1$ に属すどの c よりも大きいので，$\beta \in \mathfrak{A}_1$ となる．

また

$$\beta > \alpha \Longrightarrow \beta > c > \alpha \Longrightarrow c \in A_2 \Longrightarrow c \in \mathfrak{A}_2$$

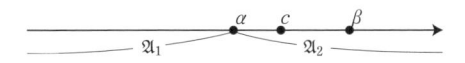

となり，$\beta > c$ であり，$\mathfrak{A}_1$ のどの数も，$\mathfrak{A}_2$ に属すどの c よりも小さいので，$\beta \in \mathfrak{A}_2$ となる．

つまり，α と異なるどのような数 β をとっても，
$$\beta < \alpha \Longrightarrow \beta \in \mathfrak{A}_1$$
$$\beta > \alpha \Longrightarrow \beta \in \mathfrak{A}_2$$
となることが言える．したがって，α 自身は $\mathfrak{A}_1$ の最大数であるか，または $\mathfrak{A}_2$ の最小数であり，α は $\mathfrak{R}$ を組 $\mathfrak{A}_1$, $\mathfrak{A}_2$ に分割することを引き起こした一つの数であって，ただ一つであることが分かった．こうして題意は証明されたことになる．■

有理数の世界 R においては，「切断」は必ずしも「有理数」に対応しなかった（あるいは有理数を創出しなかった）のですが，それに対してこの定理は実数の世界 $\mathfrak{R}$ では，「切断」は必ず一つのしかもただ一つの「実数」に対応することを保証します．それゆえ，$\mathfrak{R}$ は「連続性」を有しているということになるというわけです．

別言すれば，「四則演算」という代数的操作によって創出された「有理数」には，「連続性」という性質は付与されてはいなかったわけですが，「切断（この命名は多分に比喩的ですが）」という新しい純理論的操作によって創出された数の世界，すなわち実数の世界には，「連続性」が備わっているのです．「完備」という所以です．

ともあれ，数学的にはこれで問題がない，と言ってもいいでしょう．が，しかし，なにか釈然としないものを感じる人もいるかもしれません．たとえば，G・マルチンは「無理数についてのデデキントの定義は，これにおいては定義するものと定義されるべきものとが完全に切り離されていないという難点をやはり含んでいる」と指摘しています．

また，デデキントは「幾何学によって生ぜしめられた表象の意識」を努めて排除することを志向し，また「これまでに普通に行われていた無理数の導入は，いわば直接に外延的な大きさの概念に結びついている」と批判（確かにこ

の批判は当たっているが)しながら,その一方で「数の領域が直線と同じだけの完備性,または直線と同じだけの連続性を得るようにすることが必要である」とも語っています.デデキントは,「完備性」という概念と「直線」という幾何学的表象との結びつきをどう考えていたのでしょうか.また,私たちは幾何学的表象からまったく無縁の地点で無理数や連続性を考えることができるのでしょうか? こうした問題については,ここではこれ以上深入りしませんが,いずれ考えてみなければならないテーマのように思われます.

3.2.4　ワイエルシュトラスの連続定理と切断公理

ところで,「上に有界な空でない集合はつねに上限をもつ」というワイエルシュトラスの連続定理とデデキントの切断公理,すなわち

実数の集合 $\mathbb{R}$ を空でない二つの集合 A, B に分割して,
$$A \cup B = \mathbb{R}, \quad A \cap B = \emptyset$$
とし,A の任意の元 a は B の任意の元 b よりも小さいようにすると,A に最大数 があるか,B に最小数があるかのいずれか一つだけが成立する.

とは同値になることはよく知られている事実です.ちなみに上の性質のことを「切断の有端性」と言ったりしますが,簡単に証明できますので,この同値性を確認しておきましょう.

[証明]
- 「連続定理 $\Longrightarrow$ 切断公理」

$\mathbb{R}$ を切断公理のように,二つの集合 A, B に分割する.このとき,B の任意の要素 b に対して,A の任意の要素 a は,
$$a < b$$
を満たすので,A は上に有界である.したがって,いま仮定している「連続定理」により,上限 α が存在し,α が A の元ならば

$$\forall a \in A : a \leqq \alpha$$

であるから

$$\alpha \text{ は } A \text{ の最大数}$$

となり，また α が B の要素ならば，α は A の最小上界で B の元はすべて A の上界であるから

$$\alpha \text{ は } B \text{ の最小数}$$

となる．よって「切断公理」が示された．

- 「切断公理 $\Longrightarrow$ 連続定理」

A を上に有界な空でない $\mathbb{R}$ の部分集合とし，

$$B = (A \text{ の上界全体の集合})$$
$$B' = \mathbb{R} - B = (A \text{ の上界でないものの集合})$$

とすると，B', B は切断公理の条件を満たしている．このとき B' に最大数は存在しない．これを背理法で示す．

いま，B' に最大数が存在したとして，それを x とすると，x は A の上界ではないから，$x < a$ となる A の元 a が存在する．このとき，

$$x < \frac{x+a}{2} < a$$

であるから，$\frac{x+a}{2}$ は A の上界ではなく，$\frac{x+a}{2} \in B'$ となる．すなわち，x より大きい B' の元が存在したのでこれは不合理である．

したがって，B' に最大数は存在しないので，「切断公理」によって，B に最小数(= 最小上界)がある．これは定義により A の上限である．すなわち，上に有界な空でない実数の集合 A が，上限をもつことが示された． ∎

考えてみれば，「上に有界な空でない実数の集合は上限をもつ」というワイエルシュトラスの「連続定理」と「$\mathbb{R}$ の類別 $\{A, B\}$ が

$$a \in A, b \in B \Longrightarrow a < b$$

を満たすならば，A に最大数があるか B に最小数があるかのいずれか一方のみが成り立つ」というデデキントの「切断公理」とが同値であるのは，直観

51

的にはきわめてあたりまえかもしれません．なぜなら，いずれも「分ける（分節）」という操作が，その出発点であり，そして，ともに「連続」の保証は「上限または下限の存在！」あるいは「最大数または最小数の存在！」にあったからです．

「存在」を「先に是認してしまう」こと，言ってみればこれこそが「連続」の秘密なのでしょう．ここで私はニュートンの次の言葉を思い出します．——「私はここで，数学的な量を非常に小さい部分から成立するものとは考えない．そうではなくて連続的運動によって描かれたものと考える．線が描かれる．その際，部分の並列によってそれは生産されるのではない」．なるほど，「連続」について考えるには「部分（＝多）の存在」に先立って「全体（＝一）の存在」を考える必要があったのかもしれません．

3.3 切断理論への疑問

3.3.1 私自身のある蟠り

前節ではデデキントの「切断の理論」を概観しましたが，正直に告白すると，わたしは長い間，この理論になにか釈然としないものを感じ続けてきました．ここではこのあたりのところを少々哲学的にお話してみたいと思います．

デデキントの『数について』（河野伊三郎訳）を岩波文庫ではじめて読んだのは，生意気盛りの高校 1 年のときでした．もちろんその内容をきちんと理解できるはずもなかったのですが，定理と証明ばかりが交互に並ぶ第二篇の読後感は強烈で，たとえば '私の思考の世界' が登場する定理 66「無限集合は存在する」という命題とその証明とは，思春期の少年に衝撃を与えるのに十分なものがありました．その証明を紹介してみましょう．

> 私の思考の世界，すなわち私の思考の対象となり得るあらゆる事物の全体 S は無限である．なぜかというと，もし s が S の要素とすると，s が私の思考の対象であり得るという考え s' はそれ自身 S の一つの要素である．これを要素 s の像 $\varphi(s)$ と見

なぜば，これによって確定する S の写像 φ は，その像 S' が S の部分集合であるという性質を有している．しかも S' は S の真部分集合である．というのは S のうちには，このようなどの考え s' とも異なり，従って S' のうちには含まれないような要素（たとえば，私本来の「我」）が存在しているからである．最後にもう一つ，a, b が S の相異なる要素ならば，その像 a', b' は相異なることは明らかだから，従って写像 φ は区別のつく（相似）写像である．よって S は無限である．証明 おわり．[17]

当時，わたしも'人間の自意識と無限'の問題について同じようなことを考えていましたから，わが意を得たりとその論法に魅入られてしまい，いろいろな意味で衝撃を受けたというわけです．

しかし，第一篇の「切断の理論」に対してはいわく言い難いわだかまりが残り，それは数学教師になった後もずっと尾を引いていました．デデキントはこの理論について，かれ自身「たいていの人が，その内容がはなはだ平凡な取るに足りないものと思うだろうと信じている」と述べていますが，わたしも実はそのように感じ，というよりも，なぜこんな当たり前のことを仰々しく振りかざして「連続性と無理数」について延々と議論するのだろうか，とデデキントの真意をはかりかねていたのです．

---

[17] 高木貞治先生は「これを無限集合の可能性の『証明』というのでは，開明の今日，投票が集まるまい」と語られ，さらに「『おれの思想界』の一件は，既に Bolzano が実用新案の登録を取っているのだが，あまり実用にもしないようだから，自分がそれを活かして見せるのだ，というような脚注を Dedekind が残して置いてくれたのである」といささかイロニカルにデデキントの事情を弁明されています．そして，「幸運（私の手元にある昭和51年10月10日発行2版7刷の『数学雑談』では'運'が'連'になっている．おそらく誤植であろう）なるお爺さんよ，安らかに眠れ！」とユーモラスに詠嘆され，「思想の世界など，そもそも樟脳臭いではないか」と述べられています．ところで「樟脳臭い」とはどういう意味なのでしょうか．わたしなど「樟脳」のあの薄荷のような匂いが堪らなく好きなのですが．

53

なぜ，すでに「存在」していることが分かっている無理数をあらためて「創造」しなければならないと構えてみせるのでしょうか．「切断が一つの実数を創造する」とは，いったいどういうことなのでしょうか．また，なぜ，このような言葉遣いが必要なのでしょうか．

ここで結論めいたものを述べれば，それはすでにプラトンの初期対話編『エウテュデモス–争論家–』(山本光雄訳)で語られるテーマの一つで，**数学者は数を創出するのか**それとも**数学者はすでに存在している数を探究するのか**という問題が絡んでいます．それは，乱暴に言ってしまえばアリストテレスとプラトンの立場の相違でもあります．

前節でも述べましたが，デデキントは幾何学的な表象，イメージに依拠しないで，純粋に数論的かつ論理的に「連続」を把握しようとした，と「序文」で決意表明しています．いわばそれは解析学の幾何学からの「独立戦争[18]」であったと言い得なくもありません．しかし，それにもかかわらず，第一篇の論文では「直線」や「点」という幾何学用語がたびたび登場し，あまつさえ「切断」という言葉自身からも「幾何学的表象の響き」が聞こえてくるのです．そして，ピュタゴラスの定理を通して幾何学的に「無理数」の「存在」をすでに知ってしまった(あるいはそう思い込んでいる)人間にとっては，「切断の理論」はまさに屋上屋を架すといった類の話とも感じられるのです．

たとえば $\sqrt{2}$ という「無理数」は，下図の直角二等辺三角形 ABC の「そこに在る辺 BC の長さ」そのものであり，そうであれば数直線上の点に「有理数」をラベリングしたとしても，なおそこに名指しされない「点」が「在る」のは，当然ではないかと感じられます．

$$x^2 = 2$$

を満たす数が「存在」する，という最初の私たちの確信は，やはり「イデア」としての幾何学的表象に依拠していたのではないでしょうか．夾雑物を取り除いた「幾何学的表象」こそ「数の存在」そのものなのです．

---

[18] 近代後期の解析学の発展を考えると，この'独立戦争'が必要であったことはある意味では納得できるが，これは第4章以降次第に明らかになる．

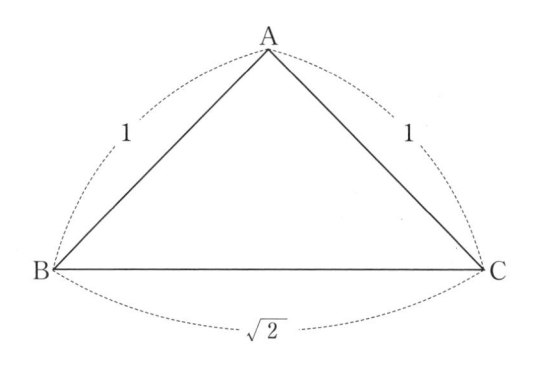

　これは π や $\sqrt[3]{2}$ という数の「存在」にしても同じことです．半径1の円のその周長に，私たちは「2π」という数の「存在」を見ます．また立方体の各辺の長さが時間とともに1から2へ変化していくとき，その体積 V が1から8に「連続的」に変化していく様を幾何学的にイメージして，$V=2$ となる立方体の存在を確信し，それゆえ $V=2$ の立方体の1辺の長さに「$\sqrt[3]{2}$」という数の「存在」を見るのです．あの Delphi の第二の問題である「立方倍積問題」が生まれたのも，ギリシア人たちが「$x^3=2$」という数「x」の存在を確信していたからでしょう．しかし，こうした考え方は「数」の誤った存在論なのでしょうか？

　ちなみに，$V=2$ を満たす x の存在は，いわゆる「中間値の定理」に拠るのはよく知られていることです．すなわち，関数 $f(x)$ が閉区間 $a \leqq x \leqq b$ で連続で，$f(a) \neq f(b)$ ならば，$f(a)$ と $f(b)$ の任意の値 k に対して

$$f(\xi) = k \ (a < \xi < b)$$

を満たす ξ が少なくとも一つ存在する，という「存在定理」です．

　ただ，この「存在定理」をほんとうの意味で理解するには，どうしても「数の存在哲学」への自覚が必要であると思われます．この自覚を欠いたところで，この「存在定理」を数学教師が純数学的かつ厳密にいくら詳しく論じてみ

ても，おそらく最後までわだかまりが残るのではないでしょうか．[19] なぜなら，近代以降の数の存在問題の苦闘を知らない私たちの大部分は，幾何学的表象を通して「数」はすでに当然「在る」ものとして受け止めているからです．高校生や受験生の多くが「最大値・最小値の存在定理」「中間値の定理」「平均値の定理」のような話を聞かされても，ぽかんとしているのも当たり前というべきかもしれません．

ともあれ，いま述べてきたような疑問を持ち続けていたわたしが，デデキントの真意をまがりなりにも理解したと感じ，またその理論にある程度の共感を覚えたのは，30代も後半になってからで，それにはどうしても「数の存在論」ともいうべき哲学的な背景を了解する必要があったと思われます．

3.3.2 デデキントの数認識

かのイマニュエル・カント[20]は「我々の一切の認識は，感性に始まって悟性[21]に進み，ついに理性に終わるが，直観の供給する素材を処理して，思惟

---

[19] G. マルチンによれば，「プラトンは哲学の必要を数というものの真の理解に対して認めようとしない数学者を，『あらゆる認識を欠いた者』($ἀνόητοι$) と呼んだ」という．数を純粋に数学的に取り扱うことを超えてなおその他に，数を哲学的に理解することが必要であるか否かについて，すでにプラトンの時代から論争があったが，この論争は長きに亘って繰り返され，現代においても続けられている．

[20] Immanuel Kant (1723～1804)，ドイツの哲学者．主要著書は『純粋理性批判』『プロレゴーメナ』『自然科学の形而上学的原理』『実践理性批判』『判断力批判』『永遠平和のために』など．なお，カントが『純粋理性批判』第2部第2章で論じた4つのアンチノミーは有名で，その「先験的理念の第2の自己矛盾」として取り上げられているのは「合成された実体はすべて単純な部分からなる (Whatever is composite has parts)」という命題と「いかなる合成物も単純な部分からなるものではない (Whatever is composite is spatial)」というその反対命題である．『The Infinite』の著者 A.W.Moore 氏によれば 'Kant was here playing his quintessential role as conciliator.He was putting paid to two thousand years of futile controversy' ということになる．要するに，カントは，2000年に及ぶ無益な論争に決着を着けるべく，調停者たろうとしたのである．

[21] 広義には思考の能力であるが，とくにカントにおいては，感性に与えられる所与を認識へと構成する概念能力で，理性と感性の中間にある科学的思考の主体．

56

の最高の統一に従わせるものとしては,理性より高い認識能力は,我々のうちには見出せない[22]」と述べていますが,リヒャルト・デデキントが目指したことは,「数の理論に真に科学的な基礎を与え,悟性を通して,それを人間の認識能力の最高形態である理性に従わせる」ということでした.すなわち,幾何学的直観,幾何学的表象に依拠しないで,「有理数の演算操作」だけを基にして「無理数」を創出してみせること,あるいはその存在を人間の理知のみを通してを呈示してみせること,これがデデキントの仕事でした.

実際,デデキントは「数とは何か,何であるべきか(Was sind und was sollen die Zahlen?)」という論文の序文で,次のように述べています.

> 私が数論(代数学,解析学)を論理学の一部分にすぎないといったことを見ても,私が数概念を空間および時間の表象または直観にはまったく依存しないもの,この概念をむしろ純粋な思考法則から直接流れ出たものと考えていることを表明している.この書の表題に掲げた疑問に与える主要な解答は,**数とは人間精神の自由な創造物**であって,事物の相違を,より容易に,より鋭敏に捕えるための手段として役立つものだということである.純粋に論理的な数−科学の構築によって,またこの科学のうちに得られた連続的な数−領域によって,時間と空間とのわれわれの表象を,われわれの精神のうちに作り出された数−領域と関係づけることによって,はじめて精密に研究できる立場に立つのである.(ゴチック体は河田)

ここでデデキントは,「数とは人間精神の自由な創造物」と言明しています.そして,この人間精神の内部に創出された「数」によって,時間,空間にまつわる私たちの表象がはじめて精密に探究できるのだと述べています.ちなみにガウスもデデキントと同様の立場であり,デデキント自身「私は1854年の

---

[22] 『純粋理性批判』(篠田英雄訳)第二部の緒言Ⅱ「理性について」.

夏，ゲッチンゲン大学の私講師請求の機会に哲学部で講演したが，その論旨はガウスによっても是認された」と述べています．

それはさておき，この言説は「数はすでに存在しており，数学者はそれを探究するのだ」という認識をもっている者からすると，はなはだ奇妙な感じがします．中学時代にすでに「無理数」の存在を知ってしまっている私たちのごく素朴な常識からは少しかけ離れていると感じられるかもしれません．というのも，先ほど述べたように私たちはふつう，「無理数」の「存在」をピュタゴラスの定理などを通して，すでにそれがこの世界に「実在」していた，と素朴に受け止めている節があり，「無理数」は私たち人間の「創造物」ではなく，この世界の実在から「発見」され，単に「命名」されたものだ，という暗黙の了解があるからです．つまり「空間および時間の表象または直観（もっともこの表象，直観がどこから生まれてくるかは一つの大きな問題であるが）」に依拠して現実世界（あるいは客観世界というべきか）の忠実な反映として通約不能な数がすでに「存在」していたと受け止めているのです．

少なくともかつてのわたし自身はそうでしたし，実はいまでも半ばそのように考えているところがあります．しかし，デデキントはそのような数の存在了解の仕方に対して，反旗を翻したのです．

とはいえ，はじめに述べたようにこのような数学的対象の認識の違いは，すでにプラトンとアリストテレスに見ることができます．オスカー・ベッカー[23]は『数学的思考』(中村清訳・工作舎)で「アリストテレスは，数学の対象としてイデアと感覚的事物の存在様式を設定したプラトンとは対照的に，数学一般の特徴を『抽象』(Abstraktion)だとした」と述べ，次のように説明します．

> 数学的なものは，アリストテレスがいくらか激しい調子のなかで
> しばしば力説しているところでは，数学者の抽象する精神活動

---

[23] Oskar Becker（1889〜1964）E・フッサール門下の哲学者．著書に『数学史研究』『数学的思考』『ギリシア初期の数学と音楽論』『現存在と現本質』『美のはかなさと芸術家の冒険性』などがある．

の結果初めて存在を獲得するにいたるものである．ここに後代の「唯名論[24]」への方向を示す最初の兆候が認められる．(中略)数学の対象は，まさに思考上の事物として現われ，思考のなかではなるほど分離しているが，それ自体としては分離して存在しえぬものなのである．

そして，さらにオスカー・ベッカーは言葉をかえて次のようにも述べています．

このスタゲイラの人（＝アリストテレス）はプラトンとは対照的に，数学的なもの一般の存在の根拠を抽象のうちに見ている．ということはつまり，彼は数学的図形をそれ自体によって成立している存在者（「実体」）とはとらず，具体的物理的事物からの「除去」(Aphairesis)によって成立する対象，すなわち**思考上の事物，人間的（そしてまた恐らくは神的な）精神の産物**だと説明するのである．（ゴチック体は河田）

アリストテレスは「数学的対象は人間精神の産物」だと考え，デデキントも「数は人間精神の自由な創造物」と述べていますが，いうまでもなく，デデキントはアリストテレスの系譜に繋がります．ともあれ，そうであるとすれば，「数」は幾何学的な線分の長さといった「素朴実在論」的な観点を離陸して，純論理的に構築されるべきものかもしれません．

3.3.3 G.マルチンの批判

『数理哲学の歴史』（斎藤義一訳）の著者 G.マルチンによれば，デデキントは 1881 年 1 月 24 日付けの H・ウェーバーへの書簡で「けれども私は，数（固

---

[24] nominalism，個物のみが存在し，普遍（universalia）は個物の後ろにある名にすぎないとして，普遍の実在を否定する立場．

体，基数)の下に寧ろ類(Classe)(相互に似ているあらゆる有限体系の体系)をではなくして，精神が創造するある新しきものを理解するようにお勧めしたいのです．我々は神の血統を引いており，疑いもなく，単に物質的なもの(鉄道，電信)においてのみでなく，とりわけ精神的なものにおいても創造的な力を有しております」と書いているといいます．そして，デデキントは続けてH・ウェーバーに次のように語りかけます．

> 貴方は，無理数は一般に切断以外の何ものでもない，と言っておられますが，私は寧ろ切断に対応するある新しいもの(切断とは異なったもの)を創造するのだ，と言いたいのです．そしてまたこの創造性が切断というものを産出し，作り出すのだ，と言いたいのです．我々はかような創造力を我々に与える権利を持っているのです．

いうまでもなく，この書簡でデデキントが強調していることは「人間精神の新たなるものの創造性」についてです．これに関してG.マルチンは「デデキントは，我々の創造力を与える権利を，はっきりと，我々が神の血統を引く者であるということから導出している」と述べ，さらに「このような意味で，数の創造において示される人間の創造力が人間と神との連関から由来したものとするならば，確かにデデキントにおいてもまたアウグスティヌスの古い規定が今尚顕著に残っているのだ」と指摘し，そうであれば「デデキントを純粋に唯名論的に理解することは不可能」であろうと述べています．

これはなかなか面白い指摘です．デデキントの「数は人間精神の自由な創造物」という考え方が孕んでいた「数の存在論」の哲学的矛盾を指摘したものということもできます．なぜなら，デデキントはその「自由な創造性」の因って来る淵源を「われわれ人間が神の血統を引いている」という点にみているからです．そして「数は人間精神の自由な産物」と述べながら，しかしその自由な創造性を担保しているのは，人間が「神の血統を引く者」であること，と主張しているのです．「人間の自由性」と「人間が神の血統を引く者である」という二

つの考え方は，最後のぎりぎりのところで矛盾対立するものです．余談になりますが，これはドストエフスキーの生涯のテーマでもありました．

　アウグスティヌス[25]にとって「数はイデア」であり，それゆえ彼は「数の諸法則は人為的に創出されるのではなくて，発見されるのだ」というプラトン的な考え方を懐抱していました．G.マルチンのいう「アウグスティヌスの古い(数の)規定」とは，このことにほかなりません．ともあれ，神学者アウグスティヌスの「数は人為的に創出されない」という「数認識」とデデキントの「数は人間精神の自由な創造物」という「数認識」とは真っ向から対立するのです．このデデキントの「数認識」はまた，カントの「数認識」とも対立します．このあたりの消息について，オスカー・ベッカーは次のように語ります．

> 数学は実際 ── あまりにも忘れられやすいことだが ── 人間の学問であって，他の学問とその点で少しも異なるところはないのである．数学が経験に属する観察とは独立していて，見たところ人間精神の独自の創造力に源を発しているように思えるから，ついそのことが見過ごされやすい．それでガウスにとって数は「単なるわれわれの精神の産物」であったし，デデキントは数を「われわれの精神の自由な創造物」と説明することになったのである．しかしカントによればそれは迷妄である．すなわち数はア・プリオリな直観形式としての時間に依存しており，この形式は単に受容能力であって，自発的に創造する能力ではないのである．

　カントはその著作において「数学」については実にさまざまな言説を残していますが，実は「数自体あるいは数の概念」について言及している箇所はそんなに多くはありません．たとえば『プロレゴーメナ』の「算術は数の概念さえも

---

[25] Aurelius Augustinus (354〜430) 初代キリスト教会最大の教父，神学者，哲学者．著書に『告白』『三位一体論』などがある

第3章 実数

時間において単位を継続的に加えてゆくことによって成立させる」とか,『純粋理性批判』の第二編第一章の「外感に対する量（quantum 外延量）の純粋な形像は空間である．しかし感性一般に対する一切の対象の純粋な形像は時間である．ところで悟性の概念としての量（quantitas）の純粋な図式は数である．数は 1 を 1（同種のものとして）に順次に加算することを含む表象である．したがって，数とは同種の直観における多様なもの一般の−私が時間そのものを直観の覚知において産出することによってなされるところの−総合的統一にほかならない」といった程度です．

ご多分に洩れずカントの言葉遣いは難しいのですが,「数」は「時間」に依拠して生まれ,「悟性の概念としての量の純粋な図式」が「数」であり,「数は創造されるのではなく，直観形式によって受容される」と述べているのです．ここではカントの数学論には立ち入りませんが，要するにカントが「数は直観によって，受身的に把握される」と考えていたのだけは，間違いなさそうです．

3.3.4 小平邦彦の講演

デデキントの「切断の理論」を通して私たちは,「数」についての二つの考え方をみてきました．一つは「数は人間精神の自由な創造物である」という考え方,いま一つは「数はすでに存在し，それゆえ探究され発見されるべきものだ」という考え方です.

これに関連して思い出されるのは，1988 年 5 月に学習院大学で行われた小平邦彦氏の「数学の不思議」という講演[26]です．以下に少し紹介してみたいと思います．

> 「数学の本質はその自由にあり」と喝破したのは，集合論を創始した数学者カントル（Georg Cantor, 1845〜1918）ですが，現代の数学では数学者はおよそ考えることが可能なものをすべて自由

---

[26] 以下の引用は「数学セミナー」1988 年 10 月号によった．

に考えます．ゆえに，数学は人間精神の自由な創造物であると言われます．自由に考えた走りは複素数です．

ここで，小平氏が取り上げている話題は「複素数」で，よく知られているように，虚数単位 $i = \sqrt{-1}$ は
$$x^2 = -1$$
という方程式を満足する「数」として定義されます．この虚数（imaginary number）を初めて認めたのは『アルス・マグナ（偉大なる計算術）』の著者カルダノ（1501～1576）といわれていますが，これは正に「人間精神の自由な創造物」ということができます．その意味では，「切断から無理数を創造した」デデキントの精神を先取りしたものということができるわけで，まさにその精神は相似形をなしています．確かに，$x^2 = -1$ については，
$$x^2 = 2$$
を満たす数の「存在」を素朴実在論的に「見た」ようには，これを満たす数 x の「存在」を「見る」ことはほとんど不可能です．それゆえこの数に「imaginary（想像上の，実在しない）」という形容詞を冠したのです．正に，人間精神の自由の発露というべきでしょう．

なお，ここで注意しておきたいことは，「自由な思考が，作り物あるいは人工物を創造する」という点で，「自由と人工」が直結しているところです．私たち日本人の場合，とかく「自由と自然」とが結びつきやすいのですが，いまの場合そうではありません．

さらに小平氏の言葉に耳を傾けてみましょう．

> 数学は物理学，天文学等の自然科学に広く応用されて実に不思議なほど役に立ちます．しかも，多くの場合，自然科学の理論に必要な数学がその理論が発見されるはるか以前に数学者によってあらかじめ準備されていたのは不思議な現象です．
> そのよい例は 1920 年代ハイゼンベルグ（Heisenberg, 1901～1976），シュレーディンガー（Schrödinger, 1887～1961）等に

よってはじめられた量子力学における複素数です．
　もう一つの例はアインシュタイン(Einstein, 1879〜1955)の一般相対性理論におけるリーマン空間です．リーマン(Riemann, 1826〜1866)が幾何学の基礎を論じてリーマン空間の概念を導入したのが1854年ですから，一般相対論に必要であったリーマン空間は60年前から準備されていたわけです．

　このあたりの話は，よく知られていますが，要するに自由かつ恣意的に創造された「数」や「幾何学理論」が，後に物理学を通して「実在」の解明に役立つというのです．そして，小平氏はそのあたりのことを次のように述べられています．

　　数学がこういうふうに自然科学に役立つ不思議を見ますと，自然界の背後に数学的現象が実在して，物理学が自然現象を研究する学問であるのと同じ意味で数学は数学的現象を研究する学問である．ゆえに数学が自然科学に役立つ，と考える他ないと思います．数学は人間精神の自由な産物であるといっても，決して人間が勝手に考え出したものではなく，実在する数学的現象を研究し記述したものが数学である，というわけです．

　小平氏の上の指摘はたいへんに意味深長です．あのアインシュタインも「結局，経験から独立した思考の産物である数学が，どうしてこんなにも見事に現実の事実に適合するのであろうか」と述べていますが，数学者の恣意的な創造物，いわば発明された人工物が，自然現象を説明する科学の道具として生き生きと活躍し始め，その意味が変容しはじめる様は，ただただ不思議としかいいようがありません．「虚数物語」も「リーマン物語」も，もはや単なるフィクションではなくなるのです．
　なるほどそうであるならば，この世界の背後には厳然と「数学的現象」が存在し，世界そのものが究極的なところで「数学的」なのかもしれません．そし

て，これはアリストテレスがプラトンへ，デデキントがアウグスチヌスへと，なにかの恩寵によって知らず知らずのうちに近接し結ばれていたことを意味しているのかもしれません．

　このように考えていくと，デデキントの「切断の理論」はまた別の意味を帯びてきます．私たちはやはり，デデキントの精神に倣って，数学をどこまでも論理的言語で構築していく姿勢を堅持し続けてみるべきでしょう．そして，実はそれは，あのパルメニデス，ゼノンのエレア派の精神にほかなりません．

　ここまで，自然数，有理数，実数について概観してきましたが，次章では現代数学の自意識ともいうべき'集合'について考えてみます．

第4章
可算集合と非可算集合

4.1 集合の定義とその算法

4.1.1 集合論誕生秘話

A.W.Moore 氏は『The Infinite』の第 10 章で「**数学が，無限の学であるとすれば，集合論はその自意識である**[1]」と述べていますが，以って至言というべきで，数学科の学生は「現代数学」を考えていくために，大学初年級で必ず「集合論」のトレーニングを受けます．その目的は，自然数や有理数全体の創出する無限と実数のそれとが異なり，'**無限にも階層がある**'ことを認識するためです．

本章の目標も同様で，集合論自体にここで深入りすることはしませんが，しかし私自身は，集合論が**人間の意識の流れや思考様式のプロトタイプの研究**にほかならない，と感じています．そして，集合論は'哲学や神学'の問題を考えていくために，是非とも一度は潜っておかなければならない最も根源的なテーマのようにも思えます．集合論をこのように捉え直してみれば，集合論に対してまた別の興味，関心が持てるのではないでしょうか．いわゆる文系の学生諸君にも，集合論を考えてもらいたいゆえんです．

「集合論」を創始したのはゲオルグ・カントール[2]で，彼は「リーマン

---

[1] If mathematics is the science of the infinite,then set theory is self-conscious mathmatics. 『The Infinite』147 頁．

[2] Georg Ferdinand Ludwig Cantor（1845〜1918）．ドイツの数学者で集合論の創始者．ハルレ大学の教授．晩年は健康を害し精神病に苦しむ．数学思想研究家村田全氏は，『超限集合論』（共立出版）の解説でカントールを「形而上学的数学者の最後の人」と述べられている．

(G.F.B.Riemann, 1826〜1866)の残した三角級数の問題」に取り組むことによって「点集合論，ひいては一般集合論（いわゆる超限集合論）」を生み出しました．このあたりの事情については，田中尚夫著『選択公理と数学』(遊星社)[3]に詳しいのですが，田中氏によると，カントールをこの「三角級数（フーリエ級数）」の研究に引っ張り込んだのは，当時(1870年頃)ハレ大学の教授であったハイネであり，カントールは，はじめ'xのすべての値'に対して

$$\frac{1}{2}a_0 + \sum_{n=1}^{\infty}(a_n\cos nx + b_n\sin nx)$$
$$= \frac{1}{2}a'_0 + \sum_{n=1}^{\infty}(a'_n\cos nx + b'_n\sin nx) \quad \cdots(*)$$

が成り立つならば

$$a'_n = a_n(n=0,1,2,\cdots), \quad b'_n = b_n(n=0,1,2,\cdots) \quad \cdots(**)$$

でなければならないことを証明しますが，'xのすべての値に対し'という条件を弱める方向にさらに研究を進めて，'点集合論'を創り出すことになるのです．1871年の三角級数研究第3論文では，'xのすべての値に対し'が'離散的な無限個の値を除くすべての値に対し'としてもよい，述べられていますが，この点集合論は，さらに'導集合[4]'の概念を生み出していくことになるのです．

「集合論」を抜きにしては，現代数学は語れない，と言っても過言ではなく，また先ほども述べたように大学初年級の講義では，三角級数などに一切触れることなく「集合論」は'集合論'として講義されますが，しかし上のような経緯から集合論が生れてきていたことは，一寸は心に留めておくべきでしょう．それは，単なる'神学論争'ではなく，数学の具体的な問題から生れてきていたのです．

---

[3] 14〜16頁．
[4] カントールは点集合Pの集積点全体の集合をP'で表わし，これをPの導集合と言い，さらに導集合P'の導集合としてP''を定義し，以下同様にして，任意の正整数kに対してk次導集合$P^{(k)}$を定義した．そして，$P^{(k)}$が有限集合の場合，つまり$P^{(k+1)} = \emptyset$ならば，集合Pを第k種の集合と呼んだ．

4.1.2 集合の定義と記法

さて,すでにこれまでも'集合'という言葉は登場してきていますが,第5章からは集合の言葉が本格的に登場してきますので,本章で「数学の自意識」であり,現代数学を考えるための「基本文法」でもある「集合論」について少し考えてみたいと思います.

「集合(set, Menge, ensemble)」を考えるには,まず「集合とは何か」ということが問題ですが,殊更難しく考えずに,ここでは「数」や「文字,記号」,「平面上の点」や「空間内の図形」,あるいはある定まった条件を満たす数学的対象の集まり,とでも考えておけば十分でしょう.そして,その集合を構成している個々の対象を「要素あるいは元」というのはご存知でしょう.カントール自身は次のように述べています.

> われわれはいかなる物であれ,われわれの思惟または直観の対象であり,十分確定され,かつ互いに区別される物 m (これらの物は集合の'**要素 (Elemente)**'と名づけられる)の,全体への総括(Zusammenfassung) M を言うと理解する.[5]

そして,カントールは上で述べられたことを,記号として'$M = \{m\}$'のように表わす,と続けていますが,それはともかく,このごく素朴な集合の定義が,やがてブラリ－フォルティ[6]やラッセルなどによって指摘される深刻な二律背反(antinomy)に直面することはよく知られています.

扱っている対象のすべての物の集合を考えて,これを**全体集合**(universal

---

[5] 『超限集合論』(共立出版) 1頁.

[6] Burali-Forti (1861～1931),イタリアの論理者.R・L・ワイルダー著,吉田洋一訳『数学基礎論序説』(培風館)の80頁には「ブラリ=フォルチはカントルの定義の解釈を誤っていたために,せっかく彼が鋭く見抜いたことも,初めのうちは,人から認められるに至らなかった(彼の提出した反論は定義の正しい解釈に向けたとしても,やはり同じように成り立つのである)」という記述が見られる.

set) といい，ふつう U や E などで表わします．また，要素のまったくない集合を**空集合**(empty set) といい，これを ∅ とか { } のように表わします．

また，集合を表わすのに，'外延的記法'と'内包的記法'とがありますが，それぞれ以下のような表わし方を言います．

外延的記法：集合の要素をすべて書き並べる方法で，{ } の中に要素を列挙する．たとえば
$$\{1, 2, 3, 4, 5, 6, 7, 8, 9, 10\}$$
のような書き方である．

内包的記法：集合を作る条件を示す方法で，$\{x \mid p(x)\}$ のように表わす．ここで，$p(x)$ は x についての条件で，文，等式，不等式などで表わされる．たとえば
$$\{x \mid x は 10 以下の自然数\}$$
のような書き方である．[7]

さらに，集合 A に対して，全体集合 U の要素で，A に属さない物の集合を A の**補集合** (complement) あるいは**余集合**といい，
$$-A, \overline{A}, A^c, A'$$
のように表わされます．本書では主に $\overline{A}$ あるいは A^c を用いることにします．

---

[7] $p(x)$ は，'x は p である'と読むことができ，すると p は x の'述語'と見ることもできる．このとき，$p(x)$ を真ならしめる x 全体の集まり (集合) を p の**外延**といい，この集まりに対して，p を**内包**という．たとえば，p を'死んだ人間である'(内包) という述語とすれば，$p(x)$ は'x は死んだ人間である'ということを意味する条件であり，この条件を真ならしめる集合 $\{x \mid p(x)\}$ は，'これまでに生れてきて死んだ人間のすべての集合'(外延) ということになる．

4.1.3 集合の算法

はじめに 2 つの集合が '相等しい' ということを定義し，次に 1 つあるいは 2 つ以上の集合から新しい集合を作り，これらの間に成り立つ関係を考えていきます．しかし，以下の話を，単に数学における言葉の定義，約束と受け止めずに，ここに私たち人間の思考のプロトタイプ (原型) があると構えて読んでいただけたら，と思います．

集合の相等：2 つの集合 A, B があって，A, B ともに同じ要素をもっているとき，A と B は等しいといい，$A = B$ で表わす．これについては次のことが言える．

1. 反射律：$A = A$
2. 対称律：$A = B$ ならば $B = A$
3. 推移律：$A = B, \ B = C$ ならば $A = C$

部分集合：2 つの集合 A, B があって，A の要素がすべて B の要素になっているとき，A を B の**部分集合** (subset) といい，$A \subset B$ または $B \supset A$ のように表わす．すなわち

$$[x \in A \text{ ならば } x \in B] \Longleftrightarrow A \subset B$$

なお，集合 A の要素が，すべて集合 B に含まれ，かつ B には A の要素以外の要素が存在するとき，A を B の**真部分集合** (proper subset) といい，$A \subsetneq B$ のように表わすことにする．したがって，本書では

$$A \subset B \Longleftrightarrow [A \subsetneq B \text{ または } A = B]$$

と定めておく[8]．この包含関係 ('$\subset$' の関係) については以下のことが言える．

---

[8] 教科書によっては，A が B の '真部分集合' であることを $A \subset B$，また 'A が B の真部分集合または $A = B$' であることを $A \subseteq B$ と記しているものもある．特に，高校の教科書ではこのようなスタイルをとっているのが多いので，注意していただきたい．

1. 反射律： $A \subset A$
2. 反対称律： $A \subset B$ かつ $A \supset B$ ならば $A = B$
3. 推移律： $A \subset B$ かつ $B \subset C$ ならば $A \subset C$

合併集合・共通部分：2つの集合 A, B が与えられたとき，この2つの集合から新しい集合を考えることができる．

1. **合併集合**：2つの集合 A, B の少なくとも一方に属する要素全体の集合であり，$A \cup B$ で表わす．合併集合のことを，和集合，結び, union ということもある．

2. **共通部分**：2つの集合 A, B の両方に属する要素全体の集合であり，$A \cap B$ で表わす．共通部分のことを，積集合，交わり, intersection ということもある．なお，$A \cup B = \emptyset$ のとき，A と B とは**互いに素である**といい，$C = A \cup B, (A \cap B = \emptyset)$ のとき，C は A, B の**直和**であるという．

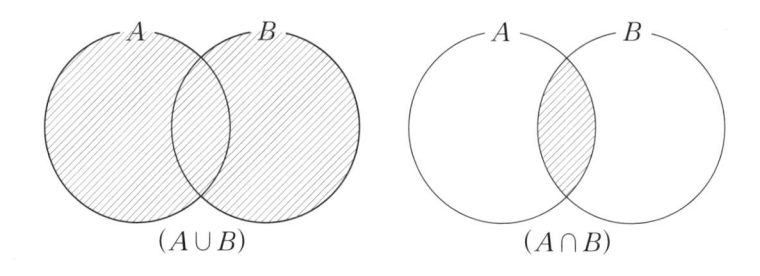

$(A \cup B)$ $\qquad$ $(A \cap B)$

差集合・対称差：合併集合や共通部分と同様に，次の集合も大切である．

1. **差集合**：2つの集合 A, B に対して，
$$A - B = \{x \mid x \in A \text{ かつ } x \in B^c\}$$
を A から B を引いた**差集合** (difference set) という．ただし，B^c は B の補集合である．差集合は $A \backslash B$ のように表わされることもある．

2. **対称差**：2つの集合 A, B に対して，
$$A \triangle B = (A - B) \cup (B - A)$$
を A, B の**対称差**という．対称差は $A \oplus B$ のように表わされることもある．

第4章 可算集合と非可算集合

$(A-B)$ $(A\triangle B)$

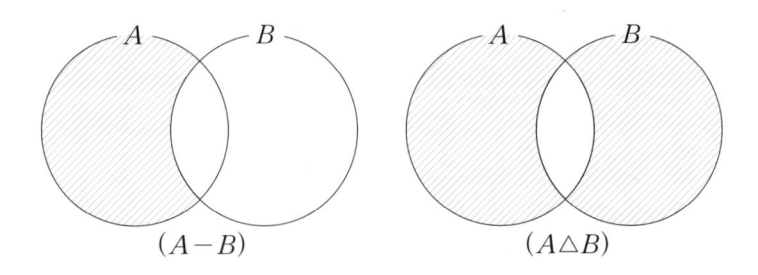

∪, ∩ の計算法則：以下に集合算の簡単な計算規則を列挙しておく．これらの計算規則は，とりあえずは 'ベン図' や 'カルノー図' などを利用して簡単にチェックできる[9]ので，各自で試みられたし．

1. **交換法則**：$A \cup B = B \cup A, \quad A \cap B = B \cap A$

2. **結合法則**：$(A \cup B) \cup C = A \cup (B \cup C), (A \cap B) \cap C = A \cap (B \cap C)$

3. **分配法則**：$A \cap (B \cup C) = (A \cap B) \cup (A \cap C)$
   $A \cup (B \cap C) = (A \cup B) \cap (B \cup C)$

4. **冪等法則**：$A \cup A = A, \quad A \cap A = A$

5. **吸収法則**：$A \cap (A \cup B) = A, \quad A \cup (A \cap B) = A$

6. **ド・モルガン (de Morgan) の法則**：$\overline{A \cup B} = \overline{A} \cap \overline{B}, \quad \overline{A \cap B} = \overline{A} \cup \overline{B}$

ここで，3. の前半の分配法則について証明してみると以下のようになる．
$$x \in A \cap (B \cup C) \Longleftrightarrow x \in A \wedge x \in (B \cup C)$$
$$\Longleftrightarrow x \in A \wedge (x \in B \vee x \in C)$$
$$\Longleftrightarrow x \in (A \cap B) \vee x \in (A \cap C)$$
$$\Longleftrightarrow x \in (A \cap B) \cup (A \cap C)$$
したがって，$A \cap (B \cup C) = (A \cap B) \cup (A \cap C)$ が成り立つ．

---
[9] 正確には，定義に従って証明すればよい．

なお，ここで，∨と∧はそれぞれ'または(or)'と'かつ(and)'を表わす論理記号である．

差集合と対称差の計算法則：差集合，対称差については，以下の計算法則が成り立つ．これらについても各自で容易に確認できるだろう．

1. $A - B = A \cap \overline{B}$
2. $A \triangle B = B \triangle A$
3. $A \triangle (B \triangle C) = (A \triangle B) \triangle C$
4. $A \triangle \emptyset = A$
5. $A \triangle A = \emptyset$

集合の直積：2つの集合 A, B に対して，A の要素 a と B の要素 b の，順序を考えた組 (a, b) の全体が作る集合を A と B の**直積** (direct product) といい，$A \times B$ と表わす．すなわち

$$A \times B = \{(a, b) \mid a \in A, b \in B\}$$

である．なお，順序を考えた組 (a, b) を'順序対'といい，一般には $(a, b) \neq (b, a)$ だから，$A \times B \neq B \times A$ である．また，直積は当然，n 個の集合 $A_1, A_2, \cdots, A_n$ の直積にまで拡張され，これを

$$A_1 \times A_2 \times \cdots \times A_n \quad \text{または} \quad \prod_{k=1}^{n} A_k$$

のように表わす．

以上で，集合の基本的な記号とその計算規則は確認できましたが，本項の最後に次章でも登場する有限個の集合 A_k ($k = 1, 2, \cdots, n$) の合併集合と共通集合について触れておきます．$\Lambda = \{1, 2, \cdots, n\}$ とすると，これらは，それぞれ

$$\bigcup_{k=1}^{n} A_k = \{x \mid \exists k \in \Lambda; x \in A_k\}, \quad \bigcap_{k=1}^{n} A_k = \{x \mid \forall k \in \Lambda; x \in A_k\}$$

のように定められています．すなわち
$$\bigcup_{k=1}^{n} A_k\ \text{は，}\ A_1, A_2, \cdots, A_n\ \text{のすべてを含む最小の集合}$$
であり，
$$\bigcap_{k=1}^{n} A_k\ \text{は，}\ A_1, A_2, \cdots, A_n\ \text{のすべてに含まれる最大の集合}$$
ということになります．そして，上で確認した分配法則を繰り返し用いると
$$A\cup\left(\bigcap_{k=1}^{n} A_k\right) = \bigcap_{k=1}^{n}(A\cup A_k), \quad A\cap\left(\bigcup_{k=1}^{n} A_k\right) = \bigcup_{k=1}^{n}(A\cap A_k)$$
が成り立つことも簡単に確認できます．

4.2 集合と写像

4.2.1 写像の定義

　写像は数学における最も基本的な概念の1つで，本書でも特に8章以降において大切になりますので，ここで少し説明しておきます．**写像** (mapping) は，中学高校で学んだ'関数'概念の一般化であり，実は1960年代末から70年代末にかけては高校数学に登場していて，ほとんどの高校生がキチンと学んでいました．

　2つの空でない集合 X, Y があって，X のそれぞれの要素 x に対して，Y の要素 y が'ただ1つ'定まるような対応の規則 f が与えられているとき，この規則 f を集合 X から集合 Y への写像といいます．そして，これを
$$f : X \longrightarrow Y$$
のように表わし，x に応じて定まる y を，f による x の**像**といい，$f(x)$ で表わします．[10]

---

[10] X を'始集合'，Y を'終集合'ということもある．

集合 X と Y が数の集合のときは，よく知られているように関数 (function) と言いますが，そのほかに集合 X, Y の種類に応じて，それぞれの写像を変換 (transformation)，汎関数 (functinal)，作用素 (operator) などと言ったりします．

また集合
$$f(X) = \{f(x) \mid x \in X\} = \{y \mid \exists x \in X \ \ y = f(x)\}$$
としたとき，
$$f \text{ が } X \text{ から } Y \text{ への{\bf 上への写像}} \iff Y = f(X)$$
と定義します．'上へ (onto) の写像' のことを**全射** (surjection) とも言います．なお，$Y \neq f(X)$ すなわち $f(X) \subsetneq Y$ のとき，これを**中へ (into) の写像**といいます．

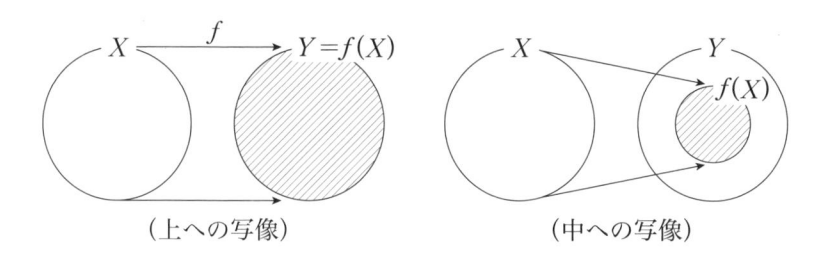

（上への写像）　　　　（中への写像）

さらに
$$f \text{ が } X \text{ から } Y \text{ への {\bf 1 対 1 の写像}} \iff x_1 \neq x_2 \text{ ならば } f(x_1) \neq f(x_2)$$
と定め，'1 対 1 (one to one) 写像' のことを**単射** (injection) とも言います．そして，$f: X \longrightarrow Y$ が全射かつ単射のとき，私たちはこれを**全単射** (bijection) と言います．

次に，**逆像**あるいは**原像**と言われるものについて述べておきます．f を集合 X から Y への写像としたとき，Y の部分集合 $Q(\subset Y)$ に対して，
$$f^{-1}(Q) = \{x \mid f(x) \in Q\}$$
のように定め，これを f による Q の逆像といいます．もちろん，これは X の部分集合になります．また定義から明らかなように，$f^{-1}(\emptyset) = \emptyset$ であり，

また $f(X) = Y$ であるとき,
$$f^{-1}(Y) = X$$
が成り立つのは明らかでしょう.

以下に, 写像の例を幾つか挙げてみましょう.

例1　$X = \mathbb{R}$, $Y = \mathbb{R}$, $y = f(x) = x^2$ とすると, f は全射でもなく, 単射でもなく, 中への写像である. $Y_1 = \{y \in \mathbb{R} \mid y \geqq 0\}$ とすると, $f : X \longrightarrow Y_1$ は全射となり, $X_1 = \{x \in \mathbb{R} \mid x \geqq 0\}$ とすると, $f : X_1 \longrightarrow Y_1$ は全単射である.

例2　$X = \mathbb{N}$, $Y = \mathbb{R}$, $y_n = f(n) = \dfrac{1}{n}$ とすると, $f : \mathbb{N} \longrightarrow \mathbb{R}$ は写像である. 一般に各項が実数である数列 $\{y_n\}$ $(n = 1, 2, 3, \cdots)$ は, 自然数全体の集合 $\mathbb{N}$ から実数全体の集合 $\mathbb{R}$ への写像に他ならない.

例3　xy 平面の点全体の集合を $E = \{(x, y) \mid x \in \mathbb{R}, y \in \mathbb{R}\}$ とする. $X = E$, $Y = E$ とし, 写像 $f : E \ni (x, y) \longmapsto (x', y') \in E$ を
$$f : \begin{pmatrix} x' \\ y' \end{pmatrix} = \begin{pmatrix} a & b \\ c & d \end{pmatrix} \begin{pmatrix} x \\ y \end{pmatrix}$$
で定める. これは '1次変換' と言われる写像で, $X = Y$ の場合 '変換' という言葉を用いる. よく知られているように
$$ad - bc \neq 0 \quad \text{ならば} \quad \text{全単射}$$
$$ad - bc = 0 \quad \text{ならば} \quad \text{中への写像}$$
となる.

例4　$C[0, 1]$ を, 閉区間 $[0, 1]$ で連続な実数値関数全体の集合とする. x を $C[0, 1]$ の要素とすると, x は $[0, 1]$ から $\mathbb{R}$ への連続な関数である. すなわち,
$$x : [0, 1] \ni t \longmapsto x(t) \in \mathbb{R}$$
である. このとき,
$$F(x) = \int_0^1 x(t) dt$$

で，$F(x)$ を定める．すると，F は
$$F : C[0, 1] \ni x \longmapsto F(x) \in \mathbb{R}$$
のような，$C[0, 1]$ から $\mathbb{R}$ への写像（汎関数）となる．

例5 1個のサイコロを振って $i\,(i = 1, 2, \cdots, 6)$ の目が出る事象を ω_i で表わし，集合 W を $W = \{\omega_1, \omega_2, \cdots, \omega_6\}$ とする．さらに，W の部分集合全体の集合を $\mathfrak{P}(W)$ とし，$\mathfrak{P}(W)$ の要素を E とする．このとき，事象 E の起こる確率を $P(E)$ とすると，P は
$$P : \mathfrak{P}(W) \ni E \longmapsto P(E) \in [0, 1]$$
のような，集合族[11] $\mathfrak{P}(W)$ から実数の集合 $[0, 1] = \{x \in \mathbb{R} \mid 0 \leq x \leq 1\}$ への写像となる．たとえば，E を '3 の倍数が出る' という事象とすれば，$E = \{\omega_3, \omega_6\}$ となり，$P(E) = \dfrac{1}{3}$ となる．

なお，ここで考えた集合 $\mathfrak{P}(W)$ を W の冪集合といい，'2^W' のように表わすことがある．これは，いま考えている W の場合からも分かるように W の冪集合の要素の個数（W の部分集合の個数）が 2^6 で与えられるからである．

4.2.2 写像の基本的な性質

写像 $f : X \longrightarrow Y$ については，幾つかの大切な性質がありますが，以後の議論で大切になるものを定理として述べておきます．

定理4・1 集合 X から集合 Y への写像を f とし，X の部分集合を A, B とする．このとき
 1. $A \subset B$ ならば $f(A) \subset f(B)$
 2. $f(A \cup B) = f(A) \cup f(B)$

---

[11] 集合を要素とする集合（family of sets）のことである．

3. $f(A\cap B)\subset f(A)\cap f(B)$

が成り立つ．

写像と集合の論理に慣れるために，これらの命題を端折らないで，ちゃんと証明しておきましょう．

[証明]
1. $f(A)$ の任意の要素を y とすると，$y=f(x)$ となる $x\in A$ が存在し，$A\subset B$ であるから，$x\in B$ である．したがって，$y=f(x)\in f(B)$ となり，これより $f(A)\subset f(B)$．
2. 1.の結果を用いると
$$A\subset A\cup B \text{ であるから，} f(A)\subset f(A\cup B)$$
同様に，
$$B\subset A\cup B \text{ であるから，} f(B)\subset f(A\cup B)$$
したがって，
$$f(A)\cup f(B)\subset f(A\cup B) \quad \cdots ①$$
一方，$f(A\cup B)$ の任意の要素を y とすると，$y=f(x)$ となる $x\in A\cup B$ となる x が存在し，$x\in A$ とすると $y=f(x)\in f(A)$，また $x\in B$ とすると $y=f(x)\in f(B)$ であるから，いずれにせよ $y\in f(A)\cup f(B)$ である．したがって，
$$f(A\cup B)\subset f(A)\cup f(B) \quad \cdots ②$$
よって，①，②から $f(A\cup B)=f(A)\cup f(B)$ が成り立つ．
3. 1.の結果を用いると
$$A\cap B\subset A \text{ であるから，} f(A\cap B)\subset f(A)$$
同様に，
$$A\cap B\subset B \text{ であるから，} f(A\cap B)\subset f(B)$$
よって，
$$f(A\cap B)\subset f(A)\cap f(B) \qquad\blacksquare$$

逆像についても次のような性質があります．

定理 4.2 集合 X から集合 Y への写像を f とし，X の部分集合を A，Y の部分集合を C, D とする．このとき

1. $C \subset D$ ならば $f^{-1}(C) \subset f^{-1}(D)$
2. $f^{-1}(C \cup D) = f^{-1}(C) \cup f^{-1}(D)$
3. $f^{-1}(C \cap D) = f^{-1}(C) \cap f^{-1}(D)$
4. $f^{-1}(f(A)) \supset A$
5. $f(f^{-1}(C)) \subset C$

が成り立つ．

これらの命題についても簡単に証明しておきましょう．以下のようになります．

[証明]

1. $f^{-1}(C)$ の任意の要素を x とすると，$y = f(x) \in C$ となり $C \subset D$ より，$y = f(x) \in D$．したがって，$x \in f^{-1}(D)$ となり，これより $f^{-1}(C) \subset f^{-1}(D)$．
2. $f^{-1}(C \cup D)$ の任意の要素を x とすると，$y = f(x)$ は「$y \in C$ または $y \in D$」であるから「$x \in f^{-1}(C)$ または $x \in f^{-1}(D)$」である．したがって，$x \in f^{-1}(C) \cup f^{-1}(D)$ である．一方，$x \in f^{-1}(C) \cup f^{-1}(D)$ とすると，「$y = f(x) \in C$ または $y = f(x) \in D$」であるから，$y = f(x) \in C \cup D$．したがって，$x \in f^{-1}(C \cup D)$．
 よって，$f^{-1}(C \cup D) = f^{-1}(C) \cup f^{-1}(D)$．
3. 2.とまったく同様に証明できる．各自試みてみよ．
4. A の任意の要素を x とする．このとき，$y = f(x) \in f(A)$ であり，したがって $f^{-1}(y) \in f^{-1}(f(A))$．すなわち $x \in f^{-1}(f(A))$ であるから，$A \subset f^{-1}(f(A))$．
5. $f(f^{-1}(C))$ の任意の要素を y とする．このとき $x = f^{-1}(y) \in f^{-1}(C)$

であるから，$y \in C$. すなわち $f(f^{-1}(C)) \subset C$. ∎

定理4·1や4·2で述べたことを実感するには具体的な写像をいろいろと考えてみるとよいのですが，これは読者諸氏にお任せしたいと思います．

4.3 可算集合

4.3.1 集合の濃度

誤解を招く言い方ですが，これから考えていきたいことはいわゆる'無限集合'の'要素の個数(?)'についてで，これが実に厄介な問題(もっともそうように感じるかどうかは，人それぞれであろうが)を孕んでいることは，すでに1章と2章で少し触れておきました．

20世紀前半の最大の数学者の1人である，あのダヴィッド・ヒルベルト[12]は「無限！ほかの問題で今まで人間精神をこれほど深く動かしたものはない．ほかの観念で人間の理知をこれほど刺激して結果を生ぜしめたものはない．しかもほかの概念で無限の概念ほど多大の純化を要するものはない」と語っていますが，私たちもまた，これから，集合について可能な限り'論理的，数学的'に考察していきたいと思います．

2つの「モノの集まり」の，その個数の多寡を比較するとき，小学1年生だった私たちはどのようにしてきたのでしょうか．下は，子犬と犬小屋，リスと切り株を破線で結んでそれぞれ1つずつ対応させている絵[13]ですが，これは要するに「子犬の集合」から「犬小屋の集合」への，そして「リスの集合」から「切り株の集合」への'写像'に他なりません．

---

[12] David Hilbert (1862〜1943)．ドイツの数学者．幾何学基礎論，代数的整数論，積分方程式，ポテンシャル論など多くの分野で活躍．1900年にパリで開催された第2回国際数学者会議で発表した「23個の問題」は，後進の若い数学者たちに大きな指針を与え，その後の数学の発展に大きく貢献した．

[13] 拙著『世界を解く数学』15頁からの引用で，愚息の使っていた教科書から拝借した．

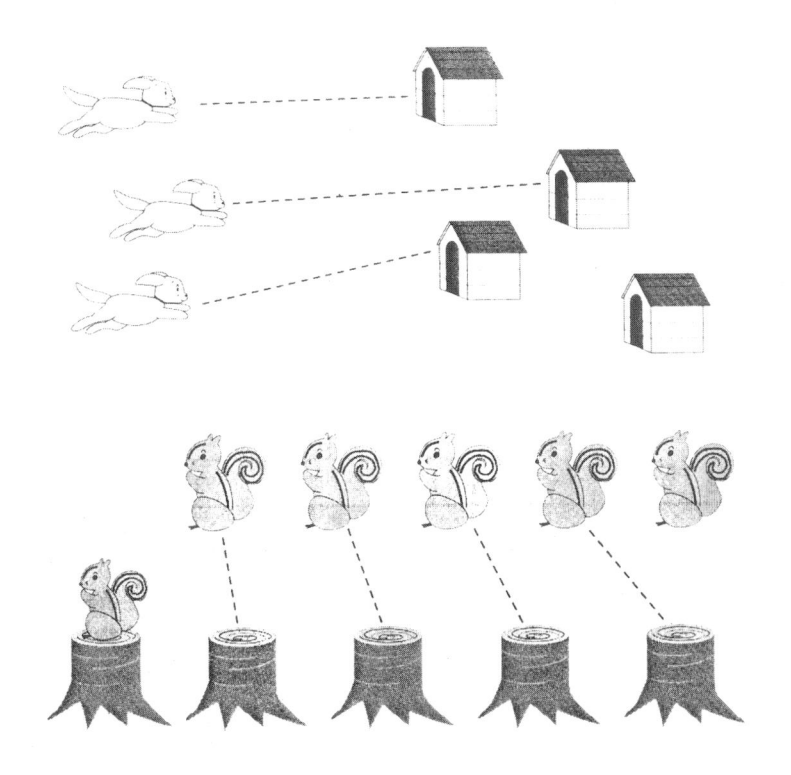

これが，2つの集合を比較するときの最も素朴な方法で，この方法こそこれからの私たちの最強の武器になります．

　まず，2つの集合が同等（equipotent）[14]である，という定義を与えておきましょう．

定義 4·1 2つの集合 A と B が**同等**であるとは，A から B への全単射が存在することである．また A と B が同等であることを $A \sim B$ と書く．

　この '$\sim$ (同等)' という関係が，

　　1. 反射律：$A \sim A$

---

[14] '対等' ということもある．

2. 対称律：$A \sim B \Longrightarrow B \sim A$

3. 推移律：$A \sim B, B \sim C \Longrightarrow A \sim C$

を満たしているのは定義から明らかで，したがってこの関係は集合全体における'**同値関係**'にほかなりません．それゆえ，集合全体（'集合'を要素とする集合）はこの同値関係によって'類別'されます[15]が，この類別によって得られる新しい概念が，**濃度**(power, Mächtigkeit)あるいは**基数**(cardinal number, Kardinalzahl)と言われるものです．

ところで，カントール自身はこの言葉について次のように説明しています．

集合 M の'濃度'または'カルジナル数'とは，われわれの思考能力によって，集合 M から M の各要素のもつ個々の性格とこれらの要素の置かれている順序関係を捨象した場合に把握される一般的概念につけられた名称である．[16]

---

[15] ある集合に定められた'同値関係'によってその集合を類別することは，現代数学における基本中の基本である．例えばある小学校の1年1組の児童の集合 C を，彼らの出席番号を5で割ったときの余りに着目して類別することができる．すなわち，余りが0の児童たちの集合 C_0，余りが1である児童たちの集合 C_1，…，余りが4である児童たちの集合 C_4 とする．このとき，余りが同じという"関係"を r と書くことにすると，これらの集合によって作られる集合

$$\{C_0, C_1, C_2, C_3, C_4\}$$

は，同値関係 r による集合 C の**商集合**(quotient set)と言われるもので，C/r と表わされる．また，集合 $A = \{1, 2, 3, 4\}$ とおき，集合 A の部分集合全体の集合，すなわち冪集合 $\mathfrak{P}(A)$ を考え，この集合（族）の要素である集合の間に，

$$a \sim b \Longleftrightarrow (a \text{ の要素の個数}) = (b \text{ の要素の個数}) \quad a, b \in \mathfrak{P}(A)$$

のような'関係'を定義すると，これも同値関係であり，これによって商集合 $\mathfrak{P}(A)/\sim$ を作ることができる．なお，この商集合の各要素に'0'，'1'，'2'，'3'，'4'，'5'という標識をつけると，これがすなわち濃度である．たとえば，$a = \{1, 2\}$，$b = \{2, 3\}$ とすると，$a \sim b$ となる．

[16] カントル『超限集合論』（功力金二郎・村田全訳，共立出版）2頁．

そして，その直ぐ後に「集合 M から二重の抽象を経て得られる結果としての (M の) カルジナル数または濃度を，記号 $\overline{\overline{M}}$ をもって示すことにする」と述べています．しかし，私たちは集合 M の濃度を $\overline{\overline{M}}$ ではなく，$m(M)$ と表わすことにします．さて，このとき，この $m(M)$ とは一体何を意味するのでしょうか．

実は，この言葉を理解するのは案外難儀で，有限集合 (要素の個数が有限個である集合) なら「濃度 $m(M)$ とはその集合の元の個数」のシノニム (同義語) とでも了解しておけばよいのですが，無限集合となるとそうはいきません．

大学の講義で，「**$m(M)$ は数ではない**，これは集合 M と同等な集合全体 (類) に付けられた新たな標識のようなもので，$m(A) = m(B)$ とは，2 つの集合 A から集合 B への全単射が存在することに他ならない」と聞かされたときは，思考の階梯を突如取り除かれたようで，いささか面食らいました．「$m(M)$ が数でない」とすれば，いったいそれは何なでしょうか．ともあれ，まず私たちは，有限集合の濃度 (基数) から見ていきましょう．

いま n を自然数とし，集合 A を
$$A = \{1, 2, 3, \cdots, n\}$$
とします．このとき
$$A \sim B \Longleftrightarrow m(A) = m(B)$$
ですから，A と同等な集合は n 個の要素を持った集合であり，したがって，**A と同等関係にある集合全体 (類) を表わすのに，自然数の n という '記号' を用いる**ことにします．たとえば
$$N_2 = \{1, 2\}, \quad A = \{a_1, a_2\}, \quad K = \{か, な\}$$
としたとき，
$$m(N_2) = m(A) = m(K) = 2$$
となります．ただし，空集合 $\emptyset$ の濃度は $m(\emptyset) = 0$ と定めておき，これらをまとめて**有限の濃度**と言います．

ここまでは，きわめて常識的な話で，たとえば集合 A に対して，$m(A) = n$

とすると，$B \subsetneq A$（B が A の真部分集合）のときは，
$$m(B) < m(A)$$
が成り立ち，また A, B の濃度が有限のときは，$A \cup B, A \cap B$ の濃度はともに有限で
$$m(A \cup B) = m(A) + m(B) - m(A \cap B)$$
が成つことは直ぐに了解できるでしょう．

これは，よく知られた集合の要素の個数を計算するときの'包除の原理'ですが，先ほど濃度 $m(M)$ は'数ではない'と注意したにも関わらず，上のような等式を示されると，更なる混乱を引き起こされてしまいます．しかし，ここでの話は'有限集合'についてであるから，これは'標識'同士の計算だ，ということで一応納得できるかと思います．

4.3.2 可算集合の定義とその濃度

問題は以下で考えようとする'無限集合'についてです．自然数全体の集合 $\mathbb{N}$ に対して，私たちはその濃度である $m(\mathbb{N})$ を
$$m(\mathbb{N}) = \aleph_0$$
と定義します．$\aleph$ は'アレフ'と読み，これはヘブライ語の第1字母です．なお $m(\mathbb{N})$ をドイツ小文字の $\mathfrak{a}$ を用いて表わすこともあります．これが有限集合の'元の個数'という概念の拡張であるのは言うまでもありませんが，しかし，$\aleph_0$ あるいは $\mathfrak{a}$ が'数'であるのか，と問われれば，「そうだ」と答えるには確かに躊躇いが生じます．

ともかく，これは自然数の集合と同等な濃度（これを**可算の濃度**あるいは**可付番の濃度**という）をもった集合からなる'類'に付けられた呼称とでもいうほかはありません．なお，自然数全体の集合 $\mathbb{N}$ と同等な集合を**可算集合**（countable set, enumerable set）あるいは**可付番集合**と言います．この言い方は，おそらく「（いつまでも続くかもしれないが）ともかく番号付けが可能な集合」といったほどの意味で生れたのでしょう．以下に，可算集合の例を見ていきますが，その前に次の定理を考えておきます．

定理 4・3　$\mathbb{N}$ を自然数全体の集合とする．A を $\mathbb{N}$ の部分集合とすると，A は有限集合であるか，または可算集合($\mathbb{N} \sim A$)である．

　この定理の面白いところは，A が有限集合でなければ，A と $\mathbb{N}$ とが'同等'であるということで，誤解を恐れずに言えば，$A \subset \mathbb{N}$ にも拘わらず'集合の要素'については，A のそれと $\mathbb{N}$ とのそれとが一致する，という素朴なパラドックスです．4章以降でも以下の証明と同じスタイルの証明法が何度か登場しますが，場合によってはこの証明法はある重要な認識を前提としています．しかし，ここではこれについては触れないでおきましょう．なお，有限または可算な(可付番な)集合を**高々可算 (at most enumerable) な集合**あるいは**高々可付番な集合**といいます．

[証明]　A が有限集合でないとし，このとき $\mathbb{N}$ から A への全単射が存在することを示しておけばよい．
　　$f:\mathbb{N} \ni n \longmapsto f(n) \in A \ (\subset \mathbb{N})$ を次のように定める．すなわち
　　　$f(1)$ を，A に属する最小の自然数
　　　$f(2)$ を，$A - \{f(1)\}$ に属する最小の自然数
　　　$f(3)$ を，$A - \{f(1), f(2)\}$ に属する最小の自然数
とする．以下同様に，$k \in \mathbb{N}$ に対して，$f(1), f(2), f(3), \cdots, f(k-1)$ が定められたとき
　　$f(k)$ を，$A - \{f(1), f(2), f(3), \cdots, f(k-1)\}$ に属する最小の自然数
と定める．A は有限集合ではないから，任意の $k (\geq 2)$ に対して
$$A - \{f(1), f(2), f(3), \cdots, f(k-1)\} \neq \emptyset$$
であり，したがって，任意の $k \in \mathbb{N}$ に対して $f(k) \in A$ が定まり，写像 $f:\mathbb{N} \longrightarrow A$ が定まる．
• f が単射であること；
　　n, m を自然数とし，$n < m$ とする．このとき
　　　$A - \{f(1), f(2), \cdots, f(n-1)\} \supset A - \{f(1), f(2), \cdots, f(m-1)\}$

であるから，f の定め方により $f(n)<f(m)$．よって，f は単射である．

- f が全射であること；

$f(\mathbb{N})=A$ を示しておけばよい．すなわち
$$\forall a \in A \; \exists n \in \mathbb{N} ; a=f(n)$$
が成り立つことを示す．a を A の任意の元とする．$a \in A \subset \mathbb{N}$（すなわち，$a$ は $\mathbb{N}$ の要素でもある）だから f の定め方より
$$1 \leqq f(1),\; 2 \leqq f(2),\; \cdots,\; a \leqq f(a)$$
が成り立ち，$f(a)<f(a+1)$ だから
$$a \notin A-\{f(1), f(2), \cdots, f(a)\}$$
である．いま，
$$H_n = A-\{f(1), f(2), \cdots, f(n)\} \quad (n \in \mathbb{N})$$
と定めておくと，
$$A \supset H_1 \supset H_2 \supset \cdots \supset H_a$$
が成り立ち，この集合列において $a \in A$, $a \notin H_a$ であるから，
$$a \in H_{n-1}, \quad a \notin H_n$$
なる $n(1 \leqq n \leqq a)$ が存在する．すなわち $a=f(n)$ なる $n \in \mathbb{N}$ が存在したので，f は全射である．

よって，A は高々可算集合であり，定理は証明された．　■

定理 4・4　$\mathbb{N}$ を自然数全体の集合とする．$f:\mathbb{N} \longrightarrow A$ が全射であるならば，集合 A は高々可算集合である．

定理 4・3 では，集合 A は $\mathbb{N}$ の部分集合でしたが，この定理では A は任意の集合であることに注意してください．

[**証明**]　集合 A の任意の要素を a とし，集合 $\{a\}$ の原像 $f^{-1}(\{a\})$ を考えると，f が全射だから
$$f^{-1}(\{a\}) \neq \emptyset$$
である．したがって，$f^{-1}(\{a\})$ は $\mathbb{N}$ の空でない部分集合で，それゆえこの

集合には最小数が存在する．その最小数を n_a とすると，われわれは写像
$$g: A \ni a \longrightarrow n_a \in f^{-1}(\{a\}) \subset \mathbb{N}$$
を考えることができる．この写像は明らかに単射である．実際，$a \neq b$ $(a, b \in A)$ とすると，$f^{-1}(\{a\}) \cap f^{-1}(\{b\}) = \emptyset$ であるから，$g(a) \neq g(b)$ である．

したがって，$A \sim g(A)$ であり，$g(A) \subset \mathbb{N}$ であるから，A は高々可算集合である． ∎

定理 4·5 集合 $A_n \, (n \in \mathbb{N})$ を可算集合の列とする．このとき，$\bigcup_{n=1}^{\infty} A_n$ は可算集合である．

[証明] この証明では，'直積集合 $\mathbb{N} \times \mathbb{N}$ が可算集合である' という事実を用いるが，これは次項の例 3 で証明してあるので，そちらを参照されたい．

さて，いま可算集合 A_n を
$$A_n = \{a_{n1}, a_{n2}, \cdots, a_{nm}, \cdots\}$$
とし，f を
$$f: \mathbb{N} \times \mathbb{N} \ni (n, m) \longmapsto a_{nm} \in A = \bigcup_{n=1}^{\infty} A_n$$
のように定める．このとき，f は全射であるから，定理 4·3 より A は高々可算集合であり，もちろん A は有限集合ではない．よって，A は可算集合である． ∎

4.3.3 可算集合の例

例 1 自然数 $\mathbb{N}$ の真部分集合である正の偶数全体の集合を E とすると
$$\mathbb{N} \sim E$$
が成り立つ．これは，上で証明した定理 4·3 から明らかであるが，
$$f: \mathbb{N} \ni n \longmapsto 2n \in E$$

第 4 章 可算集合と非可算集合

という写像を考えると，この写像 f は全単射であるから，E は可算集合である．なお，正の奇数全体の集合も可算集合である．

例 2 整数全体の集合を $\mathbb{Z}$ とすると，これは自然数全体の集合 $\mathbb{N}$ と同等である．すなわち

$$\mathbb{N} \sim \mathbb{Z}$$

である．これは，$\mathbb{N}$ から $\mathbb{Z}$ への写像 f を

$$f(n) = \begin{cases} \dfrac{n}{2} & (n : even) \\ \dfrac{1-n}{2} & (n : odd) \end{cases}$$

のように定めておくと

$$f(1) = 0,\ f(2) = 1,\ f(3) = -1,\ f(4) = 2,\ f(5) = -2,\ \cdots$$

のようになり，f が全単射だから $\mathbb{Z}$ は可算集合である．

例 3 自然数全体の集合を $\mathbb{N}$ とすると，直積 $\mathbb{N} \times \mathbb{N}$ [17] は可算集合である．これは以下のように示される．

$$\mathbb{N} \times \mathbb{N} = \{(n,\ m) \mid n,\ m \in \mathbb{N}\}$$

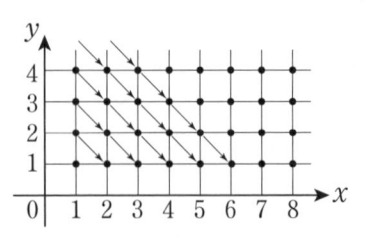

$\mathbb{N} \times \mathbb{N}$ の各要素 $(n,\ m)$ は上図のような xy 平面の第 1 象限の格子点（x 座標，y 座標がともに整数である点）を表わしているので，これらの格子点に $(1, 1),\ (1, 2),\ (2, 1),\ (1, 3),\ (2, 2),\ (3, 1),\ \cdots$ のような順番に 1 から順

---

[17] これを $\mathbb{N}^2$ と書くことがある．

次自然数の番号を対応させていく．このとき，下のように群分けしておくと，
$$(1,\ 1)\,|\,(1,\ 2),\ (2,\ 1)\,|\,\cdots\,|\,(1,\ n+m-1),\ \cdots,\ (n,\ m),\ \cdots$$
$(n,\ m)$ は，第 $n+m-1$ 群の第 n 番目の項である．すなわち，$(n,\ m)$ は初めから数えると
$$\{1+2+\cdots+(n+m-2)\}+n=\frac{(n+m-2)(n+m-1)}{2}+n$$
番目に現れることになる．そこで，
$$f:\mathbb{N}\times\mathbb{N}\ni(n,\ m)\longmapsto\frac{(n+m-2)(n+m-1)}{2}+n\in\mathbb{N}$$
という写像 f を考えると，これは $\mathbb{N}\times\mathbb{N}$ から $\mathbb{N}$ への全単射である．実際，番号の付け方から $(n,\ m)\neq(n',\ m')$ であれば，$f(n,\ m)\neq f(n',\ m')$ だから単射で，また f が全射であることは自明であろう．

　松阪和夫著『集合・位相入門』(岩波書店)では，$\mathbb{N}\times\mathbb{N}\sim\mathbb{N}$ を示すのに，
$$g:\mathbb{N}\times\mathbb{N}\in(n,\ m)\longmapsto 2^{n-1}(2m-1)\in\mathbb{N}$$
のような写像 g が与えてある．これが全単射であることは次のように考えればよい．すなわち，任意の自然数 k は
$$k=2^a b\ (a\ \text{は非負整数},\ b\ \text{は正の奇数})$$
の形にただ一通りに表わされ[18]，また，非負整数 a，正の奇数 b は，それぞれただ一通りに
$$a=n-1(n\in\mathbb{N}),\quad b=2m-1(m\in\mathbb{N})$$
と表わされる．したがって，任意の $k\in\mathbb{N}$ に対して，$k=2^{n-1}(2m-1)$ となる $(n,\ m)\in\mathbb{N}\times\mathbb{N}$ がただ一つだけ存在し，g は全単射である．

　ともあれ，以上のことから
$$\mathbb{N}\times\mathbb{N}\sim\mathbb{N}$$

---

[18] これに関する入試問題はいろいろあるが，93年大阪教育大で出題された次の問題は面白い．「N を自然数とするとき，1から $2N$ までの自然数の中からどのように $(N+1)$ 個の数を選んでも，その中に一方が他方を割り切るような2つの数の組が必ず存在することを証明せよ」．自然数が上で述べた形で書けることを利用して証明するが，興味のある人は挑戦してみられたし．

であることが分かり，さらに，このことから

1. 2つの可算集合の直積は可算集合である
2. 有限個の可算集合の直積は可算集合である

ということも分かるだろう．

例4 整数全体の集合を $\mathbb{Z}$ とすると，上で述べたことから直積 $\mathbb{Z} \times \mathbb{Z}$ は可算集合である．これは xy 平面上にある格子点全体の集合が可算集合であることを示している．

例5 有理数全体の集合
$$\mathbb{Q} = \left\{ \frac{p}{q} \;\middle|\; p,\, q \in \mathbb{Z},\, q \neq 0 \right\}$$
は可算集合である．

これは次のように示すことができる．すなわち $\mathbb{Q}$ の要素を既約分数 $\dfrac{m}{n}\,(m \in \mathbb{Z},\, n \in \mathbb{N})$ で表わし，
$$f : \mathbb{Q} \ni \frac{m}{n} \longmapsto (m, n) \in \mathbb{Z} \times \mathbb{N}$$
という写像 f を考える．このとき，f は $\mathbb{Q}$ から $\mathbb{Z} \times \mathbb{N}$ への単射であるから，
$$\mathbb{Q} \sim f(\mathbb{Q}) \subset \mathbb{Z} \times \mathbb{N}$$
が成り立つ．すなわち，$f(\mathbb{Q})$ は可算集合 $\mathbb{Z} \times \mathbb{N}$ の無限部分集合であるから，$f(\mathbb{Q})$ も可算集合．よって，$\mathbb{Q}$ も可算集合である．

例6 有理数を係数とする多項式全体の個数は可算集合である．

以下にその理由を説明する．'有理数を係数とする n 次の多項式 $f(x)$' とは
$$a_0 x^n + a_1 x^{n-1} + \cdots + a_{n-1} x + a_n \,(a_i \in \mathbb{Q},\, i = 0, 1, \cdots, n-1, n, a_0 \neq 0)$$
のような形の多項式で，このような多項式は $n+1$ 個の係数 $a_i\,(i = 0, 1, \cdots,$

$n-1, n)$ で定まる．したがって，n 次の多項式全体の集合を $\mathfrak{P}_n$，$\mathbb{Q}$ の $n+1$ 個の直積を $\mathbb{Q}^{n+1}$ とすると，

$$f : \mathfrak{P}_n \ni f(x) \longmapsto (a_0, a_1, \cdots, a_{n-1}, a_n) \in \mathbb{Q}^{n+1}$$

のような写像 f を考えることができる．このとき，f は単射[19]であり，$\mathbb{Q}^{n+1}$ は可算集合であるから，$\mathfrak{P}_n$ も可算集合である．よって，定理 4·5 から多項式全体の集合 $\bigcup_{n=0}^{\infty} \mathfrak{P}_n$ も可算集合となる．これが証明すべきことであった．

例 7 代数的数の全体は可算集合である．

代数的数 (algebraic number) とは，整数を係数とする代数方程式[20]の解として定義される数で，例 6 で考えた多項式 $f(x)$ に対して，分母を払った式を $g(x)$ とすると，$g(x) = 0$ の解が代数的数にほかならない．したがって，例 6 の議論から分かるように整数係数の n 次方程式 $g(x) = 0$ 全体の集合は可算集合であり，これらの方程式はそれぞれ n 個の解をもつので，整数係数の n 次方程式の解全体の集合を R_n とするとこれも可算集合である．よって，代数的数全体の集合 $\bigcup_{n=1}^{\infty} R_n$ は可算集合である．

なお，n 次の多項式 $f(x)$ が既約多項式 (irreducible polynomial)[21] であれば，その解 α を 'n 次の代数的数' という．たとえば，$x^2 + x + 1 = 0$

---

[19] $a_0 \neq 0$ だから単射になる．

[20] 実は，有理数を係数とする代数方程式の解，と定義してもよいことは直ぐに納得できるだろう．

[21] 体 K の元を係数とする多項式 $f(x)$ を K の整式といい，$f(x)$ が K の 2 つの整式の積の形で表わされるとき，$f(x)$ は K において可約であるといい，そうでないとき既約であるという．既約か可約かは，多項式の係数体 K に依存する概念で，たとえば，$x^2 - 3$ は $K = \mathbb{Q}$ においては既約であり，$K = \mathbb{R}$ においては $x^2 - 3 = (x + \sqrt{3})(x - \sqrt{3})$ となるので，この場合は可約である．

の解

$$\omega = \frac{-1+\sqrt{3}\,i}{2}, \quad \omega' = \frac{-1-\sqrt{3}\,i}{2}$$

は代数的数であり，しかも x^2+x+1 は 2 次の既約多項式であるから，'2 次の代数的数' ということになる．

4.4 非可算集合と連続体の濃度

4.4.1 カントールの対角線論法

たとえば開区間 $(0,1)$ に属している実数の個数が'無限'であり，また同じ区間に属する有理数の個数も'無限'であるが，同じ無限でありながら実は，

実数の無限の方が有理数の無限よりも大きい

ということを物の本で知ったときの，その衝撃は，今でも忘れられません．それを幾何学的，直感的に述べるならば，直線上の有理数の集合 $\mathbb{Q}$ は，至る所に無数に隙間があり，実数 $\mathbb{R}$ の世界はそうではない，ということになるのですが，私は今もってこの命題の前でたじろいでいます．

ともかく，以下の定理を証明しておきます．

定理 4·6 開区間 $(0,1)$ に属する実数全体の集合は，可算ではない．すなわち，非可算集合である．

これは，数学の教養書などでもよく紹介されていますが，**カントールの対角線論法**（1890 年）といわれる有名な方法で証明します．この方法は，可算集合と他の集合の濃度を比較するときにしばしば用いられますが，数学全般においても有力な手法になりました．

とは言え，先ほども述べたように私自身は，これをほんとうに納得しているかと言えば，どうもそうではないらしい．「ないらしい」と言ったのは，根源的なところで納得しているかどうか，実は自分でもよく分からないからで

す．

　要するに，'対角線論法' とは人間の再帰的な自意識の齎す結果に他ならない，と自分で自分に言いくるめてはみるものの，ではその '再帰的な自意識' とは何か，と言えばこれまたよく分からなくなる，といった次第で，読者諸氏も以下の議論を鵜呑みにするのではなく，明解な結論に到達しなければならない，などと力まずにともかく自分自身の生の頭で考えていただきたいと思います．

[**証明**] 開区間 $(0, 1)$ に属する実数 x は，すべて 10 進法で表わされ，しかも 0.5 や 0.73 のような有限小数は
$$0.5 = 0.4999999\cdots, \quad 0.73 = 0.7299999\cdots$$
のように無限小数で表わされるものとする．

　このとき，開区間 $(0, 1)$ の実数全体の集合が可算集合であるとして矛盾を導こう．可算であるとすると，開区間 $(0, 1)$ の実数と自然数全体の集合 $\mathbb{N}$ とが 1 対 1 に対応するので，ともかく

$\mathbb{N}$	対応	$(0, 1) \subset \mathbb{R}$
1	$\longleftrightarrow$	$0.a_{11}a_{12}a_{13}a_{14}a_{15}\cdots\cdots$
2	$\longleftrightarrow$	$0.a_{21}a_{22}a_{23}a_{24}a_{25}\cdots\cdots$
3	$\longleftrightarrow$	$0.a_{31}a_{32}a_{33}a_{34}a_{35}\cdots\cdots$
4	$\longleftrightarrow$	$0.a_{41}a_{42}a_{43}a_{44}a_{45}\cdots\cdots$
5	$\longleftrightarrow$	$0.a_{31}a_{32}a_{33}a_{34}a_{35}\cdots\cdots$
$\cdot$	$\longleftrightarrow$	$\cdots\cdots\cdots\cdots\cdots\cdots\cdots\cdots$
n	$\longleftrightarrow$	$0.a_{n1}a_{n2}a_{n3}a_{n4}a_{n5}\cdots\cdots$
$\cdot$	$\longleftrightarrow$	$\cdots\cdots\cdots\cdots\cdots\cdots\cdots\cdots$

のような対応付けが可能である．上の表において，a_{ij} は 0, 1, 2, $\cdots$, 9 のいずれかの数字を表わしているのは言うまでもない．

　ここで，上の表の対角線上に並んでいる数字に着目して，以下のルールにしたがって，実数
$$X = 0.x_{11}x_{22}x_{33}x_{44}x_{55}\cdots x_{nn}\cdots$$

を作ってみよう．すなわち

$$x_{11} \text{ は, } a_{11} \text{ 以外の数字で, } 0 \text{ でも } 9 \text{ でもないもの}$$
$$x_{22} \text{ は, } a_{22} \text{ 以外の数字で, } 0 \text{ でも } 9 \text{ でもないもの}$$
$$x_{33} \text{ は, } a_{33} \text{ 以外の数字で, } 0 \text{ でも } 9 \text{ でもないもの}$$
$$\cdots\cdots\cdots\cdots\cdots\cdots\cdots\cdots\cdots\cdots\cdots\cdots\cdots\cdots$$
$$x_{nn} \text{ は, } a_{nn} \text{ 以外の数字で, } 0 \text{ でも } 9 \text{ でもないもの}$$
$$\cdots\cdots\cdots\cdots\cdots\cdots\cdots\cdots\cdots\cdots\cdots\cdots\cdots\cdots$$

のようにして実数 X を定めるのである．このとき，$x \in (0, 1)$ であり
$$x_{nn} \neq a_{nn} \ (\forall n \in \mathbb{N})$$
であるから，X は上の表には現れない実数である．すなわち，開区間 $(0, 1)$ の実数は可算集合ではない，ことが示された． ∎

この定理により，開区間 $(0, 1)$ に属する実数全体は，自然数全体よりも '多く' 存在することが分かりますが，開区間 $(0, 1)$ の作る線分を丸めて半円を作り，下図のようなこの半円上の点と直線 $(-\infty, +\infty)$ 上との点の対応を考えると，実数全体 $\mathbb{R}$ の要素の個数と開区間 $(0, 1)$ に属する実数の個数が同じであることも，納得できます．つまり，集合 $\mathbb{R}$ も可算集合ではないのです．

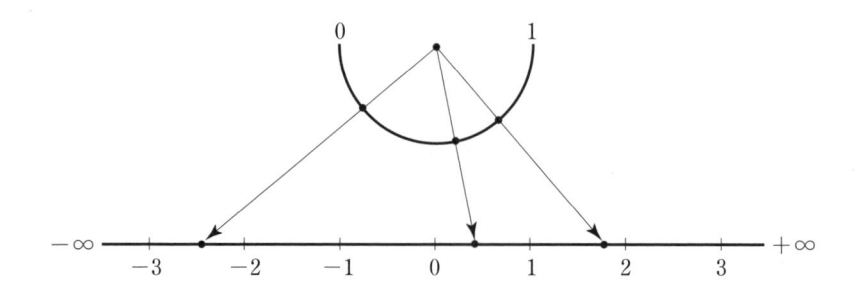

あるいはまた，次のような写像
$$f : (-1, 1) \ni x \longmapsto \tan\left(\frac{\pi x}{2}\right) \in \mathbb{R}$$

を考えると，f が全単射であることから開区間 $(-1, 1)$ に属する実数の個数と実数全体 $\mathbb{R}$ の要素の個数が等しいことも納得できます．

なお，実数全体と同等な集合の濃度 $m(\mathbb{R})$ を **連続の濃度** といい，
$$\aleph \quad \text{あるいは} \quad c$$
と表わします．ここで，注意をうながしておきますが，自然数や有理数全体の集合の濃度を $\aleph_0$ と表わしたのですから，実数の集合の濃度を $\aleph_1$ と表わしたいところですが，そうではありません．これは後ほど触れますが，集合論の大問題となっていくところです．

本項の最後に閉区間 $A = [0, 1]$ と開区間 $B = (0, 1)$ の濃度が等しいことを示しておきます．閉区間 A の両端の点 0 と 1 は濃度には影響しない，ということですが，A から B への全単射 f を構成してみればいいだけの話です．いろいろな構成法が考えられますが，ここでは単位分数に着目して全単射を作ってみましょう．

x を $A = [0, 1]$ の要素とする．このとき $f : A = [0, 1] \longrightarrow B = (0, 1)$ を
$$f(x) = \begin{cases} \dfrac{1}{2} & (x = 0) \\[4pt] \dfrac{1}{3} & (x = 1) \\[4pt] \dfrac{1}{n+2} & \left(x = \dfrac{1}{n} \, (n = 2, 3, 4, \cdots)\right) \\[4pt] x & \left(x \neq 0, 1, \dfrac{1}{n} \, (n = 2, 3, 4, \cdots)\right) \end{cases}$$
のように定める．すると，f が全単射になることは，下図からもほとんど明らかであろう．

要するに，$f(0) = 0$, $f(1) = 1$ とするわけにはいかないので，$f(0) = \dfrac{1}{2}$, $f(1) = \dfrac{1}{3}$ と定め，あとは
$$A \supset \left\{\dfrac{1}{2}, \dfrac{1}{3}, \dfrac{1}{4}, \dfrac{1}{5}, \cdots\right\} \sim \left\{\dfrac{1}{4}, \dfrac{1}{5}, \dfrac{1}{6}, \dfrac{1}{7}, \cdots\right\} \subset B$$
となることを利用しただけのことです．

第 4 章 可算集合と非可算集合

$$[0,1]: \quad 0 \quad \frac{1}{3} \quad \frac{1}{2} \quad \frac{4}{7} \quad \frac{1}{\sqrt{2}} \quad 1$$

$f \downarrow$

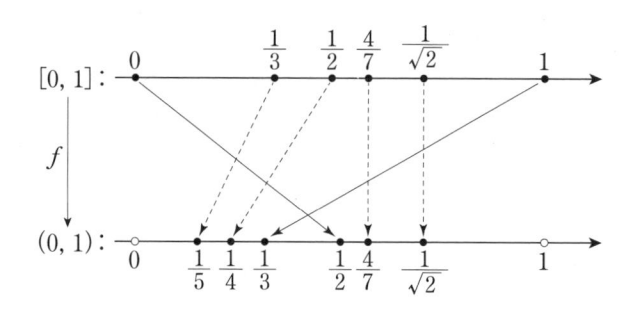

$$(0,1): \quad 0 \quad \frac{1}{5} \quad \frac{1}{4} \quad \frac{1}{3} \quad \frac{1}{2} \quad \frac{4}{7} \quad \frac{1}{\sqrt{2}} \quad 1$$

4.4.2 自然数の集合 N の冪集合 $\mathfrak{P}(\mathrm{N})$

非可算集合の例としてよく取り上げられる集合として，自然数全体 N の部分集合全体の集合というものがあります．この問題を考える前に，有限集合の部分集合全体について少し考えておきましょう．たとえば有限集合として

$$A = \{1,\ 2,\ 3,\ 4\}$$

とします．この集合 A の部分集合は

- 元の個数が 0 の集合：$\emptyset$
- 元の個数が 1 の集合：$\{1\},\ \{2\},\ \{3\},\ \{4\}$
- 元の個数が 2 の集合：$\{1,\ 2\},\ \{1,\ 4\},\ \{1,\ 5\},\ \{2,\ 3\},\ \{2,\ 4\},\ \{3,\ 4\}$
- 元の個数が 3 の集合：$\{1,\ 2,\ 3\},\ \{1,\ 2,\ 4\},\ \{1,\ 3,\ 4\},\ \{2,\ 3,\ 4\}$
- 元の個数が 4 の集合：$\{1,\ 2,\ 3,\ 4\}$

であり，全部で 16 個あります．これらの集合全体の集合，すなわち A の部分集合全体の集合を $\mathfrak{P}(A)$ と書き，これを集合 A の**冪集合**といいますが，上で確認したことは $m(\mathfrak{P}(A)) = 16$ ということにほかなりません．これはよく知られているように，2 項定理を利用して

$$_4C_0 + {}_4C_1 + {}_4C_2 + {}_4C_3 + {}_4C_4 = (1+1)^4 = 16$$

と計算することもできます．あるいは，次のように考えて '16' という値を求めることもできます．

96

部分集合	対応	1	2	3	4
∅	⟷	×	×	×	×
{1}	⟷	○	×	×	×
{2}	⟷	×	○	×	×
{3}	⟷	×	×	○	×
{4}	⟷	×	×	×	○
{1, 2}	⟷	○	○	×	×
{1, 3}	⟷	○	×	○	×
{1, 4}	⟷	○	×	×	○
{2, 3}	⟷	×	○	○	×
{2, 4}	⟷	×	○	×	○
{3, 4}	⟷	×	×	○	○
{1, 2, 3}	⟷	○	○	○	×
{1, 2, 4}	⟷	○	○	×	○
{1, 3, 4}	⟷	○	×	○	○
{2, 3, 4}	⟷	×	○	○	○
{1, 2, 3, 4}	⟷	○	○	○	○

　上の表を見てください．これは集合 A の個々の要素が，いま考えようとしている部分集合の要素である (○) か，要素でない (×) かに着目して作ったものです．たとえば，部分集合 {1, 3} は '○×○×' に対応します．このように考えると，1, 2, 3, 4 のそれぞれについて ○, × の定め方は 2 通りありますから，結局全体では ○, × の定め方は

$$2^4 = 16 \,(通り)$$

あることが分かります．

　実は，今述べた方法を $\mathbb{N}$ の部分集合に対して利用し，'対角線論法' を用いると，$\mathbb{N}$ の冪集合 $\mathfrak{P}(\mathbb{N})$ が可算集合で はないことが示されます．そしてこの冪集合の濃度 (要素の個数) を，有限集合の冪集合の要素の個数とのアナロジーから

$$2^{\aleph_0} \quad あるいは \quad 2^a$$

のように表わすこともあります．

　いま，$\mathfrak{P}(\mathbb{N})$ が可算集合であるとし，その要素 ($\mathbb{N}$ の部分集合) を，A_1,

$A_2, A_3, \cdots$ として,自然数の集合 $\mathbb{N}$ と 1:1 に対応付けられたとします.先ほど見たように部分集合 $A_1, A_2, A_3, \cdots$ は ○ と × の無限列として捉えることが出来ますから,以下のような表が得られます.

部分集合	対応	1	2	3	4	5	6	$\cdots$	n	$\cdots$
A_1	$\longleftrightarrow$	○	×	×	×	×	×	$\cdots$	×	$\cdots$
A_2	$\longleftrightarrow$	×	○	×	○	×	○	$\cdots$	×	$\cdots$
A_3	$\longleftrightarrow$	×	○	○	×	○	○	$\cdots$	○	$\cdots$
$\cdot$	$\longleftrightarrow$	$\cdots$	$\cdots$	$\cdots$	$\cdots$	$\cdots$	$\cdots$	$\cdots$	$\cdots$	$\cdots$
A_n	$\longleftrightarrow$	×	○	×	×	○	○	$\cdots$	○	$\cdots$
$\cdot$	$\longleftrightarrow$	$\cdots$	$\cdots$	$\cdots$	$\cdots$	$\cdots$	$\cdots$	$\cdots$	$\cdots$	$\cdots$

たとえば,A_1 については先頭の ○ 以外がすべて × とすると,これは $A_1 = \{1\}$ ということになり,また A_2 については,… 以下についても × と ○ が交互に現れるとすると,これは偶数の集合ということになります.さらに,たとえば A_p が素数全体の集合とすると,これは

$$\times \bigcirc \bigcirc \times \bigcirc \times \bigcirc \times \times \times \bigcirc \times \bigcirc \times \times \times \bigcirc \times \bigcirc \times \times \cdots$$

のような ○× 列に対応します.

ともあれ,このようにして $\mathbb{N}$ の任意の部分集合は,'○× 列' で表わすことができるというわけですが,先ほど考えた '対角線論法' を用いると,この表には現れていない $\mathbb{N}$ の部分集合が存在してしまうことが分かります.すなわち,対角線にそって,

$$\bigcirc \longrightarrow \times, \quad \times \longrightarrow \bigcirc$$

のようにして '○× 列' を作れば,これが表わす部分集合が上の表には現れていない集合なのです.これで,$\mathbb{N}$ の部分集合全体の集合は,可算集合ではないことが分かりました.以下に定理としてまとめておきましょう.

定理 4·7 自然数全体の集合 $\mathbb{N}$ の部分集合全体の集合,すなわち $\mathbb{N}$ の冪集合 $\mathfrak{P}(\mathbb{N})$ は,可算集合ではない.

ここで,定理 4·6 の証明と定理 4·7 の証明とが酷似していることにはお気

付きになったかと思いますが，実は，実数 $\mathbb{R}$ の濃度 $\mathfrak{c}$ と自然数 $\mathbb{N}$ の濃度 $\mathfrak{a}$ の間には

$$2^{\mathfrak{a}} = \mathfrak{c}$$

という関係が成り立ちます．きちんとした証明は濃度計算に拠りますが，この関係は上で述べた2つの定理の証明から直観的には納得できるのではないかと思います．

定理 4·7 は次の定理 4·8 のように，条件をもっと緩めても成り立ちます．つまり，'部分集合全体(この中には有限集合も含まれる)' ではなく，'無限部分集合全体' としても成り立つのです．この定理の証明で，さらに $2^{\mathfrak{a}} = \mathfrak{c}$ の関係がしっくりくるのではないかと思います．

定理 4·8 自然数全体の集合 $\mathbb{N}$ の，無限部分集合全体の作る集合は，可算集合ではない．

[証明] $\mathbb{N}$ の無限部分集合は，可算集合であることに注意する．$\mathbb{N}$ の無限部分集合全体が可算集合であるとして，矛盾を導く．無限部分集合全体に $A_1, A_2, A_3, \cdots, A_n, \cdots$ のように番号付けが出来たとし，各 A_n の要素を小さい順に列記して以下のように表わすものとする．

$A_n = \{a_{n1}, a_{n2}, a_{n3}, \cdots, a_{nn}, \cdots\}$ $a_{n1} < a_{n2} < a_{n3} < \cdots < a_{nn} < \cdots$

これを一覧表にすると，以下のようになる．

部分集合	=	要素
A_1	=	$\{a_{11}, a_{12}, a_{13}, a_{14}, a_{15}, \cdots, a_{1n}, \cdots\}$
A_2	=	$\{a_{21}, a_{22}, a_{23}, a_{24}, a_{25}, \cdots, a_{2n}, \cdots\}$
A_3	=	$\{a_{31}, a_{32}, a_{33}, a_{34}, a_{35}, \cdots, a_{3n}, \cdots\}$
A_4	=	$\{a_{41}, a_{42}, a_{43}, a_{44}, a_{45}, \cdots, a_{4n}, \cdots\}$
A_5	=	$\{a_{51}, a_{52}, a_{53}, a_{54}, a_{55}, \cdots, a_{5n}, \cdots\}$
.	.	....
A_n	=	$\{a_{n1}, a_{n2}, a_{n3}, a_{n4}, a_{n5}, \cdots, a_{nn}, \cdots\}$
.	.	....

この一覧表の対角成分 $a_{11}, a_{22}, a_{33}, \cdots, a_{nn}, \cdots$ に着目して，自然数の数列 $x_n (n = 1, 2, 3, \cdots)$ を以下のように定める．すなわち

$x_1 = a_{11} + 1$ 　（したがって，$x_1 \neq a_{11}$）

$x_2 = \max\{a_{22}+1, x_1+1\}$ 　（したがって，$x_2 \neq a_{22}, x_2 > x_1$）

$x_3 = \max\{a_{33}+1, x_2+1\}$ 　（したがって，$x_3 \neq a_{33}, x_3 > x_2$）

　　　　$\cdots\cdots\cdots\cdots\cdots\cdots$

$x_n = \max\{a_{nn}+1, x_{n-1}+1\}$ 　（したがって，$x_n \neq a_{nn}, x_n > x_{n-1}$）

　　　　$\cdots\cdots\cdots\cdots\cdots\cdots$

とする．このとき，これらの数列 $\{x_n\}$ からなる集合
$$X = \{x_1, x_2, x_3, \cdots, x_n, \cdots\}$$
を考えると，これは $\mathbb{N}$ の無限部分集合で，しかも
$$x_n \neq a_{nn} \quad \forall n \in \mathbb{N}$$
であるから，集合 X は上の一覧表には現れてはいない．よって，$\mathbb{N}$ の無限部分集合の全体は可算ではない． ∎

さて，本項のおしまいに，私が大学時代に学んだ次の定理を紹介しておきますが，はじめて学んだときは，余りにも当たり前過ぎて「だから何なんだ」と感じ，また，その証明にも何とも後味の悪い印象を残してくれた定理です．

定理 4·9 無限集合は可算集合である部分集合を含む．

[**証明**] E を無限集合とする．E の一つの要素を a_1 とする．

　　　　$E - \{a_1\}$ の一つの要素を a_2 とする

　　　　$E - \{a_1, a_2\}$ の一つの要素を a_3 とする

　　　　$\cdots\cdots\cdots\cdots\cdots\cdots$

このように次々と $a_1, a_2, \cdots$ と定めて a_{n-1} まで定められたとき

　　　　$E - \{a_1, a_2, \cdots, a_{n-1}\}$ の一つの要素を a_n とする

この操作は，E が無限集合であるから $E - \{a_1, a_2, \cdots, a_n\} \neq \emptyset$ で限りなく続けられる．このとき，
$$A = \{a_1, a_2, a_3, \cdots\}$$

は可算集合で E の部分集合である. ∎

　この定理は集合論の本にはたいてい出ているものですが,『選択公理と数学』(遊星社) の著者田中尚夫氏はこの証明について, この本の「序章」で次のように語られています.

> 読者はこの証明[22]を講義で聞いたりあるいは本で読んだとき, なんだこれが証明か？ これで証明になっているのだろうか？ と疑問をもたれたのではないかと思う. しかし筆者は当時幼稚で, 初めてこの定理に接しその証明を読んだとき, それがあまりにも明々白々な議論にみえ, つまらないことを仰々しく定理として掲げたものだなあと感じてしまった. 読んだ本の該当の箇所には**選択公理**(Axiom of Choice)にふれるものだなどという記載はなく, あの A (上の証明で定めた可算集合のこと) が '集合' をなすか？ などという疑問は全く浮かんでこなかったのである.
> 　この証明が実は暗々裏に選択公理を使っているのだと筆者が気づいたのは, ずっと後のことである. 上記の A が集合として存在することは, 選択公理によって初めて保証される事柄である.

ここでは「選択公理」に深入りできませんが, その昔この箇所を読んだとき, 私は得たりとばかり狂喜し, 小躍りして膝を打ったものです. 私自身も上の定理と証明に対して田中氏とまったく同様の感想をいだいていたからです.
　いずれにせよ, ここには人間の事物認識, 無限認識に関わる根源的な問題が横たわっている, と言わなければならないのかもしれません.

---

[22] この引用文のすぐ前に上で紹介したのとほぼ同様の証明が述べてある.

4.4.3 濃度の大小とベルンシュタインの定理

集合の濃度の比較ではいわゆる'ベルンシュタインの定理'が活躍しますが，この定理を証明するために幾つかの定理を準備します．

定理 4・10 無限集合 E の有限部分集合を $X(\subset E)$ とする．このとき，E と $E-X$ が同等である．すなわち
$$E \sim E-X$$
が成り立つ．

[証明] 目標は，いうまでもなく X から $E-X$ への全単射が存在することを示しておけばよい．

定理 4・8 により，$E-X$ は無限集合だから可算部分集合を含んでいる．その 1 つを A とし，
$$X = \{x_1, x_2, \cdots, x_n\}, \quad A = \{a_1, a_2, \cdots, a_n, \cdots\}$$
とする．このとき，
$$E = X \cup A \cup (E-(A \cup X)), \quad E-X = A \cup (E-(A \cup X))$$
であるから，写像 $f : E \ni x \longmapsto f(x) \in E-X$ を
$$f(x) = \begin{cases} x & (x \in (E-(A \cup X)) \text{ のとき}) \\ a_k & (x = x_k \in X \, (k=1,2,\cdots,n) \text{ のとき}) \\ a_{n+i} & (x = a_i \in A \, (i=1,2,\cdots) \text{ のとき}) \end{cases}$$
のように定める．

すると，f は全単射になる．よって，題意は示された． ∎

定理 4・11 集合 E が X と Y の直和で，X が高々可算集合，Y が無限集合であるとき，E と Y は同等である．すなわち
$$E \sim Y$$
が成り立つ．

[証明]　X が有限集合のときは，定理 4・9 に他ならないので，X が可算無限集合の場合を示しておけばよい．
$$X = \{x_1, x_2, x_3, \cdots\}$$
とし，無限集合 Y に含まれる可算部分集合を
$$A = \{a_1, a_2, a_3, \cdots\}$$
とする．このとき，
$$E = X \cup A \cup (Y - A), \quad Y = A \cup (Y - A)$$
と書けるので，写像 $f : E \ni x \longmapsto f(x) \in Y$ を
$$f(x) = \begin{cases} x & (x \in (E - A) \text{のとき}) \\ a_{2n-1} & (x = x_n \in X \text{のとき}) \\ a_{2k} & (x = a_k \in A \text{のとき}) \end{cases}$$
と定めておく．すると，f は全単射であるから，E と Y は同等である．すなわち
$$E \sim Y$$
が成り立つ．　■

集合 A の濃度 $m(A)$ については，一般に

1. 集合 A から集合 B への単射が存在する $\Longrightarrow m(A) \leq m(B)$

2. $m(A) \leq m(B)$ かつ $m(B) \leq m(C) \Longrightarrow m(A) \leq m(C)$

が成り立ちます．1. は自明で，2. は単射の合成は単射であることから納得できます．次の定理は，実質的にベルンシュタインの定理をバックアップしている命題です．ほとんど自明と言いたいところですが，証明は案外厄介です．

定理 4・12　$E \supset X \supset E_1$ かつ $E \sim E_1$ であるならば $E \sim X$ である．

[証明]　$X = E$ または $X = E_1$ の場合は明らかに成り立つので，
$$E \supsetneq X \supsetneq E_1$$
としておく．このとき，$A_0 = E - X$, $B_0 = X - E_1$ とおき，E から E_1 へ

の全単射を f としよう．このとき，$f(E)=E_1$ であり，
$$E = A_0 \cup B_0 \cup E_1$$
であるから，両辺に f を施すと，
$$E_1 = A_1 \cup B_1 \cup E_2$$
である．ただし，$A_1=f(A_0)$, $B_1=f(B_0)$, $E_2=f(E_1)$ である．

再び，両辺に f を施して，$A_2=f(A_1)$, $B_2=f(B_1)$, $E_3=f(E_2)$ とすると
$$E_2 = A_2 \cup B_2 \cup E_3$$
を得る．以下同様の操作を繰り返すと，集合列 $\{A_n\}, \{B_n\}, \{E_n\}$ が得られて
$$E = \left(\bigcup_{k=0}^{n} A_k \cup B_k\right) \cup E_{n+1}$$
が成り立つ．このとき
$$A_n \sim A_{n+1},\ B_n \sim B_{n+1}(n=0,1,2,\cdots),\ E_n \sim E_{n+1}(n=1,2,3,\cdots)$$
であり，
$$E \supsetneq E_1 \supsetneq E_2 \supsetneq \cdots \supsetneq E_n \supsetneq \cdots$$
が成り立っている．そこで，$E_\omega = \bigcap_{n=1}^{\infty} E_n$ とおくと，
$$E = A_0 \cup B_0 \cup \left(\bigcup_{n=1}^{\infty} A_n \cup B_n\right) \cup E_\omega$$
となり，また $A_0 = E - X$，すなわち $X = E - A_0$ だから
$$X = B_0 \cup \left(\bigcup_{n=1}^{\infty} A_n \cup B_n\right) \cup E_\omega$$
である．ここで，E と X を比べると，$\{B_n\}$ に関するところは，まったく同じで，$\{A_n\}$ に関するところは，$A_{n+1}=f(A_n)$ と f が単射であることより，同等である．よって
$$E \sim X$$
が成り立つことが示された． ∎

定理 4・13 (Bernstein)　E から F への単射 f が存在し，F から E への単射 g が存在すれば，$E \sim F$ である．すなわち
$$m(E) \leqq m(F) \text{ かつ } m(F) \leqq m(E) \Longrightarrow m(E) = m(F)$$
が成り立つ．

［証明］　仮定から，$E \sim f(E)(\subset F)$ であり，$F \sim f(F)(\subset E)$ であるから，$f(E)$ と $g(f(E))(\subset g(F))$ についても
$$f(E) \sim g(f(E))$$
が成り立つ．したがって，
$$E \supset g(F) \supset g(f(E)) \text{ かつ } E \sim g(f(E))$$
が成り立つので，定理 4・12 から $E \sim g(F)$ である．よって
$$E \sim F \Longleftrightarrow m(E) = m(F)$$
が成り立つ．■

　ベルンシュタインの定理を用いると，4.4.1 で示した $[0, 1] \sim (0, 1)$ を次のように示すことができます．いま $E = [0, 1]$, $F = (0, 1)$ とおき，さらに $G = (2, 5)$ とおくと，$F \sim G$ は明らかであるから，$E \sim G$ を示しておけばよいことになります．ところが，E から G の部分集合 $[3, 4]$ への単射は明らかに存在し，また，G から E の部分集合 $(0, 1)$ への単射；
$$G = (2, 5) \ni x \longmapsto \frac{x-2}{3} \in (0, 1) \subset E$$
も存在します．したがって，ベルンシュタインの定理により，$[0, 1] \sim (0, 1)$ が示されたことになります．

　さて，前項では自然数の集合 $\mathbb{N}$ について
$$m(\mathbb{N}) \leqq m(\mathfrak{P}(\mathbb{N}))$$
が成り立つことを考えましたが，この関係はベルンシュタインの定理を利用すると一般の集合についても成り立ちます．本節の最後に定理としてまとめておきます．

定理 4・14 集合 E とその冪集合 $\mathfrak{P}(E)$ (E の部分集合全体の集合) について
$$m(E) < m(\mathfrak{P}(E))$$
が成り立つ．すなわち，E と $\mathfrak{P}(E)$ は同等ではない．

[**証明**]　$x(\in E)$ に $\{x\}(\in \mathfrak{P}(E))$ を対応させる写像を考えると，これは単射であるから，
$$m(E) \leqq m(\mathfrak{P}(E))$$
である．

次に，E から $\mathfrak{P}(E)$ への全単射 f が存在したとして矛盾を導く．いま E の部分集合 $X = \{x \mid x \notin f(x)\}$ を考える．f が全単射であるから，集合 $X = f(a)$ となる $a(\in E)$ が唯 1 つ存在するが，

- $a \notin X$ とすると，$a \in f(a) = X$
- $a \in X$ とすると，$a \notin f(a) = X$

となり，いずれにせよ矛盾する．よって，E から $\mathfrak{P}(E)$ への全単射は存在しないので，題意は示された．■

この定理によって，いかなる濃度に対してもそれよりもさらに大きな濃度が存在することが示されたわけですが，この定理は要するに，いかなる濃度 $\mathfrak{m}$ に対しても
$$2^{\mathfrak{m}} > \mathfrak{m}$$
が成り立っているということに他なりません．したがって，$\mathfrak{f} = 2^{\mathfrak{c}}$ とおくと，$\mathfrak{f} > \mathfrak{c}$ が成り立っていることも分かります．

私たちはさらに，濃度に関する演算について考えてみるべきでしょうが，これは専門書を参考にしていただくとして，濃度についての話はこのあたりで打ち切ることにします．

4.5 選択公理とその周辺

4.5.1 選択公理とは何か

'選択公理'については，4.4.2の「無限集合は可算集合である部分集合を含む」という定理4・9ですでに少し触れておきました．この公理は，数学科であれば大学教養課程2年では登場してくるもので，すでに述べたように，初めてこの公理に接する学生の大部分の者は，「余りにも当たり前過ぎて，何を大袈裟な！いったいこの公理は何のための公理なのか？これはそもそも数学なのか？」という感想を持つに違いありません．そうした意味では，この公理は人間の事物認識の根源に関わる哲学的側面を色濃く持っている'公理'というべきで，読者諸氏にも，まず'面白がっていただきたい'と思っています．

では，'選択公理'とはどんな公理をいうのでしょうか．端的に言ってしまえば，

　　無限個の集合のそれぞれから，無限個の元をいっせいに選び出
　　すことができる

という要請です．なーんだ，と思われる読者も多い(実は筆者もその一人です)と思われますが，ここでもう少し正確に述べると

$$\forall \lambda \in \Lambda [A_\lambda \neq \emptyset] \Longrightarrow \prod_{\lambda \in \Lambda} A_\lambda \neq \emptyset \quad \cdots (*)$$

が成り立つという要請が，**選択公理** (axiom of choice) と呼ばれているものです．ここで，$\prod_{\lambda \in \Lambda} A_\lambda$ は，

　　Λ によって添数付けられた集合族 $(A_\lambda | \lambda \in \Lambda)$ の直積　　$\cdots (**)$

と言われているものです．

これらの言葉について，無限数列とのアナロジーで簡単に説明しておきます．いま，たとえば数列

$$a_1 = 1,\ a_2 = 2,\ a_3 = 0,\ a_4 = 1,\ a_5 = 2,\ a_6 = 0,\ a_7 = 1,\ \cdots$$

を考えてみます．言うまでもなく，自然数 n を 3 で割ったときの余りが a_n の値ということで定義されている数列ですが，これは一般的に述べると
$$a: \mathbb{N} \ni n \longmapsto a_n \in A$$
のような写像 a によって与えられている，と考えることができます．ここで A は整数の集合でもよいし，有理数あるいは実数の集合でもよいのですが，ともかく，0, 1, 2 を含んだある数の集合と考えておいてください．写像 a は
$$a_1, a_2, a_3, \cdots, a_n, \cdots$$
という A の元（あるいは要素）の列を与えているので，この列と a とを同一視してこの'元列'を
$$(a_n \mid n \in \mathbb{N}) \quad \text{あるいは} \quad (a_n)_{n \in \mathbb{N}}$$
と書くことにします．ここで，注意をしておくと，通常微分積分における数列は，'$\{a_n\}$' のように書きますが，ここではこのような表記は忘れていただきたいと思います．敢えて言えば，これは集合を表わしていて，たとえば上の数列では
$$\{a_n\} = \{a_n \mid n \in \mathbb{N}\} = \{0, 1, 2\} \subset A$$
を意味しています．

上の議論において，$\mathbb{N}$ を Λ，A をある集合系 $\mathfrak{A}$ とし，'元列'を'集合族'とすれば，(**) で述べた $(A_\lambda \mid \lambda \in \Lambda)$ のイメージが掴めるのではないかと思います．

空でない集合 Λ (無限集合でもよい) からある集合系 $\mathfrak{A}$ への写像 a を，Λ によって**添数付けられた $\mathfrak{A}$ の集合族**と言います．すなわち
$$a: \Lambda \ni \lambda \longmapsto A_\lambda \in \mathfrak{A}$$
という写像 a を考え，この写像によって得られる集合族を
$$(A_\lambda \mid \lambda \in \Lambda) \quad \text{あるいは} \quad (A_\lambda)_{\lambda \in \Lambda}$$
のように表わします．また，Λ のことを**添数集合**といい，その元 λ を**添数**と言います．要するに，集合族 $(A_\lambda)_{\lambda \in \Lambda}$ とは，添数集合 Λ からある集合系への写像と理解しておけばいいのです．

次に，集合族 $(A_\lambda)_{\lambda \in \Lambda}$ と Λ で定義された写像 a が与えられたとき，
$$\forall \lambda \in \Lambda [a(\lambda) = a_\lambda \in A_\lambda]$$

を満たす族 $(a_\lambda)_{\lambda\in\Lambda}$ 全体の集合を，集合族 $(A_\lambda)_{\lambda\in\Lambda}$ の**直積**といい

$$\prod_{\lambda\in\Lambda} A_\lambda$$

のように表わします．先ほど(＊)登場した直積とはこれに他なりません．そして，この直積については

$$\exists \lambda \in \Lambda[A_\lambda = \emptyset] \Longrightarrow \prod_{\lambda\in\Lambda} A_\lambda = \emptyset$$

が成り立ちますが，この命題の'裏'が(＊)に他なりません．

なんだか面倒な話になってきましたが，要するに先ほども述べましたが，**選択公理とは，すべての $\lambda \in \Lambda$ について，A_λ からそれぞれ1つの元 a_λ をいっせいに選び出すことができる，ということを保証している公理**なのです．これについて，松阪和夫氏は次のように述べられています．

> どの A_λ も空ではないとしているのであるから，Λ が有限集合ならば，このような'選出'が可能であることはいうまでもない．しかし，Λ が無限集合であるときには，"すべての A_λ から a_λ を'いっせいに'選出する"ということは，(何等かの規則によって，その選出の方法が具体的に指示されているのでない限り)，いわば'理念上の操作'ともいうべきものであろう．**このような理念上の操作の可能性を，1つの原理として認めることにしたのが，選出公理にほかならない**のである[23]．(ゴチック河田)

ともあれ，'選択公理(あるいは選出公理)'が'人間の理念上の操作，しかも無限に関わる操作'に関係していることは，お分かりになったと思いますが，数学者たちが，こうしたことをも意識化し，それを言語化して'公理'として定立していることは，実に驚くべきことというべきでしょう．

---

[23] 『集合・位相入門』(岩波書店) 47頁．

4.5.2 連続体仮説

次に紹介しておきたいのが，いわゆる**連続体仮説**(Continuum Hypothesis)と言われる問題です．これは1900年8月8日，パリでの国際数学者会議でヒルベルトが提起した'23の問題'の1番目の問題であり，簡単に言えば

$$2^{\aleph_0} = \aleph_1$$

が成り立つのか[24]，というものです．言葉を換えれば「1次元の連続体(実数全体の集合，あるいは1つの区間に含まれる実数全体の集合)の無限部分集合の濃度は2種類しかない——可算無限集合の濃度 $\aleph_0$ ともう1つ——[25]」という主張です．つまり，

$$\mathfrak{a} < \mathfrak{m} < \mathfrak{c}$$

を満たすような濃度 $\mathfrak{m}$ は存在しない，という仮説で，これを一般化すれば，$\mathfrak{n}$ を無限の濃度とすれば

$$\mathfrak{n} < \mathfrak{m} < 2^{\mathfrak{n}}$$

を満たすような濃度 $\mathfrak{m}$ は存在しない，ということになります．

ともあれ，これは「連続体の濃度(つまり実数の濃度)が，可算無限集合の濃度 $\aleph_0$ の直ぐ次の濃度である」ことを主張するものです．カントール自身は，これが正しいと信じて悪戦苦闘したようですが，結局，成功しませんでした．

私のような学問の都からは遠く離れた片田舎に住んでいる横着者は，この仮説を「ここに'意識の無限集合である自分'がいて，'その自分を意識することによって生れる新たな無限集合の自分'がいて，その間にはどちらにも一致しない中間的な'自分'は存在しないのだ，いや存在してもしなくても

---

[24] この等式の'1'の箇所についてきちんと理解するのには，'順序数'

$0, 1, 2, \cdots, \omega, \omega+1, \cdots, \omega \times 2, (\omega \times 2)+1, \cdots, \omega \times 3, \cdots, \omega^2, \cdots, \omega^3, \cdots, \omega^\omega, \cdots$

というものを考えておくべきだが，ここでは深入りできないので，専門書を参照していただきたい．

[25] 田中尚夫著『選択公理と数学』31頁．

どちらでもいいじゃないか」といった程度に理解して喜んでいるレベルですが，この問題に関連してヒルベルトは次のように述べています．

> もしも数全体にある定まった順序づけをし，同じ順序をその部分集合にもつけるならば，部分集合もまた同じく順序づけられている．Cantor は，**整列集合**と彼が名づけた特別の順序づけられた集合を考えた．(中略) 自然数 $1, 2, 3, \cdots$ の集合は，自然な順序で明らかに整列集合をなす．これに反して実数全体の集合，すなわち連続体は自然な順序では，明らかに整列集合ではない．(中略) ところで Cantor は正しいと信じているようだが，実数全体の集合に他の方法で順序を入れて，どの部分集合もその順序で最初の要素をもつように，すなわち連続体もまた整列集合にできるかという問題が起こる．[26]

そして，ヒルベルトはこの問題に対して「実数にそのような順序を入れて，任意の部分集合が最初の要素をもつようにできるという**この Cantor の注目すべき主張［整列可能定理］に直接証明を与えること**は，私にとって最も望ましいことと思われる」と語っています．ここで考えられていることを誤解を恐れずに簡単に述べると，「選択公理」を用いると

隙間のない実数をある順序できちんと並べることができる

ということで，これは常人には想像もできない光景です．

この「整列可能定理」は，1904 年にツェルメロによって証明されてしまいますが，一松信氏によれば，その証明は「正しくは，この定理を**選択公理**に言い替えたもの」で，「余りにも自明に見える公理 (選択公理) から，整列可能定理という予想外の結果が示されたためか，もとの公理までが疑われるにい

---

[26] ヒルベルト『数学の問題』(一松信訳・解説，共立出版) 12 頁．

たった[27]」ということです．

ところで，ここに述べられている「Zermeloの整列定理」と'選択公理'とは同値であり，のみならず「Zorn（ツォルン）の補題（第1極大原理）」と言われているものとも同値です．これらの同値性については，もちろんここで詳述するわけにはいきません[28]が，ともかくこれらは選択公理の別の表現であり，以下のような定理です．

Zermeloの整列定理　任意の集合 A に，適当な順序 $\leq$ を定義して，$(A, \leq)$ 整列集合とすることができる．

Zornの補題　帰納的な順序集合は，少なくとも1つの極大元をもつ．

これらの定理や補題を理解するためには，'整列集合'とか'帰納的な順序集合'あるいは'極大元'といった言葉については少し考えておく必要がありますので，以下に簡単に説明しておきます．

第2章4節(2.4)で，数は'順序構造'をもつということはすでに指摘しましたが，一般に集合 A における2項関係 O が，A の任意の要素 a, b, c に対して

1. aOa
2. aOb かつ bOa ならば $a = b$
3. aOb かつ bOc ならば aOc

を満たすとき，O を**順序関係**あるいは単に**順序**(order)，といいます．そして，通常 O を $\leq$ という記号で表わし，$(A, \leq)$ を**半順序集合**[29] と言います．'半(semi-)'という語が付いているのは気になるところですが，これは，**全順序集合**と区別するためです．全順序集合は以下のように定義されます．

---

[27] 『数学の問題』80頁．

[28] 「選択公理」，「Zornの補題」，「Zermeloの整列定理」が同値であることの証明は，たとえば宮島静雄著『関数解析』（横浜図書）の78〜80頁を参照するとよい．

[29] 単に'順序集合'ということもある．

全順序集合の定義　半順序集合 $(A, \leqq)$ が, A の任意の2元 a, b に対して, $a \leqq b$ または $b \leqq a$ のいずれかが必ず成り立つとき, これを**全順序集合**という.

次に, 半順序集合 $(A, \leqq)$ における最大元, 最小元, そして極大元, 極小元について述べておきます.

最大元・最小元の定義　A の任意の元 x に対して
$$x \leqq a$$
が成り立つような $a \in A$ が存在するとき, この a を A の**最大元**といい, $\max A$ と表わす. 同様に,
$$x \geqq b$$
が成り立つような $b \in A$ が存在するとき, この b を A の**最小元**といい, $\min A$ と表わす.

一般には, 最大元, 最小元が存在するとは限りません. また, 極大元, 極小元については以下のように定められています.

極大元・極小元の定義　A の元 a に対して, $a < x$ となる A の元 x が存在しないとき, a を A の**極大元**という. 同様に, A の元 b に対して, $x < b$ となる A の元 x が存在しないとき, b を A の**極小元**という.

すなわち比喩的に述べれば a を大きい方へ超えてしまう元が A に存在しないとき, a を極大元といい, b を小さい方へ超えてしまう元が A に存在しないとき, b を極小元というのです. 極大元や極小元についてもいつも存在するとは限りません.
　さて, これで基本的な言葉の定義が済みました. そこで, まず'整列集合'ですが, これは以下のように定義されます.

整列集合の定義 A が全順序集合で，その空でない任意の部分集合が常に最小元をもつとき，A を**整列集合** (well-ordered set) という．

また，'帰納的な順序集合' については，次のように定義されています．

帰納的な順序集合の定義 半順序集合 $(A, \leqq)$ において，その任意の空でない全順序部分集合が，A の中に上限を持つとき，A を**帰納的な順序集合**であるという．

いま $A = \{1, 2, 3, 4, 5, 6, 7, 8, 9, 10\}$ とし，A の2つの要素 m, n に対して，順序 '$\leqq$' を
$$m \leqq n \Longleftrightarrow m \mid n \ (n \text{ が } m \text{ で割り切れる})$$
のように定義してみます．すると，以下の図のような順序関係が得られ，$(A, \leqq)$ が半順序集合であることが分かります．また，A の任意の空でない全順序部分集合 (たとえば，$\{1, 2, 4, 8\}$ や $\{1, 3, 9\}$) は，A の中に上限を持ちますから，A は '帰納的な順序集合' ということになります．

したがって，Zorn の補題により A には少なくとも1つの極大元が存在する，ということになるわけですが，実際，$6, 7, 8, 9, 10$ は A の極大元になっています．

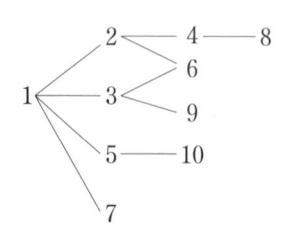

1948年にあの 'チルピンスキーガスケット' で有名な Sierpiński によって「広義の連続体仮説から選択公理が導けること」が示されますが，その後の連

続体仮説についてのアウトラインを一松信氏の言葉[30]を参考にしながら紹介すると，以下のようになります．

カントールの素朴集合論が，さまざまな矛盾を引き起こしたことはよく知られています．たとえば，ラッセル＝ツェルメロのパラドックス[31]や，ブラリ–フォルティ[32]の逆理[33]などですが，その後'公理的集合論'が打ち立てられ，1940年にK.Gödelによって「Fraenkel-von Neumannの集合論の公理系が無矛盾ならば，それに連続体仮説と選択公理を付加した体系も無矛盾である」ことが示されます．それは「連続体仮説の否定は集合論の仮定からは導かれない」ことを意味していました．

しかし「否定が証明できないからといって，もとの命題が証明されたことにはならない」わけで，1963年（今から僅か50年足らず前！）にはP.J.Cohenが「Fraenkel-von Neumannの集合論の公理系[34]が無矛盾ならば，それに連続体仮説の否定と選択公理の否定を付加した体系も無矛盾である」という命題の証明に成功しています．これは結局「連続体仮説も選択公理も，集合論の公理系からは証明できない」ことを意味していましたが，コーエン自身が語ったように，これは「連続体仮説が成立する実数世界とそうでない世界」とが，ちょうど「ユークリッド幾何学と非ユークリッド幾何学とが並立しうる」ようなものかもしれません．これを分かり易く言えば，$2^{\aleph_0} = \aleph_1$としても，

---

[30] 『数学の問題』80，81頁．

[31] 自分自身を要素として持たない集合を「正常な集合」と呼び，自分自身を要素として持つ集合を「異常な集合」と呼ぶことにする．「正常な集合」をすべて集めてこれらを要素とする集合をMとするとき，集合Mは正常なのか異常なのか，という問題で，実は正常か異常かの判断ができないのである．

[32] Burali-Forti (1861～1931) イタリアの数学者．

[33] すべての「順序数」の集合に関するパラドックスで，高木貞治著『数学雑談』215～221頁やA.W.Moore著『The Infinite』123～127頁を参照されたし．

[34] 現在の集合論の標準的な公理系Zermelo-Fränkelの公理のこと．いわゆるZF公理系と言われる．

$2^{\aleph_0} = \aleph_{2012}$ としてもよく，この関係は任意に約定できる[35]ということにほかなりません．

ともあれ，ヒルベルトの第 1 問題の解説を一松信氏は，以下のように結ばれています．

> しかしこの Cohen の結果が，連続体仮説の最終的解決とはいいがたい，という意見もある．これは Frankel-von Neumann の公理が不完全なことを意味するものであり，公理系を立て直すことによって，たとえば連続体仮説の成立する数学の正当性を主張できるのではないか，という論者もあるようである．しかしそれにはどのような公理系をたてればよいのか．これに対して，残念ながら，現在の人類の頭脳は，そのような問題を考える段階にまで進化していないのではないか，というけんそんな論者もあるようである．

このような壮大な話を聞かされると，人間の頭脳，知性あるいは理知とはそもそも何なのか，という問題を問いたくなりますが，一つの些細な数学的問題が私たちをこのような地点にまで導いてくれるのは，不可視な神慮なのかもしれません．

4.5.3　バナッハ・タルスキのパラドックス

本章の最後に，「選択公理」を背景に持つ**バナッハ・タルスキのパラドックス**と言われる定理について紹介しておきます．これは 1924 年に発表されたもので，第 2 次世界大戦後，多くの数学者から見捨てられた定理と言われているものです．

---

[35] ただし，ZF 公理系では，$2^{\aleph_0} = \aleph_\omega$ とすることはできない．ただし，ω はすべての自然数に後続する最初の順序数である．

Banach-Tarski の定理　A, B を3次元ユークリッド空間 $\mathbb{R}^3$ の内点をもつ有界集合とする．このとき，A, B は次のような共通点のない同数の有限個の集合の和として表わされる．すなわち
$$A = A_1 \cup A_2 \cup \cdots \cup A_t$$
$$B = B_1 \cup B_2 \cup \cdots \cup B_t$$
ただし，ここで A_i と $B_i (i=1,2,\cdots,t)$ は互いに合同である．

この定理の眼目は，たとえば「A を半径1の球，B を半径2の球とした場合，球 A を適当に有限個の部分に分割して，それらを適当に組み合わせると球 B ができる」というもので，極論すれば，指先にのっかっている小さな豆粒から，太陽系が占める広大な宇宙空間ができるということです．

名著『無限からの光芒』(日本評論社)の著者志賀浩二氏はこの定理に対して「現実には起こりえないことが，数学では許されるのだろうか」という疑問を呈され，そして次のように述べられています．

> この論証(＝バナッハ・タルスキの定理の証明)の過程で，疑うべきものなど何もないのであるが，私は，証明が完成した途端，何か知るべき大切なことが握りしめていた手の中から消えていってしまったような，かすかな想いが意識の底にいつまでも残るのを感ずるのである．

ここまで読み進められてこられた多くの読者諸氏も，「選択公理」の齎すバナッハ・タルスキの定理の主張と，私たちの素朴な直感世界との大きな懸隔，鋭い亀裂に，驚きと違和感とそして眩暈とを覚えられるでしょう．いや，むしろ私たちの現実世界は，バナッハ・タルスキの定理の主張のように，端倪すべからざる世界なのかもしれません．なぜなら，宮島静雄氏が述べられるよ

第4章 可算集合と非可算集合

うに「このパラドックスは選択公理の下では[36] 3次元空間の部分集合に対して平行移動や回転で不変な体積を定義することはできない，と解釈される[37]」からで，そのように考えると，不思議なことにバナッハ・タルスキの定理が途端に現実味を帯びてくるような気もするのです．

なお，志賀浩二氏の『無限からの光芒』は，ポーランド学派の天才たちの'詩劇'，すなわち「1918年のポーランドの独立からはじまったが，1939年の第二次大戦の勃発とともに，劇は突然終ってしまった」その詩劇について詳述した，まことにユニークな数学書で，全体を貫いている慈愛に満ちた，しかも鋭い清冽な知性は'専門化という方向を小さく見せるような'素晴らしい数学の山容と無限からの光芒を読者にはっきりと見せてくれます．

そこで取り上げられているのは「シェルピンスキ，クラトフスキ，シュタインハウス，バナッハ，ウラム，シャウダー」といった数学者たちで，大学で「集合，位相，関数解析学」などを学ぶようになると，いずれもお馴染みになる名前ですが，たとえばシェルピンスキと連続体仮説については，次のようにお書きになっています．

> シェルピンスキにとって，連続体仮説は，彼の立脚点であったというよりは，彼が乗り出した'無限'という海の沖合に，はるかに走る一筋の濃紺の潮路のようなものであったといった方がよい．シェルピンスキの漕ぐ船は，この潮路に辿りついては岸に戻るということを何度となく繰り返しているように見える．果てしない空漠とした理想などというものはこの世にはないだろう．そのことを考えるとき，連続体仮説は，シェルピンスキにとってはっきり自覚されて，彼の思索体験の中に生き続けた理想であったのだと思われてくる．この理想は，'無限'の彼方から謎のような形をとってやってきて，彼の生涯を捉えて離さなかっ

---

[36] 私自身はこの言葉を，スピノザ流に「永遠の相の下では」と，いささか抒情的に理解している．
[37] 『関数解析』（横浜図書）70頁．

た．彼は進んでこの謎を受け入れ，ついに倦むことがなかったのである．[38]

このような素晴らしい文章に出会うと，数学が出来る出来ないといったこととは関係なく勇気が湧いてきますが，志賀氏はクラトフスキについては「海の底へと一直線に潜っていく若者のようだ[39]」と語られ，また「バナッハが迫っていった数学の実在」については，「素描と，その上に軽く走るように色どられた淡彩によってしか表現できないような，深みにあった．この深い実在は，彼の感性と理性との境界で，彼の実人生と交叉したが，そこに，どこからともなく立ち上がってくるように，'関数空間'の形をとった'無限'の影が揺らいだのである[40]」と書かれています．

まことに陰影に富む卓抜な比喩であり，高校生や受験生にも，こういう文章を是非読んでいただきと思い，紹介してみた次第です．

---

[38] 『無限からの光芒』18 頁.
[39] 『無限からの光芒』56 頁.
[40] 『無限からの光芒』142, 143 頁.

第5章
実数と数列

5.1 無限数列

5.1.1 区間縮小法の原理

「切断の手段と等価な,実数を規定するもう一つの手段は '中へ中へと入り込む有理数の区間 $a_n b_n$ ($n = 1, 2, 3, \cdots$) の無限列である,その各々は前のものの中にあり,その長さ $b_n - a_n$ は添数 n が限りなく増すに従って 0 に収束する」[1]とヘルマン・ワイル[2]は述べていますが,いうまでもなく「切断の手段」とは,第3章で見てきたデデキントの「切断の理論」のことであり,それと等価な理論とは「区間縮小法の原理(あるいはカントールの連続の公理)」をさしています.

私たちはふつう,「切断の理論」よりも「区間縮小法の原理」の方に早くから馴染んでいて,実際この原理は大学入試問題においても

$$|a_n - \alpha| \leq r|a_{n-1} - \alpha| \quad (0 < r < 1)$$

という,いわゆる「リプシッツの条件」を利用して数列の極限を求める際に頻繁に登場します.

ここで,**区間縮小法の原理(カントールの連続の公理)**とは次のようなものです.すなわち,

---

[1] 『数学と自然科学の哲学』(菅原正夫,下村寅太郎,森繁雄訳・岩波書店) 第1部,第2章,44頁.
[2] Hermann Weyl (1855〜1955) スイスの数学者,のちアメリカに移住してプリンストン高級研究所教授.Edmund Husserl の現象学に強い影響を受け,ブラウワーの直観主義を擁護した.著書に『空間・時間・物質』『群論と量子力学』『連続体』などがある.

単調増加数列 $\{a_n\}$, 単調減少数列 $\{b_n\}$ があって,
$$a_n \leq b_n \ (n \in \mathbb{N}), \quad \lim_{n \to \infty}(b_n - a_n) = 0$$
ならば, $\{a_n\}$, $\{b_n\}$ は同一の極限値に収束する

という命題です．あるいは，これは閉区間 $I_n = [a_n, b_n]$ に対し,
$$I_n \supset I_{n+1}, \quad (\text{区間 } I_n \text{ の幅}) \longrightarrow 0 \ (n \to \infty)$$
ならば，すべての区間に共通なただ一つの数が存在する，と言い換えることもできます．つまり，いま，そのただ一つの数を α とすると,
$$\bigcap_{n=1}^{\infty} I_n = \{\alpha\}$$
ということにほかなりません．

この α という数の存在は,「上に有界な単調増加数列は収束する」すなわち,「任意の $n \in \mathbb{N}$ に対して $a_n \leq a_{n+1} \leq M$ (M はある定数) ならば $\lim_{n \to \infty} a_n = \alpha$ を満たす実数 α が存在する」という定理によって保証されますが，根本的には「実数の連続性」自体が α の存在を保証しているわけで，それゆえこの「区間縮小法の原理」を'実数の連続性'の一つの表現とみることもできます．

5.1.2 数列の定義

ところで,「上に有界な単調増加数列は収束する」という定理を証明するには，そもそも「数列がある数 α に収束する」とはどういうことなのか，ということが問題になります．これはなかなか厄介な問題で
$$\lim_{n \to \infty} \frac{1}{n} = 0 \qquad \cdots\cdots (A)$$
のような簡単なものであれば，その極限値は直感的に結論できます[3]が，たと

---

[3] 実は予備校の教育現場にいると，この極限さえ，いろいろな意味でなかなか納得してもらえないことがある．それは単に，"0"に近づくことが分からない，といった単純な計算力の欠如による場合から，極限や無限大といった概念自体が分からない，承服しがたいといった哲学的なものまである．もちろん彼らは例外的な存在ではあるが．

えば，$\lim_{n\to\infty} a_n = \alpha$ のとき，極限値
$$\lim_{n\to\infty}\frac{a_1+a_2+\cdots+a_n}{n}=\alpha \qquad \cdots\cdots\text{(B)}$$
を示せ，といった問題ではもはや直感力だけではどうにもなりません．

ここで，等式 (B) に関連して少し寄り道してみます．高校数学では
$$1-1+1-1+1-\cdots\cdots$$
という無限級数は'発散する'と教わります．しかし，これはあくまでも高校数学の'無限級数の和'の定義に依拠して，そのように考えるのであって，たとえば，以下のように定められる**チェザロ**[4]**の総和法**と言われている定義に則って計算すると，この和は $\frac{1}{2}$ になります．

いま，$s_n = a_1+a_2+\cdots+a_n$ とし，
$$\lim_{n\to\infty}\frac{s_1+s_2+\cdots+s_n}{n}$$
を考えます．もしこれが有限確定値 A に収束するならば，$\sum_{n=1}^{\infty} a_n$ はチェザロの意味でその和が A であるといいます．上の例では
$$s_1=1,\ s_2=0,\ s_3=1,\ s_4=0,\ s_5=1,\ \cdots$$
のようになり，したがって，
$$s_1+s_2+\cdots+s_n = \begin{cases} \dfrac{n+1}{2} & (n:\text{奇数}) \\ \dfrac{n}{2} & (n:\text{偶数}) \end{cases}$$
となり，結局
$$\lim_{n\to\infty}\frac{s_1+s_2+\cdots+s_n}{n}=\frac{1}{2}$$
となって，チェザロの意味で
$$1-1+1-1+1-\cdots\cdots=\frac{1}{2}$$
となります．

---

[4] Ernesto Cesàro(1859 〜 1906)．

ともあれ，私たちは，数列とは何か，そして数列の極限とは何か，について今一度じっくり考えてみる必要があります．第1章で，数直線の上を「0.3, 0.33, 0.333, …」と辿りながら，しかし現実には決して「1/3」には到達できない不思議について触れましたが，この問題も'数学的'には結局「数列の極限」の問題にほかなりません．

アナクサゴラス[5]は，「最小なものも最大なものもない．なぜなら，小さなものに関しては，最小のものというのはなくて，いつでもそれより小さいものがあるし，また大きいものに関しても，いつでもそれより大きなものがあるからである」と述べていますが，私たちは「分割（あるいは割算）」や「付加（あるいは加算）」という意識的な操作によって，空間や時間の「より小さいもの」や「より大きなもの」に遭遇するのです．そして**その操作の根源的な源泉は「自然数」にあり**[6]，**私たちが遭遇する「より小さなもの」や「より大きなもの」は，端的に言ってしまえば「自然数」から生まれる「無限数列」なのです**．ワイルはこのあたりの事情を「（個々の自然数は数論の主題を形成し，）自然数の可能的集合（または無限列）は連続体の理論の主題である」と述べています．

しかし，私たちはこの「無限数列」そのものによってはまだ，「連続」に到達することはできません．「分割」によって生まれる「有理数」の世界は「連続」ではなく「稠密」だったことを想起してください．そうであれば，「付加」によって得られる自然数全体の集合 $\mathbb{N}$ と有理数全体の集合 $\mathbb{Q}$ の濃度がともに可算集合の濃度 $\aleph_0$ と一致するのは当然なのかもしれません．[7]

---

[5] Anaxagoras（B.C.500（?）〜B.C.430（?），万物の根源を「ヌース（＝精神，知）」としたギリシアの哲学者．クラゾメナイの人．アテナイに住み着いた最初の哲学者と言われ，ペリクレスの師にして友．
[6] さらに私自身はその「自然数」の源泉が人間の「自意識」にあると考えている．
[7] こういう言い方は誤解を招くが，ある集合からより大きな濃度をもつ集合が構成される際には，必ずそこに，元の集合自体に向けられた私たち自身の自意識のスイッチ（このスイッチの典型が対角線論法と考えてもいいだろう）が入っており，そうだとすると，自然数から有理数の世界を作る場合には，その自意識のスイッチが入ってはいないのであるから，この2つの世界の濃度が一致するのは当然と感じられるのである．

第5章 実数と数列

　高校数学ではふつう「数列」を，$\{a_n\}$ $(n=1,2,3,\cdots)$ [8] のように表しますが，これをもう少し詳しく述べると，次のようになることは，すでに第4章で述べたことでした．

　自然数の集合 $\mathbb{N}$ から，数の集合 E への写像（あるいは関数）f が与えられたとき，自然数 n の f による像（あるいは値）$f(n)$ を a_n とかき，こうして得られる順序付けられた数の列

$$a_1,\ a_2,\ a_3,\ \cdots,\ a_n,\ \cdots$$

を文字通り「数列 (sequence, progression)」[9] といいます．そして，集合 E が $\mathbb{N},\ \mathbb{Z},\ \mathbb{Q},\ \mathbb{R}$ に応じてそれぞれの数列を「自然数列」，「整数列」，「有理数列」，「実数列」などといいます．ここで大切なことは，数列が，自然数 $\mathbb{N}$ によって，

$$f:\mathbb{N}\ni n\longmapsto a_n\in E$$

という形で創出されているという点です．

　さらに，以後の議論のためにここで‘**部分列**’についても簡単に説明しておきましょう．簡単に言えば，数列 $\{a_n\}$ の部分列とは，

　　(1) $a_2,\ a_4,\ a_6,\ a_8,\ a_{10},\ a_{12},\ a_{14},\ a_{16},\ \cdots$

　　(2) $a_2,\ a_3,\ a_5,\ a_7,\ a_{11},\ a_{13},\ a_{17},\ a_{19},\ \cdots$

のようなもので，(1)は添数 (index) が偶数のものから作った部分列であり，(2)は添数が素数のものから作った部分列です．

　一般的には，$\mathbb{N}$ から数の集合 E への写像 f によって定まる数列 $\{a_n\}$ と，$\mathbb{N}$ から $\mathbb{N}$ への写像 φ によって定まる狭義の単調増加数列[10] $\{\varphi(n)\}$ を考えて，φ と f の二つの写像の合成 $f\circ\varphi$ によって定まる数列 $\{a_{\varphi(n)}\}$ を部分列と

---

[8] 第4章の表記とは違っているので注意していただきたい．
[9] 正確には「無限数列」というべきであろうが，いまは有限数列（有限個の項からなる数列）ではなく無限数列のみを考える．
[10] $\varphi(n)$ が狭義の単調増加数列であるとは，$n_1<n_2$ $(n_1,n_2\in\mathbb{N})$ であれば $\varphi(n_1)<\varphi(n_2)$ がつねに成立する，ということにほかならない．このとき，$n\leqq\varphi(n)$ が成り立つ．実際，$1\leqq\varphi(1)$ であり，$m\leqq\varphi(m)$ とすると，$\varphi(m)<\varphi(m+1)$ であるから，$m+1\leqq\varphi(m)+1\leqq\varphi(m+1)$，すなわち $m+1\leqq\varphi(m+1)$ となり，これより帰納的に $n\leqq\varphi(n)$ が成り立つ．

いいます．すなわち，部分列とは
$$f \circ \varphi : \mathbb{N} \ni n \longmapsto f(\varphi(n)) = a_{\varphi(n)} \in E$$
によって定まる数列のことで，要するに**もとの数列$\{a_n\}$から添数の順序を保存して適当に抜き出して得られる数列**ということになります．したがって，

(3) $a_1, a_2, a_1, a_3, a_2, a_1, a_4, a_3, \cdots$

(4) $a_1, a_5, a_3, a_3, a_7, a_8, a_8, a_9, \cdots$

のようなものは「部分列」ではありません．

5.1.3 収束する数列の極限

高校生の頃，数列の極限の扱い方については，高校数学と大学数学とではその方法が根本的に違うのだ，とよく聞かされたものでした．確かにその通りで，高校数学での極限の扱い方はきわめて直感的ですが，大学数学ではいわゆる「ε-n_0論法」で議論をすすめます[11]．よく知られているように，これはコーシー[12]等が18世紀後半になって確立した方法で，
$$\lim_{n \to \infty} a_n = a$$
であることを，次のように定義します．すなわち，

定義5.1 どんな正数εを選んできても，(その値に応じて)ある自然数n_0が定まって，$n \geq n_0$であるすべての自然数nに対しては，$|a_n - a| < \varepsilon$が成り立つことである

つまり，いま考えているεに対して，
$$a_{n_0}, a_{n_0+1}, a_{n_0+2}, a_{n_0+3}, \cdots\cdots$$
はすべて，開区間$(a-\varepsilon, a+\varepsilon)$（これを$a$の$\varepsilon$-近傍といったりする）にお

---

[11] 近年ではそうでもないようで，ε-n_0論法を用いない講義もあるらしい．

[12] Augustin Louis Cauchy(1789〜1857)，フランスの数学者．級数論，関数論，微分方程式論などの純粋数学ののみならず，天文学，物理学などにおいても多くの業績を残した．

第 5 章　実数と数列

さまってしまうとき，数列 a_n は a に収束するというわけです．
　さて，ここで少しうるさい話をします．高校生や大学入学直後の学生は，'収束する'という言葉を，単に'ある値にどんどん近づいていくこと'と理解しています．もちろん，概ねそれでよいのですが，たとえば n を自然数としたとき，2 つの集合 S, T を

$$S = \left\{1, \frac{1}{2}, \frac{1}{3}, \cdots, \frac{1}{n}, \cdots\right\}, \quad T = \left\{0, 1, \frac{1}{2}, \frac{1}{3}, \cdots, \frac{1}{n}, \cdots\right\}$$

のように定め，それぞれの集合において

$$\lim_{n \to \infty} \frac{1}{n}$$

という極限を考えてみたいのですが，S の要素でもあり，T の要素でもある同じ数列 $\left\{\frac{1}{n}\right\}$ は収束すると言えるのかどうか，これが考えてみるべき問題です．このとき，ポイントになるのがこの数列の極限値'0'がもとの集合に存在しているかどうかということで，結論を言えば

$$\lim_{n \to \infty} \frac{1}{n} \text{ は，} S \text{ では収束せず，} T \text{ では収束する}$$

となるのです．
　つまり，数列の収束を議論する際には，どのような集合で考えているかが問題で，単に数列がある値に近づいているということだけではなく，その極限値が議論している集合にちゃんと属していることも求められているのです．したがって，もしその数列の極限値がその集合内に存在しないならば，その数列は収束する，とは言わないのです．
　このあたりは，高校数学では曖昧にされていて，それに加えて'収束する（＝ある値にどんどん近づく）'という言葉の日常的なイメージに惑わされるので，誤解を生むところです．後ほど触れますが，'コーシー列'という概念が必要なゆえんでもあり，また集合 S と T [13] の微妙な違いを把握するために

13　一般に集合 X の集積点全体の集合を'導集合'といい X' で表わし，$X' \subset X$（X の集積点がすべて X に含まれる）のとき，X を閉集合という．$T' = \{0\} \subset T$ だから T は閉集合であるが，S は閉集合ではない．

'集積点'や'閉集合'といった言葉が生れてくる理由もあるのです．

なお，ここでは，$\lim_{n\to\infty} a_n = a$ を開区間 $(a-\varepsilon, a+\varepsilon)$ を用いて定義しましたが，開区間のかわりに閉区間 $[a-\varepsilon, a+\varepsilon]$ や区間 $(a-k\varepsilon, a+k\varepsilon)$（ただし，$k$ は正の定数）を用いてもよいことは簡単に納得できると思います．なぜなら，いま考えている条件は任意の正数 ε に対して成立することを要請するものだからです．

高校では，実数の世界 $\mathbb{R}$ において，数列 $\{a_n\}$，$\{b_n\}$ が収束して，$\lim_{n\to\infty} a_n = a$, $\lim_{n\to\infty} b_n = b$ で，α, β を定数としたとき

1. $\lim_{n\to\infty}(\alpha a_n + \beta b_n) = \alpha a + \beta b$

2. $\lim_{n\to\infty} a_n b_n = ab$

3. $\lim_{n\to\infty} \dfrac{a_n}{b_n} = \dfrac{a}{b}$

4. $a_n \leqq b_n$ ならば $a \leqq b$

などが成り立つということは，ほとんど自明なことで「公理」同然に扱われます．しかし，大学初年級の講義では，これらを証明するのが建前で，たとえば 2. は次のように証明されます．

[証明] 任意に選んできた正数 ε に対して，
$$\varepsilon' = \min\left(1, \frac{\varepsilon}{1+|a|+|b|}\right)$$
と定める．すなわち，
$$\varepsilon' \leqq 1 \cdots\cdots ① \qquad \varepsilon' \leqq \frac{\varepsilon}{1+|a|+|b|} \cdots\cdots ②$$
とする．この ε' に対して（ということは結果的に ε に対して）自然数 n_0 が定まり，$n \geqq n_0$ ならば，$|a_n - a| < \varepsilon'$ かつ $|b_n - b| < \varepsilon'$ が成り立つので，三角不等式と①，②から

127

第5章 実数と数列

$$|a_n b_n - ab| = |(a_n-a)(b_n-b) + a(b_n-b) + b(a_n-a)|$$
$$\leq |a_n-a||b_n-b| + |a||b_n-b| + |b||a_n-a|$$
$$< \varepsilon'^2 + |a|\varepsilon' + |b|\varepsilon'$$
$$= \varepsilon'(\varepsilon' + |a| + |b|)$$
$$\leq \varepsilon'(1 + |a| + |b|)$$
$$\leq \varepsilon$$
$$\therefore \lim_{n\to\infty} a_n b_n = ab \qquad ■$$

同様にして,1.と3.も証明されますが,4.は背理法で証明します.すなわち $a > b$ として,矛盾を導けばいいだけの話ですが,ここでは「ε-n_0 論法」の練習として,さきほどあげた122頁の(B)の極限を考えてみましょう.

[(B)の証明] $\lim_{n\to\infty} a_n = a$ であるから,いま選んでいる ε に対して,自然数 n_0 が存在して,$n \geq n_0$ なる n に対して $|a_n - a| < \dfrac{\varepsilon}{2}$ のようにできる.ここで,いま考えている自然数 n_0 は定数であるから,

$$|a_1-a| + |a_2-a| + \cdots + |a_{n_0-1}-a|$$

は負でない定数である.そこでこの定数をいま A とおき,自然数 n_1 を $n_1 = \left[\dfrac{2A}{\varepsilon}\right] + 1$ (ただし,$[x]$ は x を超えない最大の整数)ように定めると,$\dfrac{2A}{\varepsilon} < \left[\dfrac{2A}{\varepsilon}\right] + 1$ であるから

$$n_1 > \frac{2A}{\varepsilon} \iff \frac{A}{n_1} < \frac{\varepsilon}{2}$$

である.したがって,$n_2 = \max(n_0, n_1)$ と定めておくと,$n \geq n_2$ を満たす n に対して,

$$\left|\frac{a_1 + a_2 + \cdots + a_n}{n} - a\right| = \frac{1}{n}|(a_1-a) + (a_2-a) + \cdots + (a_n-a)|$$
$$\leq \frac{1}{n}(|a_1-a| + \cdots + |a_{n_0-1}-a|) + \frac{1}{n}(|a_{n_0}-a| + \cdots + |a_n-a|)$$
$$< \frac{1}{n} \times A + \frac{1}{n} \times (n - n_0 + 1) \times \frac{\varepsilon}{2} \qquad \cdots\cdots(*)$$

ここで，$\dfrac{A}{n} \leqq \dfrac{A}{n_2} \leqq \dfrac{A}{n_1} < \dfrac{\varepsilon}{2}$ であり，また $\dfrac{n-n_0+1}{n} \leqq 1$ であるから，
$$\left|\dfrac{a_1+a_2+\cdots+a_n}{n} - a\right| < \dfrac{\varepsilon}{2} + \dfrac{\varepsilon}{2} = \varepsilon$$
$$\therefore \lim_{n\to\infty} \dfrac{a_1+a_2+\cdots+a_n}{n} = a \qquad \blacksquare$$

どうでしょうか．証明だけ眺めると，n_1 や n_2 をうまく定めたもんだ，と思われるかもしれませんが，これは（*）の部分を見ながら決定しているに過ぎません．ともあれ，(B) のような問題では，「$\varepsilon - n_0$ 論法」を使わざるをえないということがこれでおわかりだと思います．

ここでまた，少し寄り道をしてみます．たとえば一般項 a_n が
$$a_n = \dfrac{1}{2} + \dfrac{1}{2^2} + \cdots + \dfrac{1}{2^{n-1}} \left(= 1 - \dfrac{1}{2^n}\right)$$
によって定まる数列 $\{a_n\}$ を与え，
$$\lim_{n\to\infty} a_n$$
を考えてみましょう．$\lim\limits_{n\to\infty} \dfrac{1}{2^n} = 0$ ですから，もちろん極限値は '1' です．しかし，これを納得しない生徒に数年に一度は必ずお目にかかります．彼らの言い分は，どんなに n を大きくしたって，$a_n = 1 - \dfrac{1}{2^n}$ が '1' そのものと一致するはずはないではないか，というものです．そして，そもそも「n を無限大 $(= \infty)$ にするとはどういうことなのか」また「極限値とはいったいなんなのか」といった質問を受けます．

実はだれあろう，この私自身が高校生の頃にこの問題に悩まされていました．「無限大」も「極限値」も通常の経験を超えている，と思われたのです．そして経験を超えた世界を是認することが，かえって「非数学的，非論理的」にも感じられたのです．したがって，こういう疑問をいだく生徒の気持ちはよくわかります．

しかし，コーシーは a_n 自身が '1' に到達するかどうかは問題にしません．a_n の極限値とは，a_n 自身がいつかは到達する現実的な「数（地点）」ではない

のです．ここに「極限値」の難しさがあり，観念性[14]があります．ともあれ，コーシーは私たちに次のように教えます．たとえば，$\varepsilon = \dfrac{1}{10000}$ としてみよ，すると，

$$|a_n - 1| = \frac{1}{2^n} < \varepsilon = \frac{1}{10000}$$

は，$2^{13} = 8129$, $2^{14} = 16384$ であるから，14以上の n であれば成立するではないか，同様にどんなに小さな正数 ε をとっても，

$$\frac{1}{2^n} < \varepsilon \iff n > \frac{-\log_{10}\varepsilon}{\log_{10}2}$$

だから，$n_0 = \left[\dfrac{-\log_{10}\varepsilon}{\log_{10}2}\right] + 1$ のように定めれば，$n \geqq n_0$ なる n に対して，

$$|a_n - 1| < \varepsilon$$

が成立するではないか，それゆえに，いや，まさにこのことそれ自体をわれわれは

$$\lim_{n \to \infty} a_n = 1$$

と定義するのだ，と語るのです．

「どんなに小さな正数」という箇所が気にならないわけではありませんが，これは，きわめて合理的な発想と方法です．そして，この方法があればこそ，(B)のような問題にも明確な証明を与えることができるのです．

5.2 区間縮小法の原理と連続定理

5.2.1 収束数列の基本的な性質

「ワイエルシュトラスの連続定理（上限・下限の存在公理）」から「区間縮小法の原理」を導くために，以下，収束する数列の基本的な性質を定理として簡単にまとめておきます．

---

[14] こうした観念性が私たちのどこから出来し来るのか．これは「数学の問題」ではないが，しかし一考に値する問題だろう．

定理 5・1　数列 $\{a_n\}$ が収束すれば，その極限値は唯一つである．

これは，ほとんど明らかでここでは証明しませんが，背理法で示すのが一般的です．すなわち，$\lim_{n\to\infty} a_n = a$, $\lim_{n\to\infty} a_n = b$, $a \neq b$ として矛盾を導けばいいだけの話です．

定理 5・2　収束する数列は有界である．

これもほとんど自明ですが，大切な定理ですのでここで証明しておきます．

[**証明**]　$\lim_{n\to\infty} a_n = a$ とする．たとえば，$\varepsilon = 1$ としてみよ．この正数 '1' に対して，ある自然数 n_0 が存在して，$n \geq n_0$ ならば $|a_n - a| < 1$ となる．すなわち，
$$n \geq n_0 \Longrightarrow |a_n| < |a| + 1$$
が成り立つ．したがって，
$$M = \max\{|a_1|, |a_2|, \cdots, |a_{n_0-1}|, |a| + 1\}$$
とおくと，すべての自然数 n に対して $|a_n| \leq M$ である．よって，収束する数列は有界である．　■

この証明のポイントを '日常言語' で述べれば，収束する数列については，ある番号 n_0 から先の項は，すべて開区間 $(-|a|-1, |a|+1)$ に入ってしまい，あとは，残った有限個の項 $a_1, a_2, \cdots, a_{n_0-1}$ について考えてみると，この数列のとる値は，上にも下にも有限な値で限定できる，と主張しているに過ぎません．このように，証明の粗筋を '日常使う言葉' に翻訳してみることは，案外大切なことです．

定理 5・3　収束する数列 $\{a_n\}$ の部分列 $\{a_{\varphi(n)}\}$ も同じ極限値に収束する．

これは，部分列の定義から明らかです．要するに，$n \geq n_0$ ならば

$$\varphi(n) \geqq n \geqq n_0 \quad \text{だから} \quad |a_{\varphi(n)} - a| < \varepsilon$$
が成り立つことから明らかでしょう．

定理 5·4　3つの数列 $\{a_n\}, \{x_n\}, \{b_n\}$ に対して，
$$a_n \leqq x_n \leqq b_n, \quad \lim_{n \to \infty} a_n = \lim_{n \to \infty} b_n = \xi$$
ならば，$\lim_{n \to \infty} x_n = \xi$ である．

　定理 5·4 はいわゆる「はさみうちの原理」で，高校時代から馴染んできた定理です．直感的には明らかで，ここでは証明は割愛しますが，理系の学生諸君は解析系の教科書などを参考にして一度は必ず自分で証明しておくべきです．
　さて，次に本章の最初に述べた次の定理を証明してみます．

定理 5.5　上に有界な単調増加数列は収束する．すなわち，ある定数 c が存在して
$$a_n \leqq a_{n+1} \leqq c (n \in \mathbb{N}) \Longrightarrow \exists a \in \mathbb{R}[\lim_{n \to \infty} a_n = a]$$

［**証明**］　数列 $\{a_n\}$ が上に有界であるから，実数の集合 $A = \{a_n \mid n \in \mathbb{N}\}$ も上に有界である．したがって，「ワイエルシュトラスの連続定理」によりその上限が存在する．そこで，その上限を
$$a = \sup A$$
としよう．このとき，正数 ε に対して $a - \varepsilon$ は A の上界ではないので，
$$a - \varepsilon < a_{n_0} \leqq a$$
をみたす自然数 n_0 が存在する．ところが，数列 $\{a_n\}$ は単調増加であり，a は A の上界であったから，$n \geqq n_0$ を満たすすべての自然数 n について
$$a - \varepsilon < a_{n_0} \leqq a_n \leqq a < a + \varepsilon$$
となり，コーシーの定義から，$\lim_{n \to \infty} a_n = a$　∎

この定理は私が高校生の頃は，公理のように扱われていて数列の極限を求める際にごくふつうに利用されていた記憶がありますが，現在では教科書や受験参考書からは姿を消しています．それなりの理由があるのでしょうが，たとえばブローエルをはじめとする直観主義者（あるいは構成主義者）たちが，この定理を認めない，という事情もあるようです[15]．しかし，ここでは古典解析学の立場からこの定理は真である，という考えに基づいて議論を進めます．

5.2.2　連続定理から区間縮小法の原理を導く

　以下は「連続定理（ワイエルシュトラス）$\Longrightarrow$ 区間縮小法の原理」を示す定理です．

定理 5·6　単調増加数列 $\{a_n\}$，単調減少数列 $\{b_n\}$ があって，
$$a_n \leqq b_n (n \in \mathbb{N}), \quad \lim_{n \to \infty}(b_n - a_n) = 0$$
ならば，$\{a_n\}$, $\{b_n\}$ は同一の極限値に収束する．

[証明]　仮定から
$$a_n \leqq b_n \leqq b_1 \ (n \in \mathbb{N})$$
であるから，数列 $\{a_n\}$ は上に有界（b_1 が上界の一つ）な単調増加数列である．したがって，定理 5·5 により，数列 $\{a_n\}$ は収束する．そこで，$\lim_{n \to \infty} a_n = a$ とすると，$b_n = (b_n - a_n) + a_n$ であるから，
$$\lim_{n \to \infty} b_n = \lim_{n \to \infty}(b_n - a_n) + \lim_{n \to \infty} a_n = 0 + a = a$$
よって，題意は示された．　■

---

[15] このあたりの事情については，竹内外史著『直観的集合論』（紀伊国屋書店）の「はじめに」や，あるいは拙著『優雅な $e^{i\pi} = -1$ への旅』（現代数学社）の 112 頁〜116 頁を参照されたい．

第5章 実数と数列

以上で,「ワイエルシュトラスの連続定理」から「区間縮小法の原理」が導けたわけですが,次項ではこの定理の逆を考え,さらに有名な'有界な数列は収束する部分列を含む' という「ボルツァノ・ワイエルシュトラスの定理」や「コーシーの基本列」について考えていくことにします.

しかしその前にそのウォーミング・アップとして,次の東北学院大学の入試問題を考えてみましょう.この問題の数列の定め方が「区間縮小法の原理」から「連続定理」を導く際に登場する数列の構成法の参考になるからです.さらに,「ボルツァノ・ワイエルシュトラスの定理」の証明でもその考え方が役立ちます.

問題 5·1 数直線上に相異なる 2 点 $a_1, b_1 (a_1 < b_1)$ をとる.a_n, b_n を帰納的に次のように定める.

$$\begin{cases} n \text{が偶数のとき,} \ a_n = \dfrac{a_{n-1}+b_{n-1}}{2}, \ b_n = b_{n-1} & \cdots ① \\ n \text{が奇数のとき,} \ a_n = a_{n-1}, \ b_n = \dfrac{a_{n-1}+b_{n-1}}{2} & \cdots ② \end{cases}$$

m が偶数のとき,一般項 a_m, b_m を求めよ.

[**解説**] 題意を図示すると,以下のようになる.

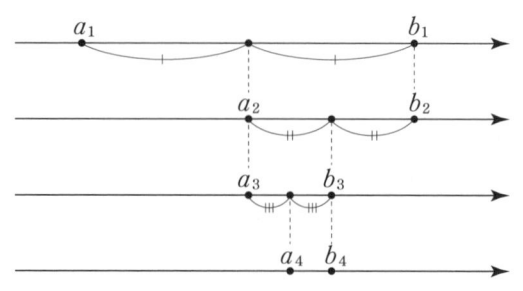

$m (m \geq 4)$ が偶数のとき,① より

$$a_m = \frac{a_{m-1}+b_{m-1}}{2} \quad \cdots ③, \qquad b_m = b_{m-1} \quad \cdots ④$$

である．また，$m-1$ は奇数であるから，②より

$$a_{m-1} = a_{m-2}, \quad b_{m-1} = \frac{a_{m-2}+b_{m-2}}{2}$$

で，これらを③，④に代入して整理すると，

$$\begin{cases} a_m = \dfrac{3}{4}a_{m-2} + \dfrac{1}{4}b_{m-2} & \cdots ⑤ \\ b_m = \dfrac{1}{2}a_{m-2} + \dfrac{1}{2}b_{m-2} & \cdots ⑥ \end{cases}$$

である．したがって，⑤－⑥をつくって，$a_m - b_m = \dfrac{1}{4}(a_{m-2} - b_{m-2})$ が得られ，$a_2 = \dfrac{a_1+b_1}{2}$, $b_2 = b_1$ より，

$$a_m - b_n = \left(\frac{1}{4}\right)^{\frac{m-2}{2}}(a_2 - b_2) = (a_1 - b_1)\left(\frac{1}{2}\right)^{m-1}$$

$$\therefore \quad a_m - b_m = (a_1 - b_1)\left(\frac{1}{2}\right)^{m-1} \qquad \cdots ⑦$$

また，⑤$+\dfrac{1}{2}\times$⑥をつくって，$a_m + \dfrac{1}{2}b_m = a_{m-2} + \dfrac{1}{2}b_{m-2}$ が得られ，$a_2 = \dfrac{a_1+b_1}{2}$, $b_2 = b_1$ より，

$$a_m + \frac{1}{2}b_m = \frac{a_1 + 2b_1}{2} \qquad \cdots ⑧$$

となる．よって，⑦，⑧を a_m, b_m について解くと，

$$a_m = \frac{1}{3}\left\{(a_1 + 2b_1) + (a_1 - b_1)\left(\frac{1}{2}\right)^{m-1}\right\}$$

$$b_m = \frac{1}{3}\left\{(a_1 + 2b_1) - (a_1 - b_1)\left(\frac{1}{2}\right)^{m-2}\right\}$$

が得られ，これは $m=2$ のときも成り立っている．■

こんなことはここで述べるまでもありませんが，上の［解説］で⑤－⑥，および⑤$+\dfrac{1}{2}\times$⑥を考えた理由は，数列 $\{a_m + \lambda b_m\}$（m は偶数）が等比数

列になるように定数 λ を決めただけの話で，これは以下のようにして定めることができます．すなわち
$$a_m + \lambda b_m = r(a_{m-2} + \lambda b_{m-2}) \quad (r \text{ は公比})$$
の左辺に⑤，⑥を代入して得られる等式
$$\left(\frac{3}{4} + \frac{\lambda}{2}\right) a_{m-2} + \left(\frac{1}{4} + \frac{\lambda}{2}\right) b_{m-2} = r a_{m-2} + r\lambda b_{m-2}$$
の両辺の係数を比較して得られる連立方程式
$$\frac{3}{4} + \frac{\lambda}{2} = r, \quad \frac{1}{4} + \frac{\lambda}{2} = r\lambda$$
を解くと，$(\lambda, r) = \left(-1, \frac{1}{4}\right), \left(\frac{1}{2}, 1\right)$ のようになり，これより条件を満たす λ がわかるというわけです．

ともあれ，上の結果からただちに，数列 $\{a_n\}$, $\{b_n\}$ はともに，a_1 と b_1 とを結ぶ線分を $2:1$ に内分する点 $\dfrac{a_1 + 2b_1}{3}$ に収束することがわかります．

5.2.3 区間縮小法の原理から連続定理を導く

今度は「区間縮小法の原理 (カントールの連続の公理)」から「連続定理」を導いてみます．以下の定理がそれです．

定理 5·7 「区間縮小法の原理 (カントール)」が成立するならば，「連続定理 (ワイエルシュトラス)」が成り立つ．

[証明] 上に有界な空でない実数の集合を A とし，この集合 A が上限をもつことを区間縮小法の原理から示しておけばよい．そこで，区間縮小法の原理を適用するために以下のように数列 $\{a_n\}$, $\{b_n\}$ を構成していく．

いま集合 A の任意の要素を a_1，A の上界の一つを b_1 とし，
$$c_1 = \frac{a_1 + b_1}{2}$$
とする．このとき「(1) c_1 は A の上界でない」か，または「(2) c_1 は A の上界で

ある」かのいずれかであり，それぞれの場合に応じて以下のように，a_2, b_2 を定める．

(1) c_1 が A の上界でないとき，$c_1 < x$ $(x \in A)$ であるような x が存在するので，このような x の 1 つを a_2 とし，$b_2 = b_1$ とする．すなわち，
$$a_2 = x, \ b_2 = b_1 \quad (a_2 \in A, \ b_2 \text{ は } A \text{ の上界})$$

(2) c_1 が A の上界のとき，
$$a_2 = a_1, \ b_2 = c_1 \quad (a_2 \in A, \ b_2 \text{ は } A \text{ の上界})$$
したがって，(1), (2) いずれの場合も
$$a_1 \leqq a_2 \leqq b_2 \leqq b_1, \quad b_2 - a_2 \leqq \frac{1}{2}(b_1 - a_1)$$
が成り立つ．このとき，$a_2 \in A$, b_2 は A の上界である．

次に，$c_2 = \dfrac{a_2 + b_2}{2}$ とし，c_2 が A の上界でないか，そうでないかに応じて，上と同様に a_3, b_3 を定めると，
$$a_1 \leqq a_2 \leqq a_3 \leqq b_3 \leqq b_2 \leqq b_1,$$
$$b_3 - a_3 \leqq \frac{1}{2^2}(b_1 - a_1)$$
が成り立つ．このとき，$a_3 \in A$, b_3 は A の上界である．

以下同様にして帰納的に単調増加数列 $\{a_n\}$ と単調減少数列 $\{b_n\}$ を定めることができて，
$$a_1 \leqq a_2 \leqq \cdots \leqq a_n \leqq b_n \leqq \cdots \leqq b_2 \leqq b_1,$$
$$b_n - a_n \leqq \frac{1}{2^{n-1}}(b_1 - a_1)$$
が成り立ち，さらに，$k = 1, 2, \cdots, n$ に対して
$$a_k \in A, \quad b_k \text{ は } A \text{ の上界}$$
を満たす．

ここで，アルキメデスの公理により $\displaystyle\lim_{n \to \infty} \frac{1}{2^{n-1}} = 0$ であるから，「区間縮小法

の原理」により，

$$\lim_{n\to\infty} a_n = \lim_{n\to\infty} b_n = \alpha$$

である α が存在する．この α が A の上限，すなわち $\alpha = \sup A$ である．実際，b_n は A の上界であるから，$\alpha = \lim_{n\to\infty} b_n$ は A の上界であり，また $\alpha' < a_n$ なる α' をとると，$\lim_{n\to\infty} a_n = \alpha$ であるから，$\alpha' < a_n$ なる $a_n (\in A)$ が存在し，α' は A の上界ではないことがわかる．

こうして，上に有界な空でない集合 A が上限を持つことがわかり，「区間縮小法の原理」から「ワイエルシュトラスの連続定理」が導かれた．■

以上のことから，「ワイエルシュトラスの連続定理」と「区間縮小法の原理」の等価性が示されたことになり，3.2.4 での議論と併せると，

$$\text{切断理論（デデキント）} \iff \text{連続定理（ワイエルシュトラス）}$$
$$\iff \text{区間縮小法の原理（カントール）}$$

が言えたことになります．

5.3 ボルツァノ・ワイエルシュトラスの定理

5.3.1 有界な数列の収束する部分列

高校数学では，$a_n = (-1)^n$ のような数列に対して単に収束しない（=発散する[16]），という言い方をして，それ以上は詮索しないのがふつうです．しかし，部分列 $\{a_{2n}\}$ や $\{a_{2n-1}\}$ を考えると，それぞれ 1 と -1 に収束していることは容易にわかります．

定理 5·3 で簡単に触れておきましたように，数列 $\{a_n\}$ が収束するとき，

---

[16] 「振動」ということもあるが，「振動」は「発散」の一つの状態を表す言葉で，「収束・発散」という言葉よりも下位の言葉である．

その部分列 $\{a_{\varphi(n)}\}$ は必ず同じ極限値に収束しますが,上の例からもわかるように,収束しない数列でもその部分列を適当にとると,収束することがあります.

「有界」という言葉を用いるならば,一般に

$$\text{収束する数列} \implies \text{有界な数列}$$

が言えることは容易にわかります.この逆が言えないことは,たとえば $a_n=(-1)^n$ を考えれば明らかです.しかし,

$$\text{有界な数列} \implies \text{収束する部分列を含む}$$

という命題はどうでしょうか.これは「ボルツァノ[17]・ワイエルシュトラスの定理」と言われ,一見自明のようにも思われますが,私自身は,この命題の根本に数学を超えてなにか深い問題が秘められているように感じています.一言で言えば,それは正に無限とその認識の問題で,この定理の正しさを根源的なところで保証しているのは正に私たち自身の「無限の認識の仕方」そのものではないかと思います.

考えてみれば「有界な無限数列が存在するならば,その無限数列は必ず収束する部分列をもつ」,とはおそるべき定理で,言い換えれば「収束しない部分列を持たないような有界な無限数列は存在しない」ということですから,これはなにかライプニッツの「予定調和」を彷彿とさせます.

ともあれ以下に定理の形でまとめておきましょう.

定理 5・8（ボルツァノ・ワイエルシュトラスの定理） 無限数列 $\{a_n\}$ が有界ならば,収束する部分列を含む.すなわち,$b \leq a_n \leq c \ (n \in \mathbb{N})$ なら

---

[17] Bernard Bolzano (1781〜1848) 古オーストラリアの哲学者,神学者,数学者.1796年からプラハ大学でカトリック神学,哲学,数学を学び,1805年僧職を授与される.同年から母校のプラハ大学で宗教哲学教授となるが,やがて異端の嫌疑をかけられ1820年に職を免ぜられる.以後一私人として終生研究と著述に専念.フッサールはボルツァノを「古今最大の論理学者」と評した.著書に『知識学』『アタナシア,即ち霊魂不死の理由』『宗教学教科書』『無限の逆説』などがある.

ば，収束する部分列 $\{a_{\varphi(n)}\}$ が存在する．

[**証明**] 2つの数列 $\{b_n\}, \{c_n\}$ を次のように構成していく．

まず，$b_0 = b, c_0 = c$ とし，$d_0 = \dfrac{b_0 + c_0}{2}$ とする．このとき，閉区間 $[b_0, d_0], [d_0, c_0]$ の少なくとも一方には，数列 $\{a_n\}$ の無限個の項が属している．実際，どちらにも有限個の項しか属さないならば，全体として有限個の項しか存在しないことになり，これは数列 $\{a_n\}$ の項が無限個あることに反するからである．

閉区間 $[b_0, d_0]$ に無限個の項があるとき，
$$b_1 = b_0, \quad c_1 = d_0$$
とする．また，閉区間 $[b_0, d_0]$ に有限個の項しかないときは，閉区間 $[d_0, c_0]$ に無限個の項が存在し，この場合は
$$b_1 = d_0, \quad c_1 = c_0$$
のように定める．すると，いずれの場合も閉区間 $[b_1, c_1]$ には無限個の項が含まれ，
$$c_1 - b_1 = \frac{1}{2}(c_0 - b_0)$$
が成り立つ．

次に閉区間 $[b_1, c_1]$ について同様の操作を行って閉区間 $[b_2, c_2]$ を作ると，この区間には無限個の項が含まれ，
$$c_2 - b_2 = \frac{1}{2^2}(c_0 - b_0)$$
が成り立つ．以下同様の操作を繰り返して，閉区間 $[b_n, c_n]$ を作ると，この区間には無限個の項が含まれ[18]，
$$c_n - b_n = \frac{1}{2^n}(c_0 - b_0)$$

---

[18] 人間がいくら頑張って有限個の項を除去しても，なお無限個の項が残されており，これを是認することから，このような判断が可能なのである．ここに，この定理の要諦がある．

が成り立つ．

　ここで数列 $\{b_n\}$ は単調増加，また数列 $\{c_n\}$ は単調減少であり，
$$\lim_{n\to\infty}(c_n - b_n) = \lim_{n\to\infty}\frac{1}{2^n}(c_0 - b_0) = 0$$
であるから，「区間縮小法の原理」によって
$$\lim_{n\to\infty} b_n = \lim_{n\to\infty} c_n = \alpha$$
となる α が存在する．

　いま，閉区間 $[b_k, c_k]\,(k=0,1,2,3,\cdots)$ に属する無限個の項の添数（suffix）の集合を H_k とする．すなわち，
$$H_k = \{m \mid b_k \leqq a_m \leqq c_k\}$$
とすると，$H_0 = \mathbb{N}$，H_k は無限集合で
$$H_1 \supset H_2 \supset H_3 \supset \cdots \supset H_n \supset \cdots$$
となる．そこで，

$\quad\quad \varphi(1)$ を H_1 の最小の自然数

$\quad\quad \varphi(2)$ を $H_2 - \{\varphi(1)\}$ に属する最小の自然数

$\quad\quad \varphi(3)$ を $H_3 - \{\varphi(1), \varphi(2)\}$ に属する最小の自然数

$\quad\quad\quad\quad\cdots\cdots\cdots\cdots\cdots\cdots\cdots\cdots$

のように定めていく．すなわち，一般に $\varphi(n)$ を，
$$H_n - \{\varphi(1),\ \varphi(2),\ \varphi(3),\ \cdots,\ \varphi(n-1)\}$$
に属する最小の自然数とする[19]と，
$$\varphi(1) < \varphi(2) < \varphi(3) < \cdots$$
が成り立ち，また $\varphi(n) \in H_n$ であるから，$b_n \leqq a_{\varphi(n)} \leqq c_n$ となる．したがって，はさみうちの原理により，
$$\lim_{n\to\infty} a_{\varphi(n)} = \alpha$$

---

[19] 最小の自然数が存在することは，いわゆる「整列公理」によって保証されている．すなわち，「任意の集合 X に対して，適当に順序関係を定義して整列集合とすることができる」という公理である．ここに，順序集合 $(X, \leqq)$ が「整列集合」であるとは，X の任意の部分集合が E が E の中に最小元をもつことをいう．

141

となり，題意は示されたことになる． ∎

　上の証明を読んで「これは要するに数列 $\{a_n\}$ の下界の一つ b と上界の一つ c をとり，閉区間 $[b, c]$ を次々と 2 つに等分割して，無限個の項が入っている一方の区間から最小添数の項を取り出して収束する部分列を作っているだけ」の話ではないか，またこれをほんとうに「証明」といっていいのかどうか，なにか釈然としないものを感じられた人もいらっしゃるかもしれません．私自身もこの定理にはじめて接したとき，その主張するところに驚きを持ちながらも，しかし一方で「あたり前のことを随分と仰々しく議論するものだな」と感じたものでした．

　実はこれと同じような議論をすでにしているのですが，思い出した方もいらっしゃるでしょう．定理 4・3 や定理 4・9 をもう一度見直してみてください．

5.3.2　集積値と有界な数列

　ところで，数列 $\{a_n\}$ の収束部分列の極限値を，数列 $\{a_n\}$ の**集積値**（limit point）[20] といいます．収束する数列の極限値はいうまでもなく「集積値」ですが，数列 $\{a_n = (-1)^n\}$ の集積値は，1 と -1 ということになります．なお，「集積値」という言葉を用いると，「ボルツァノ・ワイエルシュトラスの定理」は

有界な無限数列は少なくとも一つの集積値をもつ

と言い直すことができます．あるいは「集積値をもたない有界な無限数列は，絶対に存在しない！」ということになります．これは「収束する部分列の存

---

[20] S を距離空間としたとき，$a \in S$ の任意の近傍に，$X (\subset S)$ の点が無限にあるとき，a を X の「集積点」といい，$a \in X$ のある近傍が a の他に X の点を含まないとき，a を X の「孤立点」という．実数の集合 $\mathbb{R}$ を距離空間と見立てると，「集積値」は「集積点」に他ならない．

在」と「集積値の存在」との同値性に着目すれば明らかでしょうが，それにしても，この定理は実に不思議な命題です．

余談になりますが，私はこの定理を学生時代に「アイドル（＝集積点）の定理」とか「カリスマ（＝集積点）の定理」とか，そんな風に勝手に名づけて面白がっていました．「無限ではありませんが多数の人間がある限界付けられた社会に住んでいると，そこでは必ずアイドルやカリスマを生む'人間部分列'が存在する」からです．

ともあれ，いま確認したように「ボルツァノ・ワイエルシュトラスの定理」は，「有界な数列が少なくとも一つの集積値をもつ」ことを保証してくれますが，この定理を用いると「ワイエルシュトラスの連続定理」から「上に有界な単調増加数列は収束する（定理 5・5）」という命題を証明することができます．すなわち，「上に有界な単調増加数列」の場合「集積値」は唯一つである，というわけです．以下に，その証明を述べてみます．

定理 5・9 「ボルツァノ・ワイエルシュトラスの定理」を仮定すれば，「上に有界な単調増加数列は収束するという定理」が成り立つ．

［証明］ 数列 $\{a_n\}$ を上に有界な単調増加数列とすると，この数列は有界であるから，ボルツァノ・ワイエルシュトラスの定理により，収束する部分列 $\{a_{\varphi(n)}\}$ が存在する．この部分列の極限値を α としよう．このとき，任意の正数 ε に対してある自然数 n_0 が存在して
$$n \geq n_0 \text{ ならば } |a_{\varphi(n)} - \alpha| < \varepsilon$$
が成り立つ．したがって，$n \geq \varphi(n_0)$ であるならば，
$$n_0 \leq \varphi(n_0) \leq n \leq \varphi(n)$$
であるから，数列 $\{a_n\}$ の単調増加性により，
$$a_{\varphi(n_0)} \leq a_n \leq a_{\varphi(n)} \leq \alpha$$
が成り立つ．すなわち，$|a_{\varphi(n_0)} - \alpha| < \varepsilon$ より
$$|a_n - \alpha| < \varepsilon$$

第5章 実数と数列

となり，$\lim_{n\to\infty} a_n = \alpha$ が示されたことになる． ∎

5.4 コーシーの基本列と完備性

5.4.1 基本列は収束する

これまで収束する数列についてさまざまな角度から考えてきましたが，この項では**基本列**(fundamental sequence)[21] を取り上げてみます．

数列 $\{a_n\}$ が a に収束していることを，
$$\forall \varepsilon(>0) \exists n_0 \in \mathbb{N}[n \geq n_0 \Longrightarrow |a_n - a| < \varepsilon]$$
のように定義しました．この定義から直ちに，数列 $\{a_n\}$ が収束しているとき，添数 n を十分大きくすると各項のお互い同士の差を任意に小さくとれることは直感的に了解できます．すなわち，
$$\forall \varepsilon(>0) \exists n_0 \in \mathbb{N}[l, m \geq n_0 \Longrightarrow |a_l - a_m| < \varepsilon] \quad \cdots\cdots(*)$$
が成り立ちます．実際，正数 ε に対して，ある自然数 n_0 が存在して，
$$l, m \geq n_0 \Longrightarrow |a_l - a| < \frac{\varepsilon}{2}, \quad |a_m - a| < \frac{\varepsilon}{2}$$
にようにできて，このとき三角不等式を用いると，
$$|a_l - a_m| = |(a_l - a) - (a_m - a)| \leq |a_l - a| + |a_m - a| < \varepsilon$$
となります．

上の条件 $(*)$ を満たしている数列 $\{a_n\}$ を「基本列」といいます．条件 $(*)$ について注意しておくべきことは，これは「極限値には依存していない数列自体に関する条件」であり，**極限値 a 自身はその姿を現していない**ことです．これは，大切なポイントです．

たとえば有理数列 $\{a_n\}$ を
$$a_1 = 1, \quad a_{n+1} = \frac{2 + a_n}{1 + a_n} \quad (n = 1, 2, 3, \cdots)$$

---

[21] コーシー列 (Cauchy sequence) ともいう．

144

で定義すると,
$$a_2 = \frac{3}{2}, \ a_3 = \frac{7}{5}, \ a_4 = \frac{17}{12}, \ a_5 = \frac{41}{29}, \ a_6 = \frac{99}{70}, \ a_7 = \frac{239}{169}, \ \cdots$$
のようになり，これが $a^2 = 2\ (a>0)$ を満たす'数'に収束することはいまの私たちにはほとんど自明のことのように感じられます．

　しかし，いまここに「有理数」しか知らない「有理星人」がいたとして，彼は上の数列をどのように認識するのでしょうか？　おそらく，彼は n が大きくなればなるほど各項のお互い同士の差が小さくなることは確認できるでしょう．すなわち，この数列が「基本列」であることを認識することは可能であると考えられます．そして，この数列が'あるモノ'にどんどん近づいていることも推測できるかもしれません．

　しかし，それが'数'であるという認識は持てないと思われます．なぜなら，「有理星人」たる彼は $\sqrt{2}$ という'無理数'の存在，あるいは言語を知らないからです．したがって，彼は上の漸化式で定義される数列が「収束する」という明確な認識は持ち得ないというべきです．

　このように考えてみると，極限値 a がその姿を現さない「基本列」はたいへん重要な意味をもっていることがわかります．というのも「基本列が収束する」という認識は，とりもなおさず「実数の連続性」そのものの認識に直結しているからです．そして私たちは「有理星人」にとどまることができず，'完全'あるいは'完備'を求めて，この数列の行き着く先にひとつの'数'を'創出'するのです．

　考えてみれば，私たちが「有理星人」にとどまれないことの方が，むしろ不思議なことで，実は私たちは，言語認識に先立って，暗黙知によってすでに極限値の存在を，そして連続というものを了解していたのかもしれません．とすれば，やはり「'数'を'創出'する」と言い方には，どこか違和感を覚えてしまいます．ほんとうのところは，そのどちらでもあり，そしてそのどちらでもない，と言うべきなのかもしれません．

　ともあれ以下に，「実数の連続性の公理の下で，基本列は収束する」という定理を証明しておきましょう．

第5章 実数と数列

定理 5・10 $\mathbb{R}$ においては,数列 $\{a_n\}$ が「基本列」であるならば,この数列は収束する.

[証明] 最初に証明のアウトラインを述べる.まず,(1)「基本列」は有界である[22]ことを示し,次に,(2)前項で取り上げた「ボルツァノ・ワイエルシュトラスの定理」を用いて収束する部分列の存在を確認する.しかるのち,(3)基本列の定義にしたがって,数列 $\{a_n\}$ が収束することを示す.

(1) 数列 $\{a_n\}$ は「基本列」であるので,たとえば正数 1 に対して,ある自然数 n_0 が存在して,
$$l, m \geq n_0 \Longrightarrow |a_l - a_m| < 1$$
が成り立つ.上の不等式で $l = n_0$ とおくと,$m \geq n_0$ ならば,
$$|a_{n_0} - a_m| < 1$$
$$\therefore |a_m| - |a_{n_0}| < 1 \Longleftrightarrow |a_m| < |a_{n_0}| + 1$$
が成り立つ.したがって,正数 M を
$$M = \max\{|a_1|, |a_2|, \cdots, |a_{n_0-1}|, |a_{n_0}| + 1\}$$
のように定めると,
$$|a_n| \leq M \quad (n \in \mathbb{N})$$
が成り立ち,数列 $\{a_n\}$ 有界であることが示された.

(2) (1) により,いま考えている数列 $\{a_n\}$ は有界であるから,ボルツァノ・ワイエルシュトラスの定理により,この数列は収束する部分列 $\{a_{\varphi(n)}\}$ を含む.そこで
$$\lim_{n \to \infty} a_{\varphi(n)} = a$$
とする.

(3) 基本列の定義により,任意の正数 ε に対して,ある自然数 n_0 が存在して,

---

[22] '収束する数列' が有界であることは,定理 5・2 で示したが,ここでは '基本列' が有界であることを示す.この違いを十分自覚しておきたい.

$$l, m \geqq n_0 \Longrightarrow |a_l - a_m| < \varepsilon$$

が成り立つ．上の m に対して，$n_0 \leqq m \leqq \varphi(m)$ であるから，

$$|a_l - a_{\varphi(m)}| < \varepsilon$$

が成り立つ．ここで，$m \to \infty$ とすると，$\lim_{m \to \infty} a_{\varphi(m)} = a$ であるから，

$$|a_l - a| \leqq \varepsilon \qquad \cdots\cdots(*)$$

となる．すなわち，任意の正数 ε に対して，ある自然数 n_0 が存在し，$l > n_0$ ならば，($*$)が成り立つ．よって，

$$\lim_{n \to \infty} a_n = a$$

となって，数列 $\{a_n\}$ が収束することが示された． ∎

以上で，$\mathbb{R}$ においては，「基本列が収束する(定理 5·10)」ことが示されたことになり，その結果，数列 $\{a_n\}$ が収束するための必要十分条件は'$\{a_n\}$ が基本列であること'ということがわかりました．

一般に，基本列が収束する世界を**完備 (complete)** といいますが，隙間のないベッタリ世界の実数の集合 $\mathbb{R}$ は完備であり，隙間だらけのスカスカ世界の有理数の集合 $\mathbb{Q}$ は完備ではありません．

5.4.2 上極限と下極限

前節では「基本列は収束する(定理 5·10)」ということを，「ボルツァノ・ワイエルシュトラスの定理」を利用して示しましたが，これは「上極限，下極限」の考え方を導入して以下のように示すこともできます．

[**定理 5·10 の別証明**] 各自然数 k に対して，集合 A_k を

$$A_k = \{a_m | m \geqq k\} = \{a_k, a_{k+1}, a_{k+2}, \cdots\}$$

と定める．要するに，A_k は，数列 $\{a_n\}$ のはじめの $k-1$ 個の項を除いてつくった集合である．基本列は有界であるから，A_k の下限(＝最大下界＝ $\inf A_k$)および上限(＝最小上界＝ $\sup A_k$)が存在する．そこで，

$$\inf A_k = b_k, \quad \sup A_k = c_k$$

とおくと，明らかに
$$b_1 \leqq b_2 \leqq \cdots \leqq b_k \leqq \cdots \leqq c_k \leqq \cdots \leqq c_2 \leqq c_1$$
が成り立つ．すなわち，$\{b_k\}$ は上に有界な単調増加数列であり，また $\{c_k\}$ は下に有界な単調減少数列である．したがって，これらの数列はそれぞれ極限値をもつ．そこで
$$\lim_{k \to \infty} b_k = b, \quad \lim_{k \to \infty} c_k = c$$
としよう．

いま，ε を任意の正数とし，$\varepsilon' = \dfrac{\varepsilon}{3}$ すると，基本列の定義からある自然数 n_0 が存在して，
$$l, m \geqq n_0 \Longrightarrow |a_l - a_m| < \varepsilon' \qquad \cdots\cdots ①$$
とできる．b_k, c_k は集合 A_k の下限および上限であるから，
$$a_l < b_k + \varepsilon' \quad \text{および} \quad c_k - \varepsilon' < a_m$$
を満たす $a_l (l \geqq k)$，$a_m (m \geqq k)$ が存在し，
$$a_l - \varepsilon' < b_k \leqq c_k < a_m + \varepsilon' \qquad \cdots\cdots ②$$
が成り立つ．したがって，$k > n_0$ であれば，$l, m \geqq k > n_0$ であるから，①，②より
$$|b_k - c_k| < |a_l - a_m| + 2\varepsilon' < 3\varepsilon' = \varepsilon$$
すなわち，$k \to \infty$ のとき $|b_k - c_k| \to 0$ である．よって，$b = c$ となり，この値を $a (= b = c)$ とすると
$$b_k \leqq a_k \leqq c_k$$
であるから，はさみうちの原理により数列 $\{a_n\}$ は a に収束する． ∎

以上で，基本列は収束することが示されましたが，この証明で登場した
$$\lim_{n \to \infty} b_n, \quad \lim_{n \to \infty} c_n$$
をそれぞれ数列 $\{a_n\}$ の**下極限(値)** および **上極限(値)** といい，下極限を
$$\varliminf_{n \to \infty} a_n \quad \text{または} \quad \liminf_{n \to \infty} a_n$$
のように，また上極限を

$$\varlimsup_{n\to\infty} a_n \quad \text{または} \quad \lim_{n\to\infty} \sup a_n$$

のように表します．もう少し詳しく書くと，

$$\varliminf_{n\to\infty} a_n = \lim_{n\to\infty}(\inf_{k\geq n} a_k), \quad \varlimsup_{n\to\infty} a_n = \lim_{n\to\infty}(\sup_{k\geq n} a_k)$$

のようになります．

　数列 $\{a_n\}$ の上極限や下極限は基本列でなくても存在しますが，上極限や下極限という考え方は収束しない数列に対しても極限概念を導入しようとして得られたものと考えておけばよいでしょう．

　たとえば，$a_n = (-1)^n$ とすると，n が偶数ならば $a_n = 1$，n が奇数ならば $a_n = -1$ ですから，

$$\inf a_n = \varliminf_{n\to\infty} a_n = -1 < \varlimsup_{n\to\infty} a_n = 1 = \sup a_n$$

となります．ちなみに，-1 と 1 はこの数列の集積値でもあります．

　また，$a_n = 2 + (-1)^n + \dfrac{(-1)^n}{n}$ とすると，n が偶数ならば $a_n = 3 + \dfrac{1}{n}$，n が奇数ならば $a_n = 1 - \dfrac{1}{n}$ ですから，

$$a_1 = 0,\ a_2 = \frac{7}{2},\ a_3 = \frac{2}{3},\ a_4 = \frac{13}{4},\ a_5 = \frac{4}{5},\ a_6 = \frac{19}{6},\ \cdots$$

となり，$b_k = \inf a_k$, $c_k = \sup a_k$ とおくと，

$$b_1 = 0 \leq b_2 = 0 \leq b_3 = \frac{2}{3} \leq b_4 = \frac{2}{3} \leq b_5 = \frac{4}{5} \leq b_6 = \frac{4}{5} \leq \cdots$$

$$\cdots \leq c_6 = \frac{19}{6} \leq c_5 = \frac{19}{6} \leq c_4 = \frac{13}{4} \leq c_3 = \frac{13}{4} \leq c_2 = \frac{7}{2} \leq c_1 = \frac{7}{2}$$

となります．したがって，

$$\inf a_n = 0 < \varliminf_{n\to\infty} a_n = 1 < \varlimsup_{n\to\infty} a_n = 3 < \sup a_n = \frac{7}{2}$$

のようになります．

　一般に，数列 $\{a_n\}$ の上極限を c とすると，任意の正数 ε に対して，

(1) $a_n > c + \varepsilon$ を満たす a_n は高々有限個である

(2) $a_n > c - \varepsilon$ を満たす a_n は無限個である

第 5 章 実数と数列

ということがいえることは容易に理解できるでしょう．

実際，上極限 c の定義から，$n \geqq n_0$ ならば $c_n < c+\varepsilon$ となる n_0 が存在し，このとき n_0 以上のすべての n について $a_n \leqq c_n$ が成り立ちます．言い換えれば，$a_n > c+\varepsilon$ を満たす a_n は有限個しかないので (1) が成り立つことがわかります．また，$a_n > c-\varepsilon$ となる a_n が有限個しかないとし，そのような番号 n の最大のものを p とすると，$k > p$ ならば

$$a_k \leqq c-\varepsilon \quad \text{すなわち} \quad c \leqq a_k \leqq c-\varepsilon$$

となって，これは明らかに矛盾です．したがって (2) が成り立ちます．

同様に下極限 b についても，

(1) $a_n < b-\varepsilon$ を満たす a_n は高々有限個である

(2) $a_n < b+\varepsilon$ を満たす a_n は無限個である

がいえます．

また，定義から一般の数列 $\{a_n\}$ に対して，

$$\inf a_n \leqq \varliminf_{n\to\infty} a_n \leqq \varlimsup_{n\to\infty} a_n \leqq \sup a_n$$

が成り立ちます．

5.4.3 コンパクト

これまで，実数の連続性と数列の収束条件について考えてきましたが，大学入学後の実数論の講義で「高校数学とは決定的に違う！」とカルチャーショックを受けた問題があります．その問題を本章の最後に紹介しておきます．それは，以下のようなものです．

問題 5・2 閉区間 $I = [a, b]$ 内の各数 x に対して，x を含む開区間 $I(x)$ が定められている．すなわち，開集合の族 $\{I(x)\}_{x \in I}$ が与えられている．このとき，I に属する有限個の数 $x_1, x_2, \cdots, x_n$ が存在して，

$$I \subset \bigcup_{k=1}^{n} I(x_k) = I(x_1) \cup I(x_2) \cup \cdots \cup I(x_n)$$

とすることができることを証明せよ．

　これは，'コンパクト'と言われる性質ですが，なんとも奇妙な問題で，少々乱暴な言い方を許していただけるなら，証明すべき事柄は，直観的にはほとんど自明に思われるような命題です．無知な私は，なぜこのような命題を証明しなければならないのか，とも感じたものでした．

　$I \subset \bigcup_{k=1}^{n} I(x_k)$ のとき，I は $\{I(x_k)\}_{k=1,2,\cdots,n}$ で'覆われている'とか，'coverされている'とかいい，また $\{I(x)\}_{x \in I}$ を I の'**被覆**'といいます．上の問題は，開区間 I が**有限部分被覆**をもつことを示せ，というのですが，端的に言えば，ある集合の開被覆が与えられたとき，その開被覆から有限個選んでその集合を cover できれば，その集合がコンパクトだというわけです．

　ともあれ，以下に「区間縮小法の原理」を利用した背理法による証明を紹介してみますが，証明は「有界数列は収束する部分列を含む」というあの「ボルツァノ・ワイエルシュトラスの定理」の証明手法と似ています．

[**証明**]　I の部分閉区間 $[c, d] (\subset I)$ が有限個の $I(x)$ で覆われないとき，$[c, d]$ を'無限被覆型'と呼ぶことにする．また，有限個の $I(x)$ で覆われるとき'有限被覆型'ということにする．いま，$I = [a, b]$ が有限個の $I(x)$ では覆われない，すなわち無限被覆型であると仮定する．

　閉区間 $I = [a, b]$ に対して $c = \dfrac{a+b}{2}$ と定め，区間 I を2つの区間 $[a, c]$ と $[c, b]$ の2つに分ける．2つがともに有限被覆型であることはないので，2つの区間のうち少なくとも一方は無限被覆型である．$[a, c]$ が無限被覆型であれば，$I_1 = [a, c]$ とおき，$[a, c]$ が無限被覆型でなければ $I_1 = [c, b]$ とする．

　次に，無限被覆型の区間 I_1 を2等分し，上と同様に無限被覆型の区間を定め，それを I_2 とする．以下同様の操作を繰り返すことによって，縮小区間列 $\{I_n\}$ が得られるが，これらはすべて無限被覆型である．

151

一方，$I_n = [a_n, b_n]$ とすると，
$$b_n - a_n = \frac{1}{2^n}(b-a)$$
であるから，区間縮小法の原理により，
$$\lim_{n\to\infty} a_n = \lim_{n\to\infty} b_n = c, \quad c \in \bigcap_{n=1}^{\infty} I_n$$
なる c が存在する．

ここで，はじめに与えられている開区間 $I(c)$ を考えると，$\lim_{n\to\infty} a_n = \lim_{n\to\infty} = c$ であるから，$a_n, b_n \in I(c)$ となる自然数 n が存在する．すなわち，
$$I_n = [a_n, b_n] \subset I(c) \quad (I_n \text{ が１個の } I(c) \text{ で覆われている！})$$
となり，これは I_n が無限被覆型であることに反する．

よって，I は有限被覆型である．すなわち I は有限部分被覆をもつことになり題意は示された． ■

どうでしょうか．ボルツァノ・ワイエルシュトラスの定理の証明のときと同様に，これを証明といっていいかどうか躊躇いを感じる人もいるでしょうが，上の証明では「区間縮小法の原理」が鍵になっています．

この問題で考えた性質は，さきほども述べたように**コンパクト**（compact）といわれる'位相的な性質'ですが，この問題によって「閉区間がコンパクトである」ことが示されたことになります．

では，たとえば半開区間 $(0, 1]$ はコンパクトなのでしょうか．実は，これはコンパクトではありません．実際，自然数 n に対して $I_n = \left(\frac{1}{n}, 1+\frac{1}{n}\right)$ とすると，
$$(0, 1] \subset \bigcup_{n=1}^{\infty} I_n$$
のようになって，$\{I_n \mid n = 1, 2, 3, \cdots\}$ は $(0, 1]$ の開被覆になりますが，しかし有限個の I_n によって $(0, 1]$ を cover することはできません．それゆえ，半開区間 $(0, 1]$ はコンパクトではないのです．

この定理は「**ハイネ・ボレルの被覆定理**」とよばれるもので，コンパクト性は連続関数を考えるときに決定的に重要になります．すなわち，コンパクトな集合 X 上で $f(x)$ $(x \in X)$ が連続のとき，$f(X)$ もコンパクトになり，これによって閉区間で定義された連続な関数が最大値，最小値を持つことも簡単に示されるのです．

　「コンパクト」という性質は，それが余りにも直感的に明らかと感じられるだけに初心者にはなかなか飲み込めない概念ですが，この定理が生まれた背景には，実数の閉区間 I で連続な関数 $f: I \to \mathbb{R}$ は**一様連続**になる，という定理の証明があります．

　関数 $y = f(x)$ が区間 D で'連続'であるとは，この区間 D の任意の点 $x = a$ で任意の正数 ε に対して正数 δ が定まって，$|x-a|<\delta$ なるすべての x に対して $|f(x)-f(a)|<\varepsilon$ が成り立つことですが，このとき δ は ε と a に依存して定まります．

　しかし，この δ が a に無関係に ε にのみ依存して定まるとき，$f(x)$ が D において「一様連続(uniformly continuous)」というのです．すなわち，「任意の正数 ε に対して正数 δ が定まって，D のいかなる点 a に対しても

$$|x-a|<\delta \Longrightarrow |f(x)-f(a)|<\varepsilon$$

が成立するとき，$f(x)$ は D で一様連続ということになるわけです．

　たとえば，関数 $f(x) = \dfrac{1}{x}$ は半開区間 $(0, 1]$ で連続ですが，一様連続ではありません．また，$f(x) = x^2$ は閉区間 $[0, 1]$ で一様連続になります．この問題についてはいずれ考えていきたいと思いますが，

　　　　関数 $f(x)$ が閉区間 I で連続ならば，I で一様連続になる

という定理はハイネ[23]によって証明されたものでした．そして，この命題を一般化したものがボレル[24]によって与えられ，さらにこの研究から，さきほ

---

[23] H.E.Heine（1821～1881）ドイツの数学者．ワイエルシュトラスの弟子．
[24] F.E.J.Emile Borel（1871～1956）フランスの数学者．関数論，確率論などを研究．

153

ど述べた'ハイネ・ボレルの被覆定理'とよばれるものが生まれてきたのです．また，この'ハイネ・ボレルの被覆定理'が成り立つような「空間」をコンパクトということにしたのです．

　ともあれ，コンパクト性という概念は，微分積分学の発展とその試行錯誤の基礎付けの過程から生まれてきたもので，そこに「無限と連続」に対する数学者たちの深い洞察が秘められているというべきなのです．

第6章
連続関数

6.1 連続関数の基本的性質

6.1.1 連続関数の存在定理のいろいろ

これは私のまったく個人的な独断かもしれませんが，誤解を覚悟の上で述べれば，大学の「微分積分学」の導入部分，とりわけ「連続関数」の基礎に関する議論は，'数学'を逸脱してかなり'哲学的'な性格が強い[1]のではないかと思っています．そして，**本書で探究してみたいと思っているのも，実はその哲学的な側面であり，きわめて当たり前と思われることを，どうして'厳密'に議論しなければならないのか，という問題**です．

大学の講義では，しばしば'厳密に議論すれば'という前口上のもとに，実際に精緻な議論が展開されますが，それは'ためにする厳密な議論'ではなく，そこにはある歴史の必然性があり，そしてそれは少々大袈裟に述べれば私たちの'現近代の世界認識'の問題に直結していた，というべきなのです．

たとえば，

> 関数 $f(x)$ が閉区間 $[a, b]$ で連続であり，かつ $f(a)$ と $f(b)$ が異符号ならなば，$f(c) = 0$ となるような c が開区間 (a, b) に少なくとも一つ存在する

という有名な「**ボルツァノの定理**」の証明を講義で聴いたときは，正直，なぜ直感的にはほとんど疑う余地のないこんな命題を証明するのだろうか，と密

---

[1] 集合論や位相数学の基礎的部分もそうした性格が顕著である．

かに感じたものでした[2]．この定理はボルツァノの「相反する結果を生ずる2つの値の間には少なくとも方程式の一つの実根が存在するという定理の解析的な証明[3]」という論文で取り上げられている命題ですが，G・マルチンによれば，「ガウスは，一様に増大しながら連続的に負の値から正の値へと移る関数はある位置で0の値をとらなければならないということを，自明的な，証明を必要とせぬ事柄と未だ見做していた」といいます．ガウス（1777～1855）の時代にして，こうだったのです．

同様の感想は，

> 関数 $f(x)$ が閉区間 $[a, b]$ で連続で，かつ $f(a) \neq f(b)$ とすると，$f(a)$ と $f(b)$ の間の任意の値 γ に対して $f(c) = \gamma$ となるような c が開区間 (a, b) に存在する

という「**中間値の定理**」の証明や，

> 関数 $f(x)$ が閉区間 $[a, b]$ で連続ならば，$f(x)$ は閉区間 $[a, b]$ で最大値および最小値をとる

といった「**最大値・最小値到達の定理**」の証明を教わったときにも感じた疑問でした．

上に挙げた定理はみな「存在定理」と言われるもので，日常経験からするとほとんど自明である「存在性」をなぜこのように問題にしなければならないのでしょうか．問題は，こうした命題の証明そのものではなく，こうした命題に対する徹底的な議論（証明）の必要性が，いったいどこから生まれてくるのだろうか，という点にあります．はじめに「哲学的な性格が強い」と述べた理由もそこにあります．

---

[2] もっとも，学生時代の私は「数学は厳密であらねばならない」と思い込んでいたから，こうした疑問を若者特有の知的虚栄心によって押し殺してはいたが…．

[3] 原題は 'Rein analytischer Beweis des Lehrsatzes, daß zwischen je zwey Werthen, die ein entgegengesetztes Resultat gewähren, wenigstens eine reelle Wurzel der Gleichung'.

この問いを考えるには，そもそも「(数の)存在とは何か」という，これまでも何度か登場してきた根本的な問題に眼差しを向ける必要があります．「数の存在」は，私たちが五感を通して確認できる木や岩や水や火，昆虫や猫や人間の存在とは確実に異なる側面があり，それは最終的に私たち人間の言語認識に依拠しており，そのために「数の存在論と認識論」はかえって「人間の問題」を浮き彫りにするように思われます．「数」は「客体(＝自己あるいは人間の外にあって独立して存在するもの)」として存在するのではなく，むしろ人間自身の意識の内にこそ「存在」しているのかもしれません．確かに「数とそれを定立する主観の作用は分離してはいないだけではなく，むしろ数は主観の作用に対する記号[4]」なのです．

6.1.2 極限の定義

次節で「連続性」について考えさせてくれる一つの面白い問題を取り上げてみたいと思いますが，ここではその準備として「関数の極限」について少し復習しておきましょう．

高校数学では，関数 $y = f(x)$ において x が a 以外の値をとりながら a に近づくとき，関数値 $f(x)$ が b に近づくことを，
$$\lim_{x \to a} f(x) = b$$
のようにかき，b を x が a に近づくときの $f(x)$ の**極限値**といいました．これはまた
$$\lim_{x \to a} |f(x) - b| = 0$$
のようにかくこともできます．つまり，x が a にどんどん近づくとき，$f(x)$ と b の「距離[5]」が0に限りなく近づくということにほかなりません．しかし，このような述べ方は'前近代的'なもので，次節で取り上げる関数の連続性

---

[4] 沢口昭聿著『連続体の数理哲学』75頁．
[5] 距離空間と位相空間については，第8章，第9章で取り上げる．

第6章 連続関数

を考えようとすると，あまり役に立たなくなります．そこで登場するのが，よく知られている次のような「ε-δ 方式」の定義です．

定義 6·1 関数 $f(x)$ は a を含む区間内の a 以外の x に対して定義されている．このとき，
$$\lim_{x \to a} f(x) = b$$
を次のように定義する．すなわち，任意の正数 ε に対して，ある正数 δ が定まり，$0 < |x-a| < \delta$ なるすべての x に対して，一定値 b が存在して $|f(x)-b| < \varepsilon$ が成り立つとき，関数 $f(x)$ は x が a に近づいたとき b に収束するといい，$\lim_{x \to a} f(x) = b$ とかき b を極限値という．

ここで大切なのは，$0 < |x-a| < \delta$ という条件で，$|x-a| < \delta$ ではないところです．$x \ne a$ である点に注意しておかなければなりません．そして，次の定理は決定的に重要です．

定理 6·1 関数 $f(x)$ において，$\lim_{x \to a} f(x) = b$ となるための必要十分条件は，a に収束する a と異なる要素からなる任意の数列 $\{x_n\}$ に対して，$\lim_{n \to \infty} f(x_n) = b$ が成り立つことである．

[証明] **必要性の証明**；数列 $\{x_n\}$ を a に収束する a と異なる要素からなる任意の数列とする．仮定より，任意の正数 ε に対して，ある正数 δ が定まって，$0 < |x-a| < \delta$ なるすべての x に対して $|f(x)-b| < \varepsilon$ である．このとき定まった δ に対して，ある自然数 n_0 が定まり，
$$n \geqq n_0 \Longrightarrow 0 < |x_n - a| < \delta$$
となる．したがって，数列 $\{f(x_n)\}$ において，
$$n \geqq n_0 \Longrightarrow |f(x_n) - b| < \varepsilon$$
が成り立つ．すなわち，$\lim_{n \to \infty} f(x_n) = b$ となる．

十分性の証明；背理法で示す．いま，a に収束する a と異なる任意の数列 $\{x_n\}$ に対して，$\lim_{n\to\infty} f(x_n) = b$ が成り立つにもかかわらず，$\lim_{x\to a} f(x)$ が b でないと仮定しよう．このとき，「ある正数 ε に対しては，どんな正数 δ をとっても $0 < |x - a| < \delta$ なるある x が存在して $|f(x) - b| \geq \varepsilon$」となる[6]．

この ε に対して，δ を $1, \dfrac{1}{2}, \dfrac{1}{3}, \cdots, \dfrac{1}{n}, \cdots$ とし，それに対して定まる x をそれぞれ $x_1, x_2, x_3, \cdots, x_n, \cdots$ とする．こうして得られる数列 $\{x_n\}$ は，a に収束する a と異なる要素からなる数列であるが，このとき数列 $\{f(x_n)\}$ を考えると，すべての n に対して，

$$|f(x_n) - b| \geq \varepsilon$$

となる．すなわち，数列 $\{f(x_n)\}$ は b に収束しないので，これは不合理である．

以上のことより定理は証明されたことになる．　■

この定理の面白いところは，$x \to a$ のときの関数 $f(x)$ の極限を考えるにあたって，a に収束する a とは異なる要素からなる「任意の数列」を用いる点，およびそれに対応する数列 $\{f(x_n)\}$ が常に同一の極限値を持つ点です．

ここでは，関数の極限値を「ε-δ 方式」で先に定義しましたが，実は関数の極限値を「数列」を用いて定義する方法もあります．すなわち，a に収束する a でない要素からなる**任意の数列** $\{x_n\}$ に対して，それに対応する数列 $\{f(x_n)\}$ が b に収束するときに関数 $f(x)$ は極限値 b をもつ，と定義するやり方です．おそらくこちらの方が本来的であり，この場合「ε-δ 方式」の定義が「定理」になります．

いずれにせよ，実数上で定義された関数の極限を考える場合，私たちは実数世界を分節化して得られる a に収束する数列 $\{x_n\}$（$x_n \neq a$）を用いざるを得ないのです．これは，分節化をこととする言語認識（数学もまた言語認識

---

[6] 「$\forall \varepsilon (> 0) \exists \delta (> 0) ; \mathrm{P}$」の否定は「$\exists \varepsilon (> 0) \forall \delta (> 0) ; \sim \mathrm{P}$」である．

の一つである)の宿命というべきかもしれません．

6.1.3 一つの問題

　関数がある点やある区間で「連続 (continuous)」であることを，私たちはそのグラフが「その点あるいはその区間で繋がっている」というふうに理解しています．しかし，「繋がっている」とはいったいどういうことなのでしょうか．

　たとえば，空中に投げ出されたボールの放物運動を思い描き，その軌跡をイメージして「繋がっている」ということを納得するのでしょうか．あるいは一本の長い紐を手にし，それをピンと伸ばして，それこそが「繋がっている」ことだと考えるのでしょうか．しかし，人間の言語認識が作用して生じる実数直線で定義された関数グラフの「連続」の問題はそう簡単ではなさそうです．

　高校数学ではとりあえず，実数値関数 $f(x)$ が $x=a$ で連続であることを，

$$\lim_{x \to a} f(x) = f(a) \qquad \cdots (*)$$

のように定式化します．いうまでもなく $(*)$ の左辺は前節で考えた「関数の極限」であり，これが $f(a)$ と一致する，というのが「連続の定義」です．これをいわゆる「ε-δ 方式」で述べると，次のようになります．

定義 6・2　$f(x)$ が $x=a$ で連続であるとは，任意の正数 ε に対して，ある正数 δ が定まって，

　　$|x-a|<\delta$ を満たすすべての x に対して $|f(x)-f(a)|<\varepsilon$

が成り立つことである．

　ここで，関数の極限と連続の定義との違いは，関数の極限では $0<|x-a|<\delta$ となっているところが，連続の定義では $|x-a|<\delta$ となっている点です．連続の場合は $x=a$ となる場合を除外する必要はないのです．したがって，$x=a$ で $f(x)$ が連続であることを数列の言葉で表現すると，a に収束する

任意の数列 $\{x_n\}$（ここでは, a と異なるという条件は必要ない）に対して, $\lim_{n\to\infty} f(x_n) = f(a)$ が成り立つこと, すなわち

$$\lim_{n\to\infty} f(x_n) = f\left(\lim_{n\to\infty} x_n\right)$$

が成り立つこと, ということができます.

なお, x が右側から a に近づく場合, すなわち $0 \leq x - a < \delta$ の範囲で $|f(x) - f(a)| < \varepsilon$ が成り立つとき, $f(x)$ は $x = a$ で「右側連続」であるといい, $\lim_{x\to a+0} f(x) = f(a)$ とかきます. 同様に,「左側連続」も定義でき, 右にも左にも連続の場合が, $x = a$ で連続であることに他なりません. また, 上の「ε-δ 方式」の定義において, $|x - a| < \delta$, $|f(x) - f(a)| < \varepsilon$ の不等号の一方または両方を $\leq$ に置き換えてもよいのはいうまでもありません.

さて, ここで以下のような関数を考えてみましょう.

$$f(x) = \begin{cases} 0 & (x \text{ が無理数のとき}) \\ \dfrac{1}{q} & (x \text{ が有理数 } \dfrac{p}{q} \text{ のとき}) \end{cases}$$

ただし, ここで p は整数, q は自然数とし, p と q は互いに素である, ということにしておきます.「この関数 $f(x)$ は連続なのか, それとも連続でないのか?」——これがこれから考えてみたい問題です.

「連続」について「繋がっている」という素朴な認識しかない高校生や受験生にこの問題考えさせると, たとえ「連続」の定義である (∗) を知っていても, ほとんど者は答えることができません. 私の予備校教師経験からすると, かれらの大部分は (∗) を「定義」として認識していず, またこの式のほんとうの意味も理解していないようです. むしろ,「繋がっている」から (∗) は当然成り立つ, といった程度の認識しか持ち合わせていません..

ともあれ,「無理数」か「有理数」かによって関数値のとる値の異なる上のように定義された $f(x)$ が連続かどうかは, なかなか判断できませんが, 実はこの関数 $f(x)$ については

x_0 が無理数ならば, $f(x)$ は $x = x_0$ で連続である

第6章　連続関数

$$x_0 \text{ が有理数ならば，} f(x) \text{ は } x = x_0 \text{ で連続でない}$$

ということがいえます．以下なぜそうなるかを簡単に説明してみます．
　集合 $\mathbb{Q}$ を

$$\mathbb{Q} = \left\{ \frac{p}{q} \,\middle|\, p \text{ は整数,} q \text{ は自然数,} p \text{ と } q \text{ は互いに素} \right\}$$

と定めておきます．すなわち，$\mathbb{Q}$ は有理数全体の集合にほかなりません．
　いま $x_0 = \sqrt{2}$ としてみましょう．（*）によれば，$x = \sqrt{2}$ において $f(x)$ が「連続」であることを主張するには，

$$\lim_{x \to \sqrt{2}} f(x) = f(\sqrt{2}) \ (= 0)$$

を示しておけばよいことになります．いうまでもなく，x が無理数ならば $f(x) = 0$ ですから，x が有理数のときについて考えておけばよいことにななます．

　そこで，分母が自然数 n 以下の $\mathbb{Q}$ の要素で，$\sqrt{2}$ に最も近いものを考え，それを a_n とします．たとえば，$n = 3$ とすると $\sqrt{2}$ に最も近い $\mathbb{Q}$ の要素は $\dfrac{4}{3}$ であり，$n = 4$ とすると $\dfrac{5}{4}$ ということになりますから，$a_3 = \dfrac{4}{3}$，$a_4 = \dfrac{5}{4}$ となります．

　次に上のように定めた a_n に対して，$\delta_n = |\sqrt{2} - a_n|$ とおき，開区間 D_n を

$$D_n = (\sqrt{2} - \delta_n, \ \sqrt{2} + \delta_n)$$

のように定めます．この開区間 D_n 内にある $\mathbb{Q}$ の要素はすべて，その分母が n よりも大きくなりますから，この開区間 D_n 内にある $\mathbb{Q}$ の任意の要素 $\dfrac{p}{q}\,(q > n)$ に対して，

$$0 < f\left(\frac{p}{q}\right) = \frac{1}{q} < \frac{1}{n} \qquad \cdots ①$$

が成り立ちます．
　ここで，n をどんどん大きくすれば，開区間 D_n に属する $\mathbb{Q}$ の要素の分母 q もどんどん大きくなり，①とはさみうちの原理および $f(x)$ の定義（x が無

理数のときは，$f(x)=0$ により，
$$\lim_{x\to\sqrt{2}}f(x)=0=f(\sqrt{2})$$
が成り立ちます．すなわち，(*)が成り立っているわけですから，$f(x)$ は $x=\sqrt{2}$ において「連続である」ことが示されたことになります．他の無理数 x_0 に対しても上と同様の議論によって
$$\lim_{x\to x_0}f(x)=0=f(x_0)$$
が示され，$f(x)$ が $x=x_0$ で「連続である」ことがわかります．

$x_0=\dfrac{p}{q}$ が有理数のときは，$\mathbb{Q}'=\mathbb{Q}-\{x_0\}$ とおき，分母が n 以下の $\mathbb{Q}'$ の要素の中で，x_0 に最も近いものを a_n とおきます．

たとえば，$x_0=\dfrac{22}{7}$ としてみましょう．このとき
$$a_1=\frac{3}{1},\quad a_2=\frac{7}{2},\quad a_3=\frac{10}{3},\quad a_4=\frac{13}{4},\quad a_5=\frac{16}{5},\ \ldots$$
となり，このようにして定めた a_n に対して，$\delta_n=\left|\dfrac{22}{7}-a_n\right|$ とおき，開区間 D_n を
$$D_n=\left(\frac{22}{7}-\delta_n,\ \frac{22}{7}+\delta\right)$$
のように定めると，上と同様の議論により①が成り立ちますから，
$$\lim_{x\to x_0}f(x)=0\neq f(x_0)=\frac{1}{q}=\frac{1}{7}$$
となって，こんどは $f(x)$ が $x=x_0$ で「連続でない」ことがわかります．

いま考えてきた関数 $f(x)$ は，私たちが(*)によって素朴に認識している「連続あるいは連続関数」という概念について深く反省させてくれるものをもっています．さらに，私たちの言語認識一般についても反省の材料を提供してくれるように思われます．

なるほど，x が有理数ならば $f(x)$ が「連続でない」ということは直感的に容易に納得できることかもしれません．しかし「連続＝繋がっている」という認識しかない者にとっては，x が無理数のとき $f(x)$ が「連続である」ということ

第6章 連続関数

を直感的に理解することははなはだ難しいことに思われます．上で定義した関数 $f(x)$ が $x = \sqrt{2}$ において「繋がっている」ということをイメージする（＝図像化する）ことが困難だからです．

これにはまた，いうまでもなく「無限」の問題も関与しています．端的にいえば，それは $\sqrt{2}$ にいくらでも近い有理数が無限個存在するということで，それゆえに，上の議論からも分かるように $f\left(\dfrac{p}{q}\right)$ がいくらでも 0 に近づき，それが $x = \sqrt{2}$ における関数 $f(x)$ の連続性を保証していたのです．しかしこの議論はけっして「運動」の具有している「繋がっている」という明快なイメージを喚起しません．

そもそも「$x = x_0$ において連続である」とはいったいどういうことなのでしょうか．それはまさに，上で定義した「連続の定義以上でも以下でもないこと」なのですが，ではその定義は何を主張しているのでしょうか．

確かに，前節で定義した関数 $f(x)$ は，$x = \sqrt{2}$ において「連続」であることが，「連続の定義」に従って「数学言語」によってきちんと説明されました．しかし，その説明でいったい何がわかったのでしょうか．$x = \sqrt{2}$ でこの関数 $f(x)$ は「繋がっている」ということなのでしょうか．しかし，それを単に「繋がっている」という言葉で表現するには，私たちがふつうにいだいている「繋がっている」という言葉に対してもっているイメージとは大きな隔たりがあるように感じられます．私たちは「連続＝繋がっている」という素朴な認識を変更する必要があるのです．ここで思い出すべきはライプニッツの**自然は飛躍しない**という言葉かもしれません．

しかしなぜ，$x = \sqrt{2}$ の近傍でこの関数 $f(x)$ の振る舞いを，有限な人間は「外界」に対して正確かつ明確には図像化してみせることができない[7]，のでしょうか．おそらく，こんなところに「数学における神秘主義」というものが胚胎するのでしょうが，しかし，大切なことは「数」が認識主体の意識の反映

---

[7] これは，私自身の青春時代からの解き難いテーマである．拙著『優雅な $e^{i\pi} = -1$ への旅』51～54 頁を参照されたし．

であり,「無限や連続」の問題は個別認識者の「言語[8]」に依拠しているということを深く自覚することではないかと思われます.

「図像」ではなく「言語」において「無限と連続」の把握が可能になるのであり,$x=\sqrt{2}$ において $f(x)$ が連続であるとは,とりもなおさず「言語」を通した私たちの人間の意識の無限性の反映であった,というのは言い過ぎなのでしょうか.しかし,いやそうであればこそ,正にデデキントの語るように「数は人間精神の自由の創造物」なのです.そして,そうであるならほとんど自明と思われる「ボルツァノの定理」も,実は私たちの意識,言語の問題になり,きちんと論証されなければならない,ということになります.

6.1.4 ボルツァノの定理の証明

ボルツァノの定理は,本章のはじめに述べたとおりですが,以下,一つの定理を準備して,この定理をワイエルシュトラスの連続定理(上に有界な空でない実数の集合には上限が存在する)を用いて証明しておきます.

定理 6·2 関数 $f(x)$ は $x=a$ で連続とする.このとき,
 1. $f(a)>0$ ならば,ある正数 δ が存在して,
$$|x-a|<\delta \Longrightarrow f(x)>0$$
 2. $f(a)<0$ ならば,ある正数 δ が存在して,
$$|x-a|<\delta \Longrightarrow f(x)<0$$

この定理の主張するところは,きわめて常識的なもので,たとえば1.は $f(x)$ が $x=a$ の近くでその関数値が'飛躍'しなければ(連続ならば),$x=a$ に十分近い x に対して $f(x)>0$ である,と述べているにすぎません.

---

[8] 一方で「言語」は最も普遍的なものでもあり,数学の普遍性もまたそこから生まれるのである.

[証明] 1. $f(x)$ が $x=a$ で連続で，$f(a)>0$ であるから，いま $\varepsilon = \dfrac{f(a)}{2}$ とし，この ε 対して正数 δ を定めて，
$$|x-a|<\delta \Longrightarrow |f(x)-f(a)|<\varepsilon$$
とできる．このとき，$f(a)-\varepsilon<f(x)<f(a)+\varepsilon$ が成り立ち，$f(a)=2\varepsilon$ であるから，$\varepsilon<f(x)$ が成り立つ．すなわち，$f(x)>0$ となる．
2. もまったく同様に証明できる． ∎

定理 6・3（ボルツァノの定理） 関数 $f(x)$ は閉区間 $[a,b]$ で連続であり，かつ $f(a)$ と $f(b)$ が異符号ならば，$f(c)=0$ となるような c が開区間 (a,b) に少なくとも一つ存在する．

[証明] $f(a)$ と $f(b)$ は異符号であるから，$f(a)>0$, $f(b)<0$ としておく．閉区間 $[a,b]$ の点 x で，閉区間 $[a,x]$ の任意の点 t に対して $f(t)>0$ となるような x の集合を A とする．このように集合 A を定めておくと，A は「上に有界な空でない実数の集合」になる．

実際，$f(x)$ は $x=a$ で連続であるから，上で示した定理 6・2 により，ある正数 δ が存在して $|x-a|<\delta$ なる任意の x に対して $f(x)>0$ となるから，たとえば $a+\dfrac{1}{2}\delta$ は集合 A の元となり，A は空集合ではない．

また，また明らかに $b \notin A$ であり，$b'>b$ なる b' は集合 A に属さない．したがって，A の任意の要素 x に対して $x<b$ であるから，A は上に有界である．

したがって，ワイエルシュトラスの連続定理により集合 A には上限が存在し，いま $\sup A = c$ とすると，実は $f(c)=0$ となる．以下これを背理法で示す．

$a<c \leqq b$ であるから $f(x)$ は $x=c$ で連続であることに注意しよう．

- $f(c)>0$ とすると，定理 6・2 によりある正数 δ_1 が存在して，
$$|x-c|<\delta_1 \Longrightarrow f(x)>0$$

が成り立つ．したがって，$\left[c-\dfrac{1}{2}\delta_1,\ c+\dfrac{1}{2}\delta_1\right]$ の各点 t で $f(t)>0$ であり，また $\sup A = c$ であるから，$\left[a,\ c-\dfrac{\delta_1}{2}\right]$ の各点 t で $f(t)>0$ となる．ゆえに，$\left[a,\ c+\dfrac{1}{2}\delta_1\right]$ の各点 t に対して $f(t)>0$ となり，これより $c+\dfrac{1}{2}\delta_1 \in A$ となる．これは $\sup A = c$ に反する．

- $f(c)<0$ とすると，定理 6・2 からある正数 δ_2 が存在して
$$|x-c|<\delta_2 \Longrightarrow f(x)<0$$
が成り立つ．したがって，$f\left(c-\dfrac{1}{2}\delta_2\right)<0$ となる．

一方，$c-\dfrac{1}{2}\delta_2 \in A$ であるから $f\left(c-\dfrac{1}{2}\delta_2\right)>0$ となって，これは不合理である．

よって，$f(c)=0$ が示されたことになる． ∎

このような議論に大学の解析学の講義ではじめて接すると，面食らってしまいますが，要するに
$$\forall t \in [a,\ x];\ f(t)>0$$
が成り立つ x の集合 A を考え，これが'上に有界な空でない実数の集合'になるから，ワイエルシュトラスの連続定理により'上限 c'が存在し，この上限 c において $f(c)=0$ が成り立つのだ，と主張しているだけのことなのです．大切なことは，証明の大きな粗筋をはじめに掴んでしまうことです．

6.2 連続とは何か

6.2.1 連続 = 繋がっている？

前節では，連続性の問題を考えるために，

第6章 連続関数

$$f(x) = \begin{cases} 0 & (x \text{ が無理数のとき}) \\ \dfrac{1}{q} & \left(x \text{ が有理数 } \dfrac{p}{q} \text{ のとき}\right) \end{cases} \quad \cdots(*)$$

という関数(ただし,p は整数,q は自然数で,p と q は互いに素)を取り上げ,「x_0 が無理数ならば,$f(x)$ は $x = x_0$ で連続である」ということを「連続の定義」にしたがって証明してみました.

この例から分かることは,私たちの「連続=繋がっている」といった素朴な認識では,たとえば「$f(x)$ は $x = \sqrt{2}$ において連続か否か」という問いにすら答えることが容易ではないということで,実際,多くの人にとって,上の関数($*$)が $x = \sqrt{2}$ において「繋がっている」というイメージを描く[9]ことは困難なことではないかと思われます.それゆえ,あらためて「連続とは何か」ということが問い直されなければならないのです.そして私たちは「連続=繋がっている」という認識自体も疑ってかからなければならないように思われます.

このことは,有理数の集合 $\mathbb{Q}$ を定義域とする次の関数(**)

$$f(x) = \begin{cases} 0 & (x^2 < 2, \ x \in \mathbb{Q}) \\ 1 & (x^2 > 2, \ x \in \mathbb{Q}) \end{cases} \quad \cdots(**)$$

を考えてみるとさらにいっそうはっきりとします.というのも,この関数 $f(x)$ は「$\mathbb{Q}$ において連続[10]」になるからです.

いま a を $a^2 < 2 \ (-\sqrt{2} < a < \sqrt{2})$ を満たす任意の有理数としてみましょう.このとき $f(a) = 0$ であり,任意の正数 ε に対して,正数 δ を

$$\delta = \min\{|a - \sqrt{2}|, \ |a + \sqrt{2}|\}$$

のように定めると,$|x - a| < \delta$ を満たす任意の有理数 x に対して,$-\sqrt{2} < x < \sqrt{2}$ であるから,

$$|f(x) - f(a)| = |0 - 0| = 0 < \varepsilon$$

---

[9] 実は「イメージを描く(図像化する)」とはどういうことか? これはこれで厄介な問題で,認知学や脳神経科学などの知見が必要なのかもしれない.
[10] 「一様連続」にはならない.「一様連続」については本章の最後に述べる.

が成り立ちます．すなわち，$f(x)$ は $x=a$ で「連続」ということになるのです．また，a を $a^2>2$ を満たす任意の有理数としても同様に $f(x)$ は $x=a$ で「連続」であることが示されます．

こうして，関数 $f(x)$ は $\mathbb{Q}$ において連続であることが示された，というわけです．とは言え，$\mathbb{Q}$ 自身は稠密ではあっても「連続体」ではないので，これはなにか変だ，と感じる人がいるかもしれません．しかし，関数(**)は「連続の定義」を満たしており，そうである限り，(**)で定められた関数 $f(x)$ は有理数の集合 $\mathbb{Q}$ において連続であると言わなければならないのです．

ここで，はっきりさせておかなければならないのは'関数の連続性'とその関数の'定義域'のそれとは別の概念である，ということです．

ともあれ，「連続＝繋がっている」といった程度の認識では，「関数の連続性」を明確に把握することはできないわけで，そうであるならば，前節で述べた「ボルツァノの定理」をきちんと証明しておく必要も納得できるのではないかと思います．

私たちはさらに「中間値の定理」や「最大値・最小値到達の定理」の証明を考えてみなければなりませんが，ここでひと言付言しておきたいのは，本書の主な目的はこれらの定理の証明を単に紹介することではなく，定理の証明を通して私たち自身の「連続」の認識の仕方を反省してみる，という点にあります．

6.2.2 ボルツァノの定理再論

前項では，「関数 $f(x)$ が閉区間 $[a,b]$ で連続であり，かつ $f(a)$ と $f(b)$ が異符号ならば，$f(c)=0$ となるような c が開区間 (a,b) に少なくとも一つ存在する」というボルツァノの定理を「ワイエルシュトラスの連続定理(完備性)」を利用してすでに証明してみましたが，ここでは「数列」を持ち出してこれを「区間縮小法の原理」を用いて証明してみます．「連続性」のもう一つの側面がはっきりと見えてくるに違いありません．

第 6 章　連続関数

[ボルツァノの定理の別証明]　$f(a)$ と $f(b)$ は異符号であるから，$f(a)<0$，$f(b)>0$ としておく．このとき，$f(c)=0$ $(a<c<b)$ となる c が少なくとも一つ存在することを示しておけばよい．

$a_1=a$，$b_1=b$ とし，この 2 数から c_1 を $c_1=\dfrac{a_1+b_1}{2}$ のように定める．すると，$f(c_1)$ について $f(c_1)=0$，$f(c_1)<0$，$f(c_1)>0$ のいずれかが成り立ち，$f(c_1)=0$ ならば，$c=c_1$ とし，

(1) $f(c_1)<0$ ならば，$a_2=c_1$，$b_2=b_1$ とする．

(2) $f(c_1)>0$ ならば，$a_2=a_1$，$b_2=c_1$ とする．

このとき，
$$f(a_2)<0,\ f(b_2)>0,\ b_2-a_2=\frac{1}{2}(b_1-a_1)$$
が成り立つ．

以下帰納的に数列 $\{a_n\}$，$\{b_n\}$ を次のように定めていく．すなわち，a_n，b_n が
$$f(a_n)<0,\ f(b_n)>0,\ b_n-a_n=\frac{1}{2^{n-1}}(b_1-a_1)$$
のように定められているとき，$c_n=\dfrac{a_n+b_n}{2}$ のように定め，$f(c_n)=0$ ならば $c=c_n$ とし，

(1) $f(c_n)<0$ ならば，$a_{n+1}=c_n$，$b_{n+1}=b_n$ とする．

(2) $f(c_n)>0$ ならば，$a_{n+1}=a_n$，$b_{n+1}=c_n$ とする．

このとき，
$$f(a_{n+1})<0,\ f(b_{n+1})>0,\ b_{n+1}-a_{n+1}=\frac{1}{2^n}(b_n-a_n)$$
が成り立つ．

この操作を繰り返すと，ある自然数 n に対して $c=c_n$ が成り立つか，然らずんば任意の自然数 n に対して以下の条件；

(1) $f(a_n)<0$ …①，　　$f(b_n)>0$ …②

(2) $a_n \leqq b_n$ …③, $b_n - a_n = \dfrac{1}{2^{n-1}}(b_1 - a_1)$ …④

を満たす単調増加数列 $\{a_n\}$ と単調減少数列 $\{b_n\}$ が得られる．この場合，③，④と「区間縮小法の原理」により，
$$\lim_{n \to \infty} a_n = \lim_{n \to \infty} b_n = c'$$
となる c' が存在し，$f(x)$ は連続であるから，
$$\lim_{n \to \infty} f(a_n) = \lim_{n \to \infty} f(b_n) = f(c')$$
が成り立つ．また，①，②から，
$$f(c') \leqq 0 \quad \text{かつ} \quad f(c') \geqq 0 \qquad \therefore f(c') = 0$$
となる．さらに，$a \leqq c' \leqq b$ であり，かつ $f(a) < 0 = f(c') < f(b)$ であるから，$a \neq c'$, $b \neq c'$ である．よって，$a < c' < b$ が成り立つ．すなわち $c = c'$ とすればよい．

$f(a) > 0$, $f(b) < 0$ のときも，まったく同様にして題意を満たす c が存在することを示すことができる．こうして，定理は証明されたことになる． ■

よく知られているように，「ボルツァノの定理」を利用すると，「中間値の定理」を簡単に証明することができます．以下に定理としてまとめておきましょう．

定理 6·4（中間値の定理）   関数 $f(x)$ が閉区間 $[a, b]$ で連続で，かつ $f(a) \neq f(b)$ とすると，$f(a)$ と $f(b)$ の間の任意の値 γ に対して $f(c) = \gamma$ となるような c が開区間 (a, b) に存在する．

[**証明**] $f(a) < \gamma < f(b)$ とする．このとき，
$$F(x) = f(x) - \gamma \quad (a \leqq x \leqq b)$$
とおくと，関数 $F(x)$ は区間 $[a, b]$ で連続であり，
$$F(a) = f(a) - \gamma < 0, \quad F(b) = f(b) - \gamma > 0$$
であるから，「ボルツァノの定理」により，

$$F(c) = f(c) - \gamma = 0 \quad a < c < b$$

となる c が存在する．すなわち，$f(c) = \gamma$ となる $c (a < c < b)$ が存在する．$f(a) > \gamma > f(b)$ のときも，まったく同様に証明される． ∎

「中間値の定理」は大学入試でもしばしば登場し，たとえば「方程式 $x - \cos x = 0$ の実数解の個数を調べよ」といった解の存在問題などで利用します．

また少しレベルアップした以下のような問題でも利用されます．

問題 6·1 閉区間 $[a, b]$ で連続な関数 $f(x)$ の値が常に有理数であれば，$f(x)$ は定値関数であることを証明せよ．

これは，中間値の定理を適用することで簡単に解決されます．

[**解説**] $f(x)$ が定値関数でないとすると，$f(a) \neq f(c)$ $(a < c \leq b)$ なる c が存在する．このとき，区間 $[a, c]$ で $f(x)$ は連続であって，2 つの有理数 $f(a)$ と $f(c)$ の間には必ず無理数 γ が存在するので，この γ に対して「中間値の定理」から，$f(x_0) = \gamma$ $(a < x_0 < c)$ となる x_0 が存在する．つまり，$f(x)$ は常に有理数の値をとらない，ということになってこれは仮定に反する．

よって，連続関数 $f(x)$ は定値関数である． ∎

6.2.3 連続関数の和，差，積，商の連続性

高校数学では，関数 $f(x)$ が閉区間 $[a, b]$ で連続ならば，この関数が最大値および最小値を有することはほとんど自明のこととして議論をはじめます．しかし，これについても私たちは慎重な議論をしておくべきで，この命題を証明するために，これまた高校数学ではほとんど自明と考えられている次の定理から確認しておきましょう．

定理 6·5 関数 $f(x), g(x)$ が $x = a$ で連続ならば，

$$kf(x),\ f(x)\pm g(x),\ f(x)g(x),\ \frac{f(x)}{g(x)}\ (g(a)\neq 0)$$

は $x=a$ で連続である．ただし，k は定数とする．

　これまでも何度か述べてきたように，$x=a$ で連続であることを示すには「数列の言葉」を用いる方法といわゆる「ε-δ 論法」を用いる方法がありますが，ここでは後者の方法で証明してみます．

[証明]　$kf(x),\ f(x)\pm g(x)$ が $x=a$ で連続であることは簡単に証明できるので各自の演習問題としておこう．ここでは $f(x)g(x)$ および $\dfrac{f(x)}{g(x)}$ が $x=a$ で連続であることを証明しておく．なお $\dfrac{f(x)}{g(x)}=f(x)\cdot\dfrac{1}{g(x)}$ の連続性については，$g(x)$ が $x=a$ で連続ならば $\dfrac{1}{g(x)}$ が $x=a$ で連続であることを証明しておけばよい．

　まず $f(x)g(x)$ の連続性から示す．$f(x)$ は $x=a$ で連続であるから，任意の正数 ε に対してある正数 δ_1 が定まり，$|x-a|<\delta_1$ なるすべての x に対して

$$|f(x)-f(a)|<\frac{\varepsilon}{|g(a)|+\varepsilon+1} \qquad \cdots ①$$

とできる．また，$g(x)$ も $x=a$ で連続だから，いま上で選んだ正数 ε に対してある正数 δ_2 が定まって，$|x-a|<\delta_2$ なるすべての x に対して，

$$|g(x)-g(a)|<\frac{\varepsilon}{|f(a)|+\varepsilon+1} \qquad \cdots ②$$

とできる．②より，

$$g(x)<g(a)+\frac{\varepsilon}{|f(a)|+\varepsilon+1}$$

$$\therefore\ g(x)<|g(a)|+\frac{\varepsilon}{|f(a)|+\varepsilon+1} \qquad \cdots ③$$

である．したがって，$\delta=\min\{\delta_1,\delta_2\}$ とすると，$|x-a|<\delta$ なるすべての

173

x に対して，①，②および③が成り立つので，

$$|f(x)g(x)-f(a)g(a)|$$
$$=|f(x)g(x)-f(a)g(x)+f(a)g(x)-f(a)g(a)|$$
$$=|g(x)(f(x)-f(a))+f(a)(g(x)-g(a))|$$
$$\leqq|g(x)||f(x)-g(a)|+|f(a)||g(x)-g(a)|$$
$$<\left(|g(a)|+\frac{\varepsilon}{|f(a)|+\varepsilon+1}\right)\cdot\frac{\varepsilon}{|g(a)|+\varepsilon+1}+|f(a)|\cdot\frac{\varepsilon}{|f(a)|+\varepsilon+1}$$
$$<(|g(a)|+\varepsilon)\cdot\frac{\varepsilon}{|g(a)|+\varepsilon+1}+|f(a)|\cdot\frac{\varepsilon}{|f(a)|+\varepsilon+1}$$
$$<\varepsilon+\varepsilon=2\varepsilon$$

となる．よって，$f(x)g(x)$ は $x=a$ で連続であることが示された．

次に，$g(x)$ が $x=a$ で連続のとき，$\dfrac{1}{g(x)}$ が $x=a$ で連続であることを示す．任意の正数 ε に対して，適当な正数 δ_1 が存在して，$|x-a|<\delta_1$ のとき，

$$|g(x)-g(a)|<\frac{(g(a))^2\varepsilon}{2} \quad \cdots ④$$

とすることができる．また，$|g(x)|$ も $x=a$ で連続（この証明は各自で試みよ）であるから，正数 δ_2 を適当に選べば，$|x-a|<\delta_2$ のとき

$$\left||g(x)|-|g(a)|\right|<\frac{|g(a)|}{2}$$

とすることができる．これより，

$$|g(a)|-\frac{|g(a)|}{2}<|g(x)|<|g(a)|+\frac{|g(a)|}{2}$$
$$\therefore |g(x)|>\frac{|g(a)|}{2}$$
$$\therefore \frac{1}{|g(x)|}<\frac{2}{|g(a)|} \quad \cdots ⑤$$

が成り立つ．したがって，$\delta=\min\{\delta_1,\delta_2\}$ とすると，$|x-a|<\delta$ のとき④，⑤から

$$\left|\frac{1}{g(x)}-\frac{1}{g(a)}\right|=\frac{|g(x)-g(a)|}{|g(x)||g(a)|}<\frac{(g(a))^2\varepsilon}{2}\cdot\frac{2}{|g(a)|}\cdot\frac{1}{|g(a)|}=\varepsilon$$

となる．よって，$\dfrac{1}{g(x)}$ が $x=a$ で連続であることが示された． ∎

6.2.4 最大値・最小値到達の定理

さて，いよいよ「最大値・最小値到達の定理」を証明してみます．この定理の証明も，「ワイエルシュトラスの連続定理[11]」を用いる方法と「数列」を利用する方法がありますが，まずはじめに前者の方法で証明してみます．その準備として「関数 $f(x)$ が有界である」という言葉を定義しておきましょう．

$f(x)$ の定義域を D とし，D の部分集合 $A(\neq \emptyset)$ に対して関数値の集合
$$f(A) = \{f(x) \mid x \in A\}$$
が有界のとき，関数 $f(x)$ は A において有界である，といいます．きわめて常識的な定義です．まず「最大値到達の定理」を証明してみます．定理 6·3 の証明と比較してみてほしいと思います．

定理 6·6（最大値到達の定理） 関数 $f(x)$ が閉区間 $[a, b]$ において連続ならば，
 (1) $f(x)$ は上に有界である．
 (2) $f(x)$ の $[a, b]$ における上限を M とすると，$f(c) = M$ を満たす c が $[a, b]$ に存在する．

［証明］ (1) の証明；閉区間 $[a, t]$ で $f(x)$ が有界であるような実数 t の集合を T とする．すなわち
$$t \in T \iff [a, t] \text{ で } f(x) \text{ は有界}$$
とする．このように定めた集合 T は上に有界な空でない集合になる．

実際，$f(x)$ は $x=a$ において連続であるから，たとえば正数 1 に対して，ある正数 δ が存在して，$|x-a|<\delta$ なる任意の x に対して，

---

[11] 上（下）に有界な空でない実数の集合は上限（下限）をもつ．

第6章　連続関数

$$|f(x)-f(a)|<1 \Longleftrightarrow f(a)-1<f(x)<f(a)+1$$

が成り立ち，それゆえ閉区間 $\left[a, a+\dfrac{1}{2}\delta\right]$ において

$$f(x)<f(a)+1$$

が成り立つ．したがって，$a+\dfrac{1}{2}\delta \in T$，すなわち $T \neq \emptyset$ となる．

また，区間 $[a, b]$ の中に T に属さない数 t' があるとしよう．すなわち，

$$[a, t'] \text{ において } f(x) \text{ は有界ではない}$$

とする．このとき，T に属する任意の t に対し，$t<t'$ である[12]から，T は上に有界である．したがって，連続定理から T には上限がある．そこで，$\sup T = \tau$ とする．$a<\tau \leqq t' \leqq b$ であるから，$f(x)$ は τ で連続である．そこで，τ を含む区間 $[\alpha, \beta]$ $(\alpha<\tau<\beta)$ を区間 $[a, b]$ の中に適当に選んで，この区間内で

$$|f(x)-f(\tau)|<1 \Longleftrightarrow f(\tau)-1<f(x)<f(\tau)+1$$

とできる．したがって，$f(x)$ は $[\alpha, \beta]$ で上に有界となる．

よって，$f(x)$ は $[\alpha, \beta]$ で上に有界となり，$\beta \in T$ かつ $\tau<\beta$ となり，これは $\sup T = \tau$ に反する．したがって，$f(x)$ は $[a, b]$ で上に有界でなければならない．

(2) の証明；$f(c)=M$ を満たす c が区間 $[a, b]$ に存在しないとして矛盾を導く．M は上限であるから，$[a, b]$ のすべての x に対して $f(x)<M$ となる．そこで，

$$g(x)=\dfrac{1}{M-f(x)}$$

とおくと，この関数 $g(x)$ は連続関数の商で分母が 0 とならないので，定理 6・5 により連続となる．したがって，$g(x)$ は (1) より上に有界である．$g(x)$ の上界の一つを k とおくと，

---

[12] $t' \leqq t$ ならば，区間 $[a, t]$ は t' を含むので $f(x)$ は有界ではなくなる．

$$0 < g(x) = \frac{1}{M - f(x)} \leqq k \qquad \therefore f(x) \leqq M - \frac{1}{k}$$

これは M が上限であることに反する．よって，$f(c) = M$ となる c が $[a, b]$ に存在する． ■

最小値到達の定理も，上とまったく同様にして証明できます．あるいは $f(x) = -g(x)$ とおき，$g(x)$ に対して上の定理 6·6 を適用するかして証明することができますから，これは各自で試みてください．

ところで，定理 6·6 の (1), (2) を「数列」を利用して証明するとどうなるのでしょうか．以下にこの証明を与えてみます．

[最大値到達の定理の別証明]　(1) の証明；$f(x)$ が $[a, b]$ で上に有界でないとして矛盾を導く．$f(x)$ が上に有界でないとすると，ある自然数 n に対して，
$$f(t_n) > n, \quad a \leqq t_n \leqq b$$
となる t_n が存在する．数列 $\{t_n\}$ は有界であるから，ボルツァノ・ワイエルシュトラス定理」により収束する部分列 $\{t_{\varphi(n)}\}$ が存在する．そこで，
$$\lim_{n \to \infty} t_{\varphi(n)} = c$$
とすると，$a \leqq t_{\varphi(n)} \leqq b$ であるから $a \leqq c \leqq b$ となり，$f(x)$ は連続であるから，
$$\lim_{n \to \infty} f(t_{\varphi(n)}) = f(c)$$
となる．

ところが，$f(t_{\varphi(n)}) > \varphi(n) \geqq n$ で，$\lim_{n \to \infty} n = +\infty$ であるから，
$$\lim_{n \to \infty} f(t_{\varphi(n)}) = +\infty$$
となる．これは，$f(x)$ が $x = c$ で定義されている [13] ことに反する．よって，

---

[13] $f(c) \in \mathbb{R}$ である．

$f(x)$ は $[a, b]$ で有界である．

(2)の証明；(1)により，$f(x)$ は有界であるから，
$$A = \{x \in \mathbb{R} \mid a \leqq x \leqq b\}$$
とおくと，$\sup f(A)$ が存在する．そこで，$\alpha = \sup f(A)$ とおくと，
$$\alpha_n \in f(A), \quad \lim_{n \to \infty} \alpha_n = \alpha$$
となる数列 $\{\alpha_n\}$ が存在する．また $\alpha_n \in f(A)$ であるから，
$$f(t_n) = \alpha_n, \quad t_n \in A$$
となる t_n が存在し，数列 $\{t_n\}$ は有界であるから，収束する部分列 $\{t_{\varphi(n)}\}$ を含んでいる．いま，$\lim_{n \to \infty} t_{\varphi(n)} = \tau$ とすると，$\tau \in A$ であり，$f(x)$ は A で連続であるから，
$$f(\tau) = \lim_{n \to \infty} f(t_{\varphi(n)}) = \lim_{n \to \infty} \alpha_{\varphi(n)} = \alpha$$
となる．すなわち，$f(x)$ は $x = \tau$ において最大値 α をとる． ∎

どうでしょうか．どちらの証明が好みかは人それぞれでしょうが，いずれにせよ証明の要諦は「背理法」であり，証明のあちこちに「ワイエルシュトラスの連続定理（完備性）」や「無限数列の基本的な定理（区間縮小法の原理やボルツァノ・ワイエルシュトラスの定理）」などが顔をのぞかせているのが納得できるでしょう．そして，「連続や無限」の問題はどうやら，私たち自身の「知的主観作用」と分離できない概念だということが感じられるのではないでしょうか．

6.3 一様連続

6.3.1 一様連続とは？

これまで，「ボルツァノの定理」「中間値の定理」「最大値・最小値到達の定理」などの連続関数の基本的な性質について考えてきましたが，ここでは「連続」よりもさらに強い条件である「一様連続（uniformly continuous）」について少

し考えてみましょう．連続にもさまざまな様相があることを，実感していただきたいと思います．

関数 $f(x)$ が $x = a$ を含むある区間 I で定義されていて，
$$\lim_{x \to a} f(x) = f(a)$$
が成り立つとき，すなわち，
$$\forall a(\in I) \forall \varepsilon(>0) \exists \delta(>0) ; |x-a|<\delta \Longrightarrow |f(x)-f(a)|<\varepsilon \quad \cdots(*)$$
であるとき，「関数 $f(x)$ は1つの数 $x = a$ で連続である」といい，また区間 I に属するすべての数 a において連続であるときは，「関数 $f(x)$ は I で連続である」といいました．いうまでもなく，上の δ は ε と a に関係して定まる値です．

たとえば，$f(x) = \dfrac{1}{x}$，$I = (0, 1] \ni a$ とし，ε を1より小さいある定まった正数とすると，$\dfrac{1}{a} - \varepsilon > 0$ であるから
$$|x-a|<\delta \Longrightarrow \left|\frac{1}{x} - \frac{1}{a}\right| < \varepsilon$$
が成り立つためには，
$$\left|\frac{1}{x} - \frac{1}{a}\right| < \varepsilon \Longleftrightarrow \frac{1}{a} - \varepsilon < \frac{1}{x} < \frac{1}{a} + \varepsilon$$
$$\Longleftrightarrow \frac{1-\varepsilon a}{a} < \frac{1}{x} < \frac{1+\varepsilon a}{a}$$
$$\Longleftrightarrow \frac{a}{1+\varepsilon a} < x < \frac{a}{1-\varepsilon a}$$
$$\Longleftrightarrow -\frac{\varepsilon a^2}{1+\varepsilon a} < x - a < \frac{\varepsilon a^2}{1-\varepsilon a}$$
と $0 < \dfrac{\varepsilon a^2}{1+\varepsilon a} < \dfrac{\varepsilon a^2}{1-\varepsilon a}$ とから，
$$\delta = \frac{\varepsilon a^2}{1+\varepsilon a}$$
のように定めておけばよく，確かに δ は ε と a に関係して定まる値であることが分かります．そして，

$$\delta = \frac{\varepsilon a^2}{1+\varepsilon a} < \varepsilon a^2$$

ですから，a が 0 に近ければ近いほど δ を小さくとらなければならないことも分かります．

　しかし，δ はいつも ε と a に依存して定まるのかといえば，そうではありません．実は a に無関係に定まる場合もあります．たとえば，$f(x) = \sin x$, $I = \mathbb{R}$ としてみます．この場合，$|\sin x| \leq |x|$ に注意すると

$$|\sin x - \sin a| = \left|2\cos\frac{x+a}{2}\sin\frac{x-a}{2}\right|$$
$$\leq 2\left|\sin\frac{x-a}{2}\right|$$
$$\leq 2\left|\frac{x-a}{2}\right| = |x-a|$$

となりますから，$\delta = \varepsilon$ としておけば，

$$|x-a| < \delta \Longrightarrow |f(x) - f(a)| = |\sin x - \sin a| < \delta = \varepsilon$$

が成り立ちます．したがって，δ は ε にのみ依存し a には無関係に定めることができます．

　一般に，二番目の例のように「δ が a に無関係に ε のみによって定まる」とき，$f(x)$ は I において**一様連続**であるといいます．すなわち，「任意の正数 ε に対して，ある正数 δ が定まって，I の任意の値 a に対して，

$$|x-a| < \delta \Longrightarrow |f(x) - f(a)| < \varepsilon$$

が成り立つ」とき，$f(x)$ は区間 I で「一様連続」というわけです．これを，$(*)$ と同じ形式で書くと，

$$\forall \varepsilon(>0)\, \exists \delta(>0)\, \forall a(\in I);\, |x-a| < \delta \Longrightarrow |f(x) - f(a)| < \varepsilon \quad \cdots (**)$$

のようになります．$(*)$ と $(**)$ の違いは $\forall a(\in I)$ の位置で，$(**)$ では $\exists \delta(>0)$ の後に $\forall a(\in I)$ があり，δ は ε にのみ依存して定まることを示しています．

6.3.2 一様連続のための条件

関数 $f(x)$ が閉区間で連続ならば,その区間で一様連続であることはよく知られた事実です.以下にこれを証明してみたいと思いますが,そのための準備として次の定理を証明しておきます.

定理 6・7 関数 $f(x)$ が区間 I で一様連続となるための必要十分条件は,「任意の正数 ε に対してある正数 δ が定まって,I の任意の 2 点 x_1, x_2 に対して
$$|x_1-x_2|<\delta \Longrightarrow |f(x_1)-f(x_2)|<\varepsilon$$
が成り立つこと」である.

[証明] (必要条件の証明) $f(x)$ が区間 I で一様連続であるとしよう.このとき任意の正数 ε に対して,区間 I の点 a に関係なく正数 δ が定まって,
$$|x-a|<\frac{\delta}{2} \Longrightarrow |f(x)-f(a)|<\frac{\varepsilon}{2}$$
とすることが出来る.この δ に対して $|x_1-x_2|<\delta$ であるような x_1, x_2 を区間 I にとり,$a=\dfrac{x_1+x_2}{2}$ としよう.このとき,

$$|x_1-a|=\left|x_1-\frac{x_1+x_2}{2}\right|=\frac{|x_1-x_2|}{2}<\frac{\delta}{2}$$
$$|x_2-a|=\left|x_2-\frac{x_1+x_2}{2}\right|=\frac{|x_1-x_2|}{2}<\frac{\delta}{2}$$

であるから,
$$|f(x_1)-f(a)|<\frac{\varepsilon}{2}, \quad |f(x_2)-f(a)|<\frac{\varepsilon}{2}$$
が成り立つ.したがって,
$$|f(x_1)-f(x_2)|\leqq |f(x_1)-f(a)|+|f(x_2)-f(a)|<\frac{\varepsilon}{2}+\frac{\varepsilon}{2}=\varepsilon$$
が成り立つ.

第6章 連続関数

(**十分条件の証明**) 定理 6・7 で述べた「 」内の条件が成り立つとしよう．I の 1 点 a において考える．任意の正数 ε に対して a には無関係に δ が定まって，

$$|x-a|<\delta \Longrightarrow |f(x)-f(a)|<\varepsilon$$

が成り立つので，$f(x)$ は $x=a$ で連続となり，しかも δ が a に無関係に定まっているので一様連続である．■

次の定理は，きわめて重要な定理で，この定理の'面白さ'が分かるにはやはりそれなりに解析学の訓練が必要ではないかと思いますが，私自身は，'一様連続'を'非個性連続 ($a \in I$ という個には依存しない連続)'，'一様連続でない'ことを'個性連続'などと勝手に命名していました．

定理 6・8 関数 $f(x)$ が閉区間 $[a, b]$ で連続ならば，$[a, b]$ で一様連続である．

[**証明**] 背理法で証明する．$f(x)$ が $[a, b]$ で一様連続でなかったとすれば，ある正数 ε に対して，どんな正数 δ_n[14] を選んでも

$$|x_{1,n}-x_{2,n}|<\delta_n \text{ かつ } |f(x_{1,n})-f(x_{2,n})| \geq \varepsilon$$

となるような 2 点 $x_{1,n}$，$x_{2,n}$ が $[a, b]$ に存在する．

いま $\delta_n = \dfrac{1}{n}$ ($n=1, 2, 3, \cdots$) として，2 つの数列 $\{x_{1,n}\}$，$\{x_{2,n}\}$ を考えると，これら 2 つの数列は有界であるから，ボルツァノ・ワイエルシュトラスの定理[15]により，これらの数列の部分列 $\{x_{1,\varphi(n)}\}$，$\{x_{2,\varphi(n)}\}$ で同じ極限値 x_0 に収束するものが存在し，常に

---

[14] ここは δ と書くべきところであるが，以下で $\delta = \dfrac{1}{n}$ ($n \in \mathbb{N}$) とするので，このように書いた．

[15] 数列 $\{a_n\}$ が有界ならば，収束する部分列が存在する．

$$|f(x_{1,\varphi(n)})-f(x_{2,\varphi(n)})| \geqq \varepsilon$$

が成り立っている．ところが，$f(x)$ の連続性により，

$$\lim_{n\to\infty}f(x_{1,\varphi(n)}) = \lim_{n\to\infty}f(x_{2,\varphi(n)}) = f(x_0)$$

であるから，

$$0 = \lim_{n\to\infty}|f(x_{1,\varphi(n)})-f(x_{2,\varphi(n)})| \geqq \varepsilon > 0$$

となり，矛盾．よって，$f(x)$ は閉区間 $[a, b]$ において一様連続である．　■

　上の証明のポイントは，「定義域が閉区間」であるという条件ではなく「数列 $\{a_n\}$ が有界ならば，収束する部分列が存在する」というボルツァノ・ワイエルシュトラスの定理を利用しているところです．

　なお，この定理は「コンパクト距離空間 E 上の任意の連続な実数値関数 $f: E \to \mathbb{R}$ は一様連続である」とさらに一般化されます．

　ところで，はじめに取り上げた，$(0, 1]$ で定義された関数 $f(x) = \dfrac{1}{x}$ は「一様連続でない」ことは先ほどの議論からわかりますが，これを背理法で証明すると次のようになります．

　もし一様連続であると仮定すると，定理 6・7 から任意の正数 ε に対して，この ε のみに依存して正数 δ が定まり，$0 < x_1 < x_2 \leqq 1$ である x_1, x_2 に対して

$$x_2 - x_1 < \delta \Longrightarrow \left|\dfrac{1}{x_1} - \dfrac{1}{x_2}\right| < \varepsilon \qquad \cdots ①$$

が成り立たなければなりません．しかし，$0 < h < \delta$ である h を固定し，$x_2 = x_1 + h$ とすると，

$$\dfrac{1}{x_1} - \dfrac{1}{x_2} = \dfrac{1}{x_1} - \dfrac{1}{x_1+h} = \dfrac{h}{x_1(x_1+h)}$$

となり，x_1 を $0 < x_1 < h$ のようにとると，

$$\dfrac{h}{x_1(x_1+h)} > \dfrac{h}{x_1(h+h)} > \dfrac{1}{2x_1}$$

すなわち，

$$\frac{1}{x_1} - \frac{1}{x_2} > \frac{1}{2x_1} \to \infty \quad (x_1 \to 0)$$

となります．これは，①に反するので「一様連続でない」ということが証明されたことになります．

もっと端的に言えば，$n \in \mathbb{N}$, $x_1 = \dfrac{1}{2^{n+1}}$, $x_2 = \dfrac{1}{2^n}$ としたとき，

$$x_2 - x_1 = \frac{1}{2^{n+1}} \to 0 \quad \text{かつ} \quad \frac{1}{x_1} - \frac{1}{x_2} = 2^n \to \infty \ (n \to \infty)$$

となりますから，①は成り立たないということが分かります．

最後に一様連続でない例をもう一つ紹介しましょう．それは区間 $(0, 1]$ で定義された $\sin x$ と $\dfrac{1}{x}$ の合成関数 $\sin \dfrac{1}{x}$ です．この場合は，$n \in \mathbb{N}$ として，

$$x_1 = \frac{1}{\left(n+\dfrac{1}{2}\right)\pi} = \frac{2}{(2n+1)\pi}, \quad x_2 = \frac{1}{n\pi}$$

とおくと，

$$x_2 - x_1 = \frac{1}{n\pi} - \frac{2}{(2n+1)\pi} = \frac{1}{n(2n+1)\pi} \to 0 \ (n \to \infty)$$

となり，一方

$$\left| \sin \frac{1}{x_2} - \sin \frac{1}{x_1} \right| = \left| \sin n\pi - \sin\left(n\pi + \frac{\pi}{2}\right) \right| = 1$$

であるから，さきほどと同様の理由により一様連続ではないことが分かります．

なお，$y = \sin \dfrac{1}{x}$ のグラフを Mathmatica で描いたものが，下図ですが，$x = 0$ の近くでのグラフの振る舞いは，コンピュータと言えども正確に追跡することは不可能なのです．

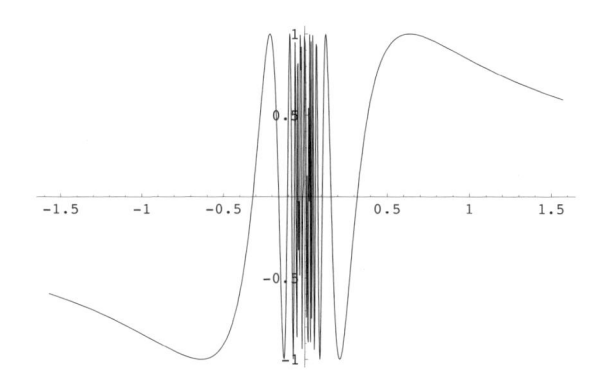

ともあれ，$y = \sin\dfrac{1}{x}$ の原点の近くでは，私たちの通常の想像力では容易にイメージできない'無限と連続'の問題が渦巻いていて，このような混沌の世界をいかに言語化するか，という問題が私たち人間精神の内に呼び覚まされるのです．

第7章 カントールの3進集合とルベーグ積分へのいざない

7.1 カントールの3進集合

7.1.1 カントールの3進集合を構成する

具体的な話からはじめます．それは「カントールの3進集合」についてですが，この集合は少し複雑な「閉集合」の例として位相空間論や関数解析学でほとんど例外なく取り上げられる有名なものです．私は大学時代にこれを教わって以来，実はいまもってこの集合の「存在」を'感覚的'には受け入れていません．我ながら困ったもんだと思っていますが，事実ですから仕方がありません．

カントールの3進集合の議論をはじめる前に次のことを確認しておきます．実数直線 $\mathbb{R}$ の開区間 (a, b) を「開集合」といいます．詳しくは第9章を参照していただきたいと思いますが，要するに開区間 (a, b) 内の任意の点 x に対して，x を含む開区間で，開区間 (a, b) にすっかり含まれてしまうものが存在するので，この開区間 (a, b) を「開集合」というのです．したがって，閉区間 $[a, b]$ は開集合ではありません．実際，たとえば $x = a$ とすると，条件を満たす開区間が存在しないからです．

また，開集合の補集合を「閉集合」と定義しますが，それゆえ，実数直線上から有限個または可算無限個の開集合（定理9·3で確認するように開集合の有限個または可算無限個の和集合は開集合）を除去した集合は「閉集合」となります．

さて，最初に次頁の図のような閉区間 $I = [0, 1]$ を考えます．これを3等分して中央の開区間 $\left(\dfrac{1}{3}, \dfrac{2}{3}\right)$ を取り除き，残りを T_1 とします．すなわち，

$$T_1 = \left[0, \frac{1}{3}\right] \cup \left[\frac{2}{3}, 1\right]$$

というわけです．上で確認したように，この集合 T_1 は閉集合になります．

次に T_1 の2つの線分(閉区間)をそれぞれ3等分して，中央の開区間 $\left(\frac{1}{9}, \frac{2}{9}\right)$ と $\left(\frac{7}{9}, \frac{8}{9}\right)$ を取り除き，残りを T_2 とします．すなわち

$$T_2 = \left[0, \frac{1}{9}\right] \cup \left[\frac{2}{9}, \frac{3}{9}\right] \cup \left[\frac{6}{9}, \frac{7}{9}\right] \cup \left[\frac{8}{9}, 1\right]$$

というわけです．この集合 T_2 も T_1 と同様に閉集合です．

さらに T_2 の4つの線分(閉区間)をそれぞれ3等分して，おのおのの線分の中央から長さ $\frac{1}{27}$ の開区間を取り除き，残りを T_3 とします．すなわち，

$$T_3 = \left[0, \frac{1}{27}\right] \cup \left[\frac{2}{27}, \frac{3}{27}\right] \cup \left[\frac{6}{27}, \frac{7}{27}\right] \cup \left[\frac{8}{27}, \frac{9}{27}\right]$$
$$\cup \left[\frac{18}{27}, \frac{19}{27}\right] \cup \left[\frac{20}{27}, \frac{21}{27}\right] \cup \left[\frac{24}{27}, \frac{25}{27}\right] \cup \left[\frac{26}{27}, 1\right]$$

となります．

$I :$ 0 ─────────────────────────── 1
$T_1 :$ 0 ──────── $\frac{1}{3}$ $\frac{2}{3}$ ──────── 1
$T_2 :$ 0 ── $\frac{1}{9}$ $\frac{2}{9}$ ── $\frac{3}{9}$ $\frac{6}{9}$ ── $\frac{7}{9}$ $\frac{8}{9}$ ── 1
$T_3 :$ ─ ─   ─ ─   ─ ─   ─ ─
$T_4 :$ -- -- -- --   -- -- -- --

ここまでの操作によって得られる集合 T_1, T_2, T_3, および T_3 から同様の操作によって得られる T_4 を図示すると上図のようになりますが，以下この操作を繰り返し行うと，閉集合の列

$$T_4, T_5, T_6, \cdots, T_n, \cdots$$

が得られます．直ちに分かるように T_n は 2^n 個の閉区間からなり，T_{n+1} は T_n のそれぞれの区間を3等分しておのおのの線分の中央から長さ $\frac{1}{3^{n+1}}$ の開区間を取り除いたものとなります．また，これらの集合の間には

という包含関係が成り立っています．このとき，集合 T を

$$T = \bigcap_{n=1}^{\infty} T_n (= T_1 \cap T_2 \cap T_3 \cap \cdots \cap T_n \cdots)$$

のように定めます．集合 T は閉集合の可算無限個の共通部分であるから，これも閉集合になります[1]．これがカントールの3進集合といわれているものです．

7.1.2 集合 T はいかなる要素から構成されているか？

ところで，いま考えた集合 T はいったいどんな要素から構成される集合なのでしょうか？上の図からも分かるように，T_n ($n = 1, 2, 3, \cdots$) の 2^n 個の各閉区間の両端になる点は明らかに，T の要素になります．たとえば

$$0, 1, \frac{1}{3}, \frac{2}{3}, \frac{1}{9}, \frac{2}{9}, \frac{7}{9}, \frac{8}{9}, \frac{1}{27}, \frac{2}{27}, \frac{7}{27}, \frac{8}{27}, \frac{19}{27}, \frac{20}{27}, \frac{25}{27}, \frac{26}{27}$$

などはすべて T の要素です．しかし，T の要素は T_n の各区間の両端の点ばかりではありません．

たとえば，$\frac{1}{4}$ という点を考えてみましょう．$\frac{1}{4}$ は2点 0 と $\frac{1}{3}$ を結ぶ線分を $3:1$ に内分する点ですから，これは T_1 の最初の閉区間に存在し，閉区間の端点にはなりません．

また，$\frac{1}{4}$ は2点 $\frac{2}{9}$ と $\frac{1}{3} \left(= \frac{3}{9}\right)$ を結ぶ線分を $1:3$ に内分する点ですから，$\frac{1}{4}$ は T_2 の2番目の閉区間内に存在します．

一般に，$\frac{1}{4}$ が，集合 T_n のある閉区間 $\left[\frac{a}{3^n}, \frac{a+1}{3^n}\right]$ ($a \in \mathbb{N}$) に存在し，この区間を $3:1$ に内分する点であるとすると，

---

[1] 第9章の定理9・4を参照せよ．

$$\frac{1}{4}\left(1 \cdot \frac{a}{3^n} + 3 \cdot \frac{a+1}{3^n}\right) = \frac{1}{4} \qquad \therefore \quad 4a + 3 = 3^n \qquad \cdots ①$$

が成り立つので，$\frac{1}{4}$ は集合 T_{n+1} の閉区間 $\left[\frac{3a+2}{3^{n+1}}, \frac{3(a+1)}{3^{n+1}}\right]$ を 1:3 に内分する点となります．実際，①を用いると

$$\frac{1}{4}\left(3 \cdot \frac{3a+2}{3^{n+1}} + 1 \cdot \frac{3(a+1)}{3^{n+1}}\right) = \frac{1}{4} \cdot \frac{4a+3}{3^n} = \frac{1}{4} \cdot \frac{3^n}{3^n} = \frac{1}{4}$$

が成立しています．

また $\frac{1}{4}$ が，集合 T_n のある閉区間 $\left[\frac{a}{3^n}, \frac{a+1}{3^n}\right]$ $(a \in \mathbb{N})$ に存在し，この区間を 1:3 に内分する点であるとすると，上と同様の議論により，今度は $\frac{1}{4}$ が，集合 T_{n+1} の閉区間 $\left[\frac{3a}{3^{n+1}}, \frac{3a+1}{3^{n+1}}\right]$ を 3:1 に内分する点となっていることが分かります．

以下，帰納的に考えていくと，$\frac{1}{4}$ はいかなる T_n の閉区間の端点にもなり得ませんが，しかしこれが紛れもなく T に属す点であることが分かります．

さて，次に集合 T の任意の要素 x はいったいどのような形で表すことができるのか，これについて考えてみましょう．よく知られているように，この x は

$$x = \sum_{n=1}^{\infty} \frac{a_n}{3^n} = \frac{a_1}{3} + \frac{a_2}{3^2} + \frac{a_3}{3^3} + \cdots + \frac{a_n}{3^n} + \cdots$$

のような '3進小数' で表すことができます．ただし，ここで a_n $(n = 1, 2, 3, \cdots)$ は 0, 1, 2 のいずれかの数とします．たとえば $x = \frac{1}{4}$ を 3 進小数で表すと，

$0 < x < \frac{1}{3}$ (x は T_1 の 1 番目の区間に存在)であるから，$a_1 = 0$

$\frac{2}{3^2} < x < \frac{3}{3^2}$ (x は T_2 の 2 番目の区間に存在)であるから $a_2 = 2$

$\frac{0}{3^3} < x - \frac{2}{3^2} < \frac{1}{3^3}$ (x は T_3 の 3 番目の区間に存在)であるから $a_3 = 0$

$\frac{2}{3^4} < x - \frac{2}{3^2} < \frac{3}{3^4}$ (x は T_4 の 6 番目の区間に存在)であるから $a_4 = 2$

と a_1, a_2, a_3, a_4 が定まっていき，以下同様に考えると

$$a_5 = 0, \ a_6 = 2, \ a_7 = 0, \ a_8 = 2, \ a_9 = 0, \ a_{10} = 2 \cdots\cdots$$

のように 0 と 2 が交互に現われる 3 進小数になります．これは，無限等比級数の和の公式により

$$\frac{2}{3^2} + \frac{2}{3^4} + \frac{2}{3^6} + \frac{2}{3^8} \cdots\cdots = \frac{\frac{2}{9}}{1 - \frac{1}{9}} = \frac{1}{4}$$

となることでも確認することができます．

　一般的には数列 $(a_1, a_2, a_3, \cdots, a_n, \cdots)$ は次のように定められます．すなわち，$T_n \ (n = 1, 2, 3, \cdots)$ の 2^n 個の閉区間を左から交互に「奇区間（奇数番目の区間という意味）」と「偶区間」と名づけておきます．このとき T の任意の要素 x に対して

$$x \text{ が } T_n \text{ において奇区間に属すとき，} a_n = 0$$

$$x \text{ が } T_n \text{ において偶区間に属すとき，} a_n = 2$$

のようになります．これは，x が T_n のある閉区間（区間の幅は $\frac{1}{3^n}$）に属しているとき，この閉区間を 3 等分して得られる区間（区間の幅は $\frac{1}{3^{n+1}}$）を左から順に L, C, R としておくと，

$$x \text{ が } L \text{ に属すならば } a_{n+1} = 0$$

$$x \text{ が } C \text{ に属すならば } a_{n+1} = 1$$

$$x \text{ が } R \text{ に属すならば } a_{n+1} = 2$$

となることから納得できるはずです．要するに，長さ $x - \sum_{k=1}^{n} \frac{a_k}{3^k}$ の線分において長さ $\frac{1}{3^{n+1}}$ の線分が 0 個取れる（x が奇区間 L に属している）か，1 個取れる（x が C に属している）か，2 個取れる（x が偶区間 R に属している）かを考えているに過ぎません．

　ともあれ，これで集合 T の任意の要素 x が 3 進小数で表されることが分かったと思います．

7.1.3 集合 T の要素の個数はどの程度なのか？

次に集合 T の要素の個数がどの程度なのかを考えてみましょう．いま集合 M を

$$M = \{(a_1, a_2, a_3, \cdots, a_n, \cdots) \mid a_i = 0 \text{ または } 2, i = 1, 2, 3, \cdots, n, \cdots\}$$

のように定めておきます．すると前節で述べてきたことから私たちは集合 T の任意の要素 x に対して

$$T \ni x \longrightarrow (a_1, a_2, a_3, \cdots, a_n, \cdots) \in M$$

のような対応を考えることができます．たとえば，

$$0 \longrightarrow (0, 0, 0, 0, 0, 0 \cdots\cdots)$$

$$\frac{1}{4} \longrightarrow (0, 2, 0, 2, 0, 2 \cdots\cdots)$$

$$\frac{1}{3} \longrightarrow (0, 2, 2, 2, 2, 2 \cdots\cdots)$$

$$\frac{2}{3^2} \longrightarrow (0, 2, 0, 0, 0, 0 \cdots)$$

といった具合[2]にです．

逆に集合 M の任意の要素 $(a_1, a_2, a_3, \cdots, a_n, \cdots)$ をとると，この無限数列に対応する T の要素 x が必ず決まります．なぜなら，T_n は 2^n 個の (「奇区間」，「偶区間」と名づけられた) 閉区間からなり，一方，$0, 2$ からなる相異なる有限数列 $(a_1, a_3, a_3, \cdots, a_n)$ はちょうど 2^n 個存在するからです．たとえば $(a_1, a_2, a_3, a_4, \cdots) = (2, 2, 0, 2, \cdots)$ であるとすると，この数列に対応する T の要素 x は T_4 の 14 番目の閉区間に存在することが分かります．

こうして，数列 $(a_1, a_2, a_3, \cdots)$ を順に可算無限回辿っていけば T の要素 x に到達するというわけです．したがって，2 つの集合 T と M とは各要素が 1：1 に対応し，誤解を恐れずにいえば集合 T の要素の個数 (濃度) と集合 M

---

[2] $\frac{1}{3}$ には $(1, 0, 0, 0, 0, 0, \cdots\cdots)$ (最初が 1 で後はすべて 0 で，このような小数を「有限小数」という) いう数列を対応させることもできるが，ここでは 0 以外のすべての数を「無限小数」で表すことにしておく．

の要素の個数(濃度)は等しいということになります．

ところで，集合 M の要素 $(a_1, a_2, a_3, \cdots, a_n, \cdots)$ において 2 をとる a_i の値をすべて 1 にして得られる要素全体からなる集合を M' としてみます．すなわち

$$M' = \{(a_1, a_2, a_3, \cdots, a_n, \cdots) | a_i = 0 \text{ または } 1, i = 1, 2, 3, \cdots, n, \cdots\}$$

のように定めると，明らかに集合 M と M' との要素の個数は一致(等濃度)します．また，M' の要素から作った数

$$x' = \sum_{n=1}^{\infty} \frac{a_n}{2^n}$$

は 0 以上 1 以下の実数を表す 2 進小数ですので，集合 M' と閉区間 $I = [0, 1]$ とは 1 対 1 に対応します．したがって，I と M' とは同じ濃度であり，また M' と M が同じ濃度ですから，これより I と M が同じ濃度ということになります．

さらに，これまでの考察から分かるように M と T とがこれまた同じ濃度である[3]ことが分かります．つまり I から開区間をつぎつぎに取り除いて得られる閉集合 T の濃度は連続体の濃度と一致するのです．しかも，取り除いた開区間の幅の総和を求めてみると，

$$\sum_{n=1}^{\infty} 2^{n-1} \cdot \frac{1}{3^n} = \sum_{n=1}^{\infty} \frac{1}{3}\left(\frac{2}{3}\right)^{n-1} = \frac{\frac{1}{3}}{1 - \frac{2}{3}} = 1$$

となります[4]．

これはまことに奇妙奇天烈な結論で，閉集合 T の要素は無限個，しかも

---

[3] この推論は「集合 E から集合 F への単射が存在し，F から E への単射が存在すれば，E と F は同等である」という Bernstein の定理による．

[4] I から取り除いた開区間の長さの総和が 1 であるから，T の測度は 0 であり，しかもそれは連続体の濃度をもっているが，ルベーグ著『積分・長さおよび面積』(共立出版)の吉田耕作氏の解説には「ルベーグは『ルベーグ可測な集合』の全体のつくる集合の濃度は，直線上のあらゆる集合の濃度に等しいことを，カントールの『3 進集合』を巧みに使って示した」とある．

連続体の濃度をもった無限にもかかわらず，それは何処にも視えないのです．T の要素たちは，いったいどこに隠れてしまったのでしょうか？ そのトリックはいったい何に存しているのでしょうか？ このように考えていくと，こうした問題は数学自身の内なる問題ではなく，人間自身の対象認識の問題に帰着していくように思われます．

「数学」に神秘などという言葉を持ち込むことを嫌う（もちろん，そうしたストイックな知的姿勢は倫理的だというべきです）人々は多いと思われますが，はじめにも述べましたように，私はいまでもこの結果に戸惑っている有様です．いや，むしろ歳とともにその戸惑いが増大している，というのがほんとうのところです．

7.1.4 イメージの危うさ

ごく素朴かつ単純に考えると，I から開区間をつぎつぎに取り除き，その開区間の長さの総和が '1' となるまで可算無限個取り除くと，'イメージ' としては T は空っぽになるのではないかとも思われます．しかし前節の結論から分かるように，T には互いに孤立した無限個の点，しかも連続体濃度 $\aleph$ と等しい無限個の点が存在(！)しているのです．

T は「完全不連結[5]なコンパクト集合[6]」ですが，私たちがふつう何らかの意味で「連続」という場合，これまでは，たとえば物体の運動の描く軌跡や閉区間 $[0, 1]$ にびっしり詰まった実数全体をイメージして，それが同時に「連続体濃度」の一つの表象である，と考えてきたように思われます．しかし，「カントールの3進集合 T」を知るに及んで，このような素朴な考えは，吹き飛んでしまいます．可算無限個をはるかに超える「連続体無限」がそこに在り，しかもそれは完全に孤立した点の集合なのです．私たちの常識的なイメージで，

---

[5] 位相空間 E の各点の連結成分がその点一つからなる単位集合であるとき，E を完全不連結な空間といい，離散空間はその代表例である．

[6] 位相空間 E の開被覆が，有限部分被覆をもつとき，E をコンパクトであるという．

ことを判断するのは，危ういというべきでしょう．とりわけ「無限」が絡んでくるとそうです．

　私たちは，この連続体濃度と等しい無限個の点を，またその'存在'をいったいどのようにして'視る'ことができるのでしょうか？さらに，この場合の'存在'とはいったい何を意味しているのでしょうか？

　これらの'点'は現実的には決して'イメージ'できるものではなく[7]，その存在はひとえに理念としての'言語（数学言語）'のみによって保証されているというべきかもしれません．なぜなら，私たちはTの要素を間違いなく言葉で名指ししてみることが可能なのです．たとえば，「$\frac{1}{4}$や$\frac{19}{27}$がTのメンバーである」というふうにです．そうであれば，私たちの言葉あるいは言語とは何か，という問題が当然生じてくるのですが，考えてみれば$\frac{1}{4}$や$\frac{19}{27}$というのはそもそも現実認識の言葉であり，それが，あたかも触れることが可能であるかのような'点'を表しているというのも私たちの言語のもたらす仮構された企みであったことを，ここで想起すべきかもしれません．そしてまた，あのユークリッドの「点とは部分をもたないものである」という指摘を想い起こしてみる必要がありそうです．Tの要素を視ることも，またそれに触れることもできないのは当然だった，というべきかもしれません．そう言えばヒルベルトは「無限」について次のように述べています．

　　　無限は，いかなる場所においても現実化され得ない．無限は，
　　　自然の中に現前しないし，我々の理性的思考の内部でその基礎
　　　として承認されうるものでもない．無限に残された機能は，た
　　　だ理念としてのそれである．理念という語で我々は，カントの
　　　語法に従って，あらゆる経験を超越した理性概念，それを通じ
　　　て具体的なものが一つの全体を形作るものとしてまとめられると

---

[7] 数学のプロフェショナルはイメージできるのかもしれませんが，寡聞にしてこのあたりのことについての説明を私は一度も聞いたことがない．

ころの理性概念を意味している[8].

　この部分は「我々は現象的知識すなわち直観的洞察と理論構成とをはっきりと区別せねばならぬように思われる」と述べたヘルマン・ワイルも『数学と自然科学の哲学』で引用していますが,「無限は現実には存在しないし,私たちの理性的な思考の基礎として是認され許容されるものでもない」と考えていたヒルベルトの「無限に残された機能は,ただ理念としてのそれである」という言葉はたいへんに示唆的です.なぜなら,人間の言葉そのものが多かれ少なかれ「理念(＝Idea)」的な様相を帯びたものであり,それが言語の宿命であるからです.

　カントールの3進集合 T は,私たちの言語認識が現実(有限)と理念(無限)との間の緊張の中で創り出した異形の集合と言えなくもありません.いや,むしろこの異形の姿こそ,この世界の真の姿態なのかもしれません.ヘルマン・ワイルはこの点に関して「数学の生きた中心に触れた簡潔な標句が求められるならば,数学は無限の学である」と述べ,また「有限と無限との間の緊張を実在の分析に対し豊饒にしたのはギリシャ人の大いなる功績」であり,そして「この緊張とそれを克服しようとする試みこそが,人間の理論的認識の歴史に対して重要な意味をもつ[9]」という意味のことを述べています.

　これまで,実数や集合の基本的な性質について考えてきましたが,「カントールの3進集合」に関連して次節では,「ルベーグ積分」について少し考えてみたいと思います.

---

[8] 『Über das Unendliche』からの引用であるが,これは A.W.Moore の『The Infinite』の訳者石村多門氏の訳.参考までに引用部分の Moore 氏による英訳を紹介すると以下のようになる. Nowhere is the infinite realized;it is neither present in nature nor admissible as a foundation in our rational thinking. ...The role that remains to the infnite is, rather, merely that of an Idea – if, in accordance with Kant's words, we understand by an Idea a concept of reason that transcends all experience and through which the concrete is completed so as to form a totality.

[9] 『数学と自然科学の哲学』(岩波書店)の第1部.

7.2 ルベーグ積分へのいざない

7.2.1 なぜルベーグ積分なのか

「ルベーグ積分」といっても，本格的なルベーグ積分論をここで展開しようなどと，そんな大それたことは微塵も考えてはいません．結論を言えば，「ルベーグ積分」の根底には，「近現代以降における私たちの世界認識のあり様が典型的な形で開示されている」ことに読者(特に若い読者)の注意を促しておきたいのです．

今でもそうだと思います[10]が，私が数学科の学生であった当時も「ルベーグ積分」は教養課程における必修科目ではなく，学部の専門課程においても一部の学生がゼミなどで選択する程度の扱いでした．そういうわけで，ご多分に洩れず私も，大学在学中に「ルベーグ積分」の講義を聴講したことはなく，しかしいろいろな先生から「ルベーグ積分」は大切だと聞かされていたので，吉田洋一著『ルベグ積分入門』(培風館)や越昭三著『測度と積分』(共立出版)などに時おり目を通していました．

私がある意味で，「ルベーグ積分」のその只ならぬ重要性に気付いたのは，ルベーグ著『積分・長さおよび面積』(吉田耕作・松原稔　訳・解説)を読んでからです．そしてあえて言えば，「存在」に対するプラトンやアリストテレスの哲学的思索を曲がりなりにも了解してからです．

'高級'な積分論と思い込んで敬して遠ざけていた「ルベーグ積分」が，突如小学校以来慣れ親しんできた線分の「長さ」や平面図形の「面積」に直結し，しかも子供時代に夢想していた「無限と連続」の広大な領域が視野に入ってきたのです．考えてみれば，こんなことは，当然過ぎるほど当然のことなのですが，愚昧な私は数学科を卒業してしばらく経って，ようやくこのことに気付きました．

---

[10] 東大・理科Ⅰ類在籍の教え子によると，東大でも教養課程ではルベーグ積分は扱わないということであった．

細かいことがちゃんと理解できたとは到底思えませんでしたが，私は Lebesgue をはじめとして「測度論」に貢献した Carathéodory, Jordan, Borel などの強靱かつ深い思索力に驚嘆を禁じ得ませんでした．彼らは，長さとは何か，面積とは何か，という根本問題を，実に，じつに徹底的に考え抜いたのでした．

　私たち大部分の者にとって，線分という図形の'長さ'や多角形という図形の'面積'は，ある約束の元[11]で「すでに存在」しているもの[12]，とごく素朴に受け止めています．しかし，長さ１の線分の，その中央部にある長さ $\frac{1}{3}$ の線分を切り取り，さらに残った２つの線分に対して同じ操作を行い，以下同じ操作を繰り返して得られる「図形」，すなわちすでに紹介した「カントールの３進集合」のような，純粋な思惟によって作られた図形（点集合）の長さや面積は，いったいどのように把握すればいいのでしょうか．

　実は，思惟によって構成されたこうした図形（たとえば第８章第３節で紹介する至る所微分不可能な連続関数の作る図形）は19世紀から20世紀にかけての解析学の発展により，さまざまな形で顕在化してきて，私たちはあらためて「長さとは何か，面積とは何か」という問いを問うことになるのです．そして，それらは最早「すでに存在」しているものというよりは，私たちがそれらを定義して数値を付与し「存在を与える」もの，というように変容していくのです．

　もちろん，私たちの与える数値は恣意的であってはならず，それは精緻な論理によって導かれる必要があります．そしてそこに「ルベーグ積分論」の誕生するゆえんもあるのです．

---

[11] 単位線分や単位面積を決める，すなわちそれらを共通了解事項として約束するということ．
[12] もっとも，'円'の面積は厄介な代物で，実はそこに極限の考え方が無自覚に忍び込んでいるので，これを小学生に理解させるのは一大仕事である．

7.2.2 測度について

高校で教わる積分は，いわゆる'リーマン積分'と言われるもので，これは関数 $f(x)$ の**定義域を分割**(高校では等分割)して極細の短冊を作り，この面積を連続的に加える，といったものでした．

これに対して，'ルベーグ積分'は下図のように y の値，すなわち**値域を分割**して積分を定義します．いま簡単に議論を進めるために，$f(x)$ の値域を $K \leqq y \leqq L$ とし，これを

$$K = y_0 < y_1 < y_2 < \cdots < y_n = L$$

のように n 個に分割し，そしてこの分割によって，以下のような定義域 $I = [a, b]$ の部分集合

$$E_i = \{x \in I \mid y_i \leqq f(x) < y_{i+1}\} \quad (i = 0, 1, \cdots, n-1)$$

を考えます．ここで，当然のことながら，集合 E_i は可測(長さや面積が確定できるように)になっていなければならず，このような要請を満たす関数 f を**可測関数**(measurable function)といいます．ともあれ，このとき

$$I = E_0 \cup E_1 \cup \cdots \cup E_{n-1}$$

が成り立ちます．ここで，E_i は下図においては，3個の小区間からなる集合ですが，関数によっては E_i が可算無限個の小区間(あるいは点)から構成されることもあります．

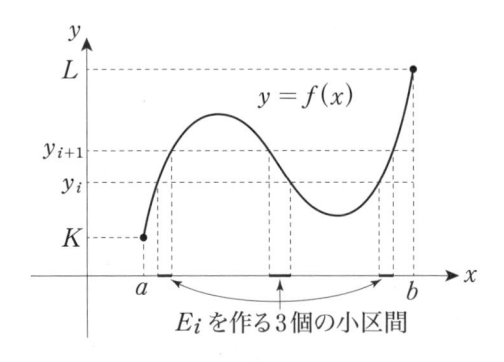

さて，いま E_i の'長さ（=測度）'を $m(E_i)$ と表わすことにします．もっとも，この長さというものが曲者で，ここに'測度論'というものが生れてくる理由があるのですが，いまはそれには目を瞑って，$y=f(x)$ のグラフと x 軸，および2直線 $x=a, x=b$ で囲まれた図形の面積の下からの近似値と上からの近似値として

$$\underline{S}_\Delta = \sum_{i=0}^{n-1} y_i m(E_i) \quad \cdots ① \qquad \overline{S}_\Delta = \sum_{i=0}^{n-1} y_{i+1} m(E_i) \quad \cdots ②$$

を考えます．ここで，

$$\delta = \max_{0 \leq i \leq n-1}(y_{i+1} - y_i)$$

とおき，$\delta \to 0$ としたときの①，②の極限値を考えます．細かい議論は省略するとして，実はこれらの極限値は常に一致し，これが**ルベーグの定積分**ということになります．すなわち

$$\int_a^b f(x)dx = \lim_{\delta \to 0} \underline{S}_\Delta = \lim_{\delta \to 0} \overline{S}_\Delta$$

のようになるわけです．

ここまでの話でお分かりになったと思いますが，ルベーグ積分の定義で一番の難所は，E_i の測度（長さ）$m(E_i)$ をどのように定めていくか，という問題で，集合 E_i が有限個の線分からなるといった単純なものであればいいのですが，先ほども指摘したように，可算無限個の点集合であることもあれば，連続体の濃度をもった点集合になることもあるのです．そのためには，どうしても点集合論やその位相構造の議論が必要になるというわけですが，ここではもちろんこれ以上は深入りできません．

'測度'についてはルベーグの『積分・長さおよび面積』の「1章 集合の測度」の'1.'には次のような定義が述べられています．

各有界集合に，測度とよばれる，つぎの条件を満足している正の数または 0 を付与してみよう；

(1) 測度が 0 でない集合が存在する．

第 7 章　カントールの 3 進集合とルベーグ積分へのいざない

(2) 等しい 2 つの集合は同じ測度をもっている．
(3) 互いに共通点のない有限個または可算無限個の集合の和の測度は，それらの集合の測度の和である．

　上に，**測度** (measure) という言葉が登場していますが，すでに述べたようにここではとりあえず，点が直線上にある集合であればその'長さ'を，また点が平面内にある場合はその'面積'を表わしている，と考えておいてよいでしょう．そのように考えておけば，(2), (3) で述べられた条件もきわめて常識的で直ぐに納得できます．(3) はいわゆる'可算加法性'といわれる性質で，これが測度論の要になるのは，直感的に了解できるでしょう．
　「集合の測度　Ｉ．集合の元が直線の点であるとき」の'2.'には次のような記述が見られます．

> 2. 測度の問題が可能であると仮定する．1 点からなっている集合は測度 0 をもっている．なんとなれば，無限個の点を含む有界集合が有限測度をもたねばならないからである．線分 MN という点集合は，したがって，M や N がその集合に属していようといなかろうと同じ測度をもっている．（中略）
> 　測度の問題の第 3 の条件が満たされるためには互いに重なり合わない有限個もしくは無限個の線分の和の線分の長さは，それらの線分の長さの和でなくてはならない．
> 　長さの性質から，構成している線分の数が有限であるときはまったく上述のとおりであることがわかる．そのことは，線分が無限個あってもなお正しいことである（ボレル氏の函数論講義をみよ）．

　ここで述べられていることも，それなりに納得できることですが，気になるのは「そのことは，線分が無限個あってもなお正しいことである（ボレル氏

の函数論講義をみよ)」というコメントです．ボレル氏については「Ⅰ」の '6'
でも言及されていて，次のようにあります．

> 6. われわれは可測集合の1つの例として，区間のすべての点か
> らなる集合を知っているから，前述の2つの手段[13]を有限回適
> 用して，新しく可測集合を定義することができる．この方法で
> 得られるものとそれらの補集合をとることによって得られる集合
> は，ボレル氏が可測とよんでいるものであって，**(B) 可測集合**と
> よぶことにしよう．それらは可算無限個の条件によって定義さ
> れるので，それらの集合は連続の濃度をもっている．

ここで，詳しく説明するわけにはいきませんが，**可測集合** (measurable set) とは，要するに '長さ' や '面積' を確定することができる集合，とでも考えておいてもよく，'(B) 可測集合' とはボレル氏の定義した可測集合という意味です．

さて，この後に「カントールの3進集合」が引き合いに出され，x 軸上の点からなる集合 E が

$$E = \left\{ x = \sum_{n=1}^{\infty} \frac{a_n}{3^n} \mid a_n = 0 \text{ または } a_n = 2 \right\}$$

と定められ，この E が (B) 可測であり，その補集合，すなわち長さが $\frac{1}{3}$ の区間 $\left(\frac{1}{3}, \frac{2}{3} \right)$，長さが $\frac{1}{3^2}$ の2つの区間 $\left(\frac{1}{9}, \frac{2}{9} \right)$, $\left(\frac{2}{3} + \frac{1}{9}, \frac{2}{3} + \frac{2}{9} \right)$，長さが $\frac{1}{3^3}$ の4つの区間，等々からなる集合の測度が

$$\frac{1}{3} + 2 \cdot \frac{1}{3^2} + 2^2 \frac{1}{3^3} + \cdots = 1$$

---

[13] 2つの手段とは，「(1) 有限個または可算無限個の集合の和集合を作ること．(2) 与えられた，有限個または可算無限個の集合に共通な点の集合を考えること」という2つの操作のことである．

第7章 カントールの3進集合とルベーグ積分へのいざない

である,とコメントされています.さらに,この後に次のような記述が見られます.

> よって,E は測度 0 である.E は連続の濃度をもっている.したがって,E の 部分集合を,無限個作ることができるが,それらは外測度[14] 0 であるので,すべて可測である.これらの集合の濃度は,E の部分集合の集合の濃度である(から連続の濃度より大きい).したがって,(B) 可測ではない可測集合が存在し,可測集合の濃度は,E の部分集合の集合の濃度である.

ここで面白いのは「(B) 可測ではない可測集合が存在し」というコメントで,これはボレルが 1898 年に公刊した『函数論講義』の中で述べた測度の定義では,まだ十分ではない,ということです.このあたりの事情については専門書にあたってもらうほかはありませんが,ここで閉区間 $[0, 1]$ を取り上げて,ボレル集合およびボレルの測度について簡単に説明しておきましょう.

集合 x を閉区間 $X = [0, 1]$ とし,区間 I_n を

---

[14] この言葉については,「 I 」'3' で定義されていて,外測度については次のようにある.すなわち「集合 E が与えられると,それらの点を無限の方法で,有限個もしく は可算無限個の区間で覆うことができる.これらの区間の点全体の集合 E_1 は E を含み,したがって,E の測度 $m(E)$ は高々 E_1 の測度 $m(E_1)$ に等しい.すなわち,考えている区間の長さの和に高々等しい.この和の下限は $m(E)$ の 1 つの上の限界であって,それを E の外測度,$m_e(E)$ とよぶ.」

また,内測度については,次のように定義されている.「E のすべての点が 線分 AB に属しているものとしよう.集合 $AB - E$ を,AB に関する E の補集合,$C_{AB}(E)$ とよぶ.$C_{AB}(E)$ の測度はたかだか $m_e[C_{AB}(E)]$ であるから,E の測度は少なくとも $m(AB) - m_e[C_{AB}(E)]$ である.この数は E を含んでいる線分 AB のとり方には依存しない.この数を E の内測度,$m_i(E)$ とよぶ.」

なお,「 I 」'4' の冒頭で,ルベーグは「内測度と外測度とが等しい集合を 可測集合とよぶ」と述べている.

202

$$[a_n, b_n), (a_n, b_n], (a_n, b_n) \quad (a_n \leqq b_n, a_n, b_n \in X) \quad \cdots ①$$

とします．このとき x の開集合 U は

$$U = \bigcup_{n=1}^{\infty} I_n \quad \text{ただし，} \quad I_i \cap I_j = \emptyset \ (i \neq j)$$

のように表わせます．つまり，U は①のいずれかの形の区間 I_n で有限個また可算無限個の和集合として表わすことができます．このとき，

$$m(U) = \sum_{n=1}^{\infty} (b_n - a_n)$$

と定義し，さらに一般の集合 E, F について $E \subset F$ のとき，その差集合 $E - F$ に対して

$$m(E - F) = m(E) - m(F)$$

と定めておきます．また，各集合 E_n が互いに共通部分をもたないとき，その和集合の測度を

$$m\left(\bigcup_{n=1}^{\infty} E_n\right) = \sum_{n=1}^{n=\infty} m(E_n)$$

と定義します．これらの規則によって測度の値を定めることが可能な $X = [0, 1]$ の部分集合をいろいろと考えてゆくことができるわけですが，このような集合を**ボレル集合**といい，全ボレル集合の集合（集合族）をしばしば $\mathfrak{B}$ と書いて，これを**ボレル集合族**と言います．また，ボレル集合に対して定義される測度を**ボレルの測度**と言います．$\mathfrak{B}$ と m について，上で述べたことをまとめると以下のようになります．

- **ボレル集合族 $\mathfrak{B}$ の性質**

  (1) $X, \emptyset \in \mathfrak{B}$

  (2) $E \in \mathfrak{B}$ ならば $X - E \in \mathfrak{B}$

  (3) $E_n \in \mathfrak{B} \ (n = 1, 2, 3, \cdots)$ ならば $\bigcup_{n=1}^{\infty} E_n \in \mathfrak{B}$

- **ボレルの測度 m の性質**

    (4) $E \in \mathfrak{B}$　ならば　$m(E) \geqq 0$

    (5) $E_n \in \mathfrak{B}$ $(n=1,2,3,\cdots)$, $E_i \cap E_j = \emptyset$ $(i \neq j)$

    $$\text{ならば}\quad m\Bigl(\bigcup_{n=1}^{\infty} E_n\Bigr) = \sum_{n=1}^{n=\infty} m(E_n)$$

　性質 (5) は測度 m の**完全加法性** (complete additivity) あるいは **σ 加法性** と呼ばれているものですが，このボレルの測度に対して，'より広範囲の点集合に対して可測ならしめることができる'ように定めた測度が，すなわちルベーグ測度にほかなりません．つまり，ボレル集合ではない，可測集合が存在するのです．

7.2.3　ルベーグ積分入門の入門

　高校や大学教養課程で教わるいわゆる'リーマン積分'と'ルベーグ積分'との決定的違いを手っ取り早く理解するために，しばしば取り上げられるのは，いわゆる

$$f(x) = \begin{cases} 0 & (x \in \mathbb{Q}) \\ 1 & (x \in \mathbb{R} - \mathbb{Q}) \end{cases}$$

というディリクレの関数です．つまり，x が有理数であれば $f(x)=0$, x が無理数であれば $f(x)=1$ という関数です．この関数 $f(x)$ はそのグラフがイメージできない奇妙な関数[15]です．

　このディリクレの関数は，リーマン積分可能ではありません．

$$\int_0^1 f(x)dx$$

を考えた場合，閉区間 $[0,1]$ の任意の部分閉区間には，有理数も無理数も含

---

[15] これについては拙著『優雅な $e^{i\pi} = -1$ への旅』(現代数学社) 51〜54 頁を参照されたし．

204

まれるので，

$$\underline{\int_0^1} f(x)dx = 0 \quad \cdots ① \qquad \overline{\int_0^1} f(x)dx = 1 \quad \cdots ②$$

となってしまうからです．

ここで，'リーマン積分可能'ということを少し復習しておきましょう．一般に閉区間 $[a, b]$ を，有限個の分点 $x_0, x_1, x_2, \cdots, x_n$ で

$$\Delta : a = x_0 < x_1 < x_2 < \cdots\cdots < x_n = b$$

のように分割します．このとき，$I_i = [x_i, x_{i+1}]$ と定め，この I_i に対して，

$$m_i = \inf_{x \in I_i} f(x), \quad M_i = \sup_{x \in I_i} f(x)$$

とします．そして，

$$\underline{S}_\Delta = \sum_{i=1}^{n-1} m_i \cdot (x_{i+1} - x_i) \quad \cdots ③ \qquad \overline{S}_\Delta = \sum_{i=1}^{n-1} M_i \cdot (x_{i+1} - x_i) \quad \cdots ④$$

のように定めます．

③を分割 Δ に対する $f(x)$ の 'lower Riemann sum（下リーマン和）'，④を 'upper Riemann sum（上リーマン和）' といい，また分割 Δ をいろいろ変化させたときの下リーマン和 $\underline{S}_\Delta$ の上限を 'lower Riemann integral（下リーマン積分）'，上リーマン和 $\overline{S}_\Delta$ の下限を 'upper Riemann integral（上リーマン積分）' といいます．これらがそれぞれ①，②の左辺にほかなりません．すなわち

$$\sup_\Delta \underline{S}_\Delta = \underline{\int_a^b} f(x)dx, \quad \inf_\Delta \overline{S}_\Delta = \overline{\int_a^b} f(x)dx$$

ということです．そして，これらの値が一致するとき，$f(x)$ は $[a, b]$ においてリーマン積分可能であるといい，その値を $f(x)$ の $[a, b]$ におけるリーマン積分といったのでした．

これで等式①，②が納得できたと思いますが，ともあれ，ディリクレの関数はリーマン積分が出来ないのです．

それに対して，ルベーグ積分ではディリクレの関数に対しても積分可能に

なります．ルベーグ積分のアウトラインについては，すでに7.2.2で述べたので繰り返しませんが，結果は

$$\int_0^1 f(x)dx = 1$$

となります．なぜなら，唯1点からなる集合の測度は0であり，したがって閉区間 $I = [0, 1]$ の有理数全体の集合（この集合を A とおく）は可算集合で，完全加法性からそのルベーグ測度 $m(A)$ は 0 になります．一方，閉区間 $I = [0, 1]$ の無理数全体の集合（この集合を B とおく）のルベーグ測度 $m(B)$ は

$$m(B) = m(I) - m(A) = 1 - 0 = 1$$

であり，したがって，ディリクレ関数 $f(x)$ のルベーグ方式による定積分の値は $1 \times m(B) = 1 \times 1 = 1$ となるのです．

ルベーグ積分論は，もちろん数学として十分面白いものですが，しかしこの積分は，近現代人特有の心と意識の生み出したものであり，したがってこれにまつわる点集合論や測度論は，単に数学という枠を越えて，近現代人の心象風景として眺めてみることもできるのではないかと思います．そして，時にそこには，私たち人類の神経症的な幽かな病の兆候も，それとなく感じられるような気がするのですが，読者諸氏は如何．

7.3 西田哲学と無限と連続

7.3.1 これまで考えてきたこと

西田幾多郎が指摘するように「近代に至るまで数学者は連続に就いて明晰なる概念を有しなかった[16]」のですが，これまで私たちはその「連続」について

---

[16] 『意識の問題』の「意志」に出ている言葉だが，西田はこのあと「即ち有理数と無理数との根底において思想の混淆があった．この概念が明かにされると共に算術と解析との知識は純化され客観化されたと言い得るが，一方から考えれば，すべて立場の混淆よ

の「明晰なる概念」が数学者たちによってどのようにして確立され，捉えられていったかをみてきました．すなわち，「実数の連続性とそこで定義された連続関数の基本的性質」について考察してきたわけですが，ここで私たちがみてきたことをいま一度振り返っておきたいと思います．

　まず，最初に取り上げたのは四則演算を自由に行うことができる「有理数の世界（$\mathbb{Q}$）」でした．この世界は「分割（もちろんこの分割は私たちの思惟に拠るものである）」がいくらでも可能[17]であり，それゆえこの $\mathbb{Q}$ の世界が「稠密」であることを確認しました．これは「異なる 2 つの有理数 a, b の間には無数の有理数が存在する」という性質です．有理数の集合が可算集合であるということは，すでに第 4 章で触れたことですが，しかし，だからといってそれがそのまま「連続性」に直結していたわけではありませんでした．つまり

$$\text{「稠密性」} \neq \text{「連続性」}$$

なのです．言葉を換えれば，「有理点」をいくら集めても「連続体」は得られないというわけです．この差異はいったい人間のどういう意識あるいは精神の働きの違いから生ずるのでしょうか．これについては，西田幾多郎を手がかりにして次節で少し考えてみますが，ともあれ $\mathbb{Q}$ の世界には至るところに「陥穽」がありました．その「陥穽」とは「無理数」であり，たとえば

$$a_{n+1} = 1 + \frac{1}{1+a_n}, \ a_1 = 1$$

によって定義される有理数列 $\{a_n\}$ の無限進行の「極限」として無理数 $\sqrt{2}$ が析出してくる，ということでした．つまり無限連分数

り来る我々の誤謬にもそれぞれ心理的理由がある，即ち充足理由があると考えることができる」と述べている．

[17] 「いくらでも可能」という確信はいったいどこからやってくるのであろうか．そしてこれこそは「数学」と「人間」の間に横たわっているほんとうの「問題」のように私には感じられる．

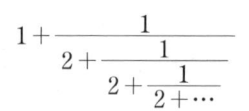

$$1+\cfrac{1}{2+\cfrac{1}{2+\cfrac{1}{2+\cdots}}}$$

の極限が無理数 $\sqrt{2}$ にほかなりません．いわゆるコーエンの「生産点 (der erzeugende Punkt)」です．そして，西田幾多郎が言うように「その集合の要素からなる系列の極限点がことごとくその集合に含まれていないということは，その集合の統一が十分ではないということを意味している[18]」わけですから，$\mathbb{Q}$ の世界に「生産点 (無理数)」を付け加えてこれを「実数 $\mathbb{R}$」とし，私たちはこの「実数」に「連続性」を見たのです．したがって実数の連続性は有理数を用いて無理数を定義することと直結しており，しかも，そこでは常に私たちの意識の根底にある「無限」というものが関与していたのです．

次に私たちが見てきたことは，実数の連続性の様相をさまざまな観点から捉えてみる，ということでした．はじめに私たちが取り上げてみたのは

上限・下限の存在（ワイエルシュトラスの連続定理）

で，これは「上 (下) に有界な空でない実数の集合はつねに上限 (下限) をもつ」ということでした．次に考えてみたのは

切断の有端性（デデキントの切断公理）

でした．西田幾多郎は「極限点とは我々が分割によって達することができない点」であり，それゆえ「連続を理解するにはデデキントの切断 Schnitt の考のごとく全体から出立せねばならぬ」と言っていますが，ここでは正に「全体」を出発点に設定したのでした．さらに私たちは「閉区間 $I_n = [a_n, b_n]$ が $I_n \subset I_{n+1}$ を満たし，$n \to \infty$ のとき閉区間 I_n の幅が 0 に収束するならば，すべての区間に共通なただ一つの数が存在する」という

区間縮小法の原理（カントールの連続公理）

を考えてみました．そしてこれらが互いに同値であったのはすでに証明して

---

[18] 西田は「一つの系列が極限点をそれ自身の中に有つということは，一つの体系がそれ自身の中に目的を有つということを意味している」とも述べている．

きた通りです．

ともあれこれらは「実数の連続性」の異なる表現であったわけですが，さらに私たちは，実数上で定義された「連続関数」を考えることによって，「連続」について考えてきたのです．関数 $f(x)$ が $x=a$ で連続であるとは

$$\forall \varepsilon(>0), \exists \delta(>0); |x-a|<\delta \Longrightarrow |f(x)-f(a)|<\varepsilon$$

ということでした．これは，どんなに小さく正数 ε を選んでも，a の近傍を十分小さくとれば，その近傍にある x に対して $f(x)$ と $f(a)$ との距離 $|f(x)-f(a)|$ を ε より小さくできるということにほかなりません．

ここには，「x と a が接している，隣接している」という考え方では「連続」を把握できない，という苦々しい諦念と認識とが隠されていますが，ここにもやはり「無限」はそれとなく忍び込んでいます．すなわち「$\forall \varepsilon$」の箇所ですが，この「任意の」というのはやはり曲者というべきです．ともあれ，この言葉のゆえに「連続」は人間の意識，精神の問題と切り離して考えることができないのではないかと私は感じています．

7.3.2　連続体のラビリントス

ライプニッツが生涯にわたって連続体の問題に関心を持ち続けた[19] のはよく知られていますが，連続体を認識しようとすると私たちはつねに奇妙な非合理に直面せざるをえません．この問題はゼノンのパラドックスに集約されています．つまり，私たちが「連続的なものはいかにして不可分なものから成り立つのか」を考えた場合，不可分なものが「延長をもつ」としても「延長をもたない」としても矛盾に突き当たるのです．

たとえば，「延長をもつ一つの連続体である線分」が「数珠のような点（＝延長を持つ不可分なもの）」から成ると考えると，$\sqrt{2}$ という無理量も整数比で表現できるはずです．しかし言うまでもなくそれは不可能です．つまり連続体は延長をもつ不可分なものからは構成されない，と考えざるを得ません．

---

[19]　拙著『ライプニッツ普遍数学への旅』（現代数学社）333～341頁を参照されたし．

また，延長をもつものは「思惟（あるいは人間の自由意志）」によっていくらでも分割可能であり，それ自体が「分割不可能性」に反します．

では，線分は「数珠のようでない延長を持たない点」から構成されるのでしょうか？ もちろん，「延長をもたない点」がいくら集まっても「延長体」すなわち「線分」は構成されません．つまり連続体は「延長をもたない点」からは構成され得ない，と考えざるをえません．

こうした非合理，矛盾はいわゆる「連続体の迷宮（ラビリントス）」といわれていますが，この迷宮は近代初頭において「数学的自然学（機械論的な世界観）」が台頭しはじめると，再び私たちの前にその怪異な姿を露にしてきます．その怪異な姿を想うと，ライプニッツが，その初期に傾倒したガリレオ＝デカルト的な機械論の立場を捨てて，中期から後期にかけていわゆる「精神」を問題にしたのも，頷けます．

ところでさきほども少し述べましたが，これまで考えてきた「連続性の公理」について私自身は「数学的」には納得しているものの，しかしその明晰な数学的認識から何かが零れ落ちていったのではないか，と感じています．それは有理数や無理数の差異はいったい人間のどういう意識あるいは精神の働きの違いから生ずるのか，という問題です．

西田幾多郎は「有理数は『考えられたもの』で，連続数は『考える作用』そのものである．（中略）有理数を考える作用と無理数を考える作用とは相異なったものと言わなければなるまい．余はこの２種のアプリオリの区別を思惟と意志との区別と考えてみようと思う」と述べ，次のような持論を展開しています．

> 分離的 discrete なるものを意識する作用は単なる思惟である．class-concept を構成する論理的思惟の作用である．この如き分離的要素が無限と考えられたとき我々はすでにそのアプリオリの性質，作用の性質を変ずるのである．カントルの集合論において明かにせられた有限数と無限数との性質の区別はこれより出ずると考えることができる．有限数の系列が超限的 transfinit となることにおいて，すでに一種の自由性と独立性とを帯びてく

るのである．しかし単なる超限数は未だ独立の実在性を有するものと考えることはできない，独立の実在性は連続数においてはじめてこれを得るのである．余はこの推移において，思惟から意志への推移があるというのである．

「分離的要素が無限と考えられたとき我々はすでにそのアプリオリの性質，作用の性質を変ずるのある」とは言い得て妙，鋭い指摘ですが，西田が主張していることは「有理数」と「無理数」との私たち自身の関わり方の違いです．そして西田幾多郎は次のように結論します．

無限なる進行の過程は思惟であり，作用そのものは意志である．可能なるものがその極限において実在的となる．ここにSustanzbegriff から Aktualitätsbegriff への転化があり，物体界から精神界への推移があるのである．

この西田の結論をどのように受け取るかは人それぞれでしょうが，「無限」や「連続」の問題を考えようとすると，私たちはどうしても「精神や意識」の問題に行き着かざるを得ないような気がします．これは単なる「精神論」ではありません．西田も「生理的心理学から言えば，意識はその瞬間に限られ，これを結合するものは脳細胞にすぎないと考えるから，注意の変換も全然生理的原因に帰するであろうが，如何にして物質から精神が出るかは説明できぬ．たとえ，意識生滅の因果的説明としてこの考えを許すとするも，我々の意識はかかる説明の如何に関せず，直接の内面的統一によって成立するのである」と断じています．

「物質から精神が出る」という言い方が嫌なら，私たちは如何にして「無限や連続を考え得る」のか，と問うのでもいいでしょう．そして西田は「物質を精神の原因と考えるのは本末転倒である」とも言っています．これは「不可分なものを連続体の原因と考えるのは本末転倒である」と読み替えることもできますが，ともあれ「無限と連続」が私たちの精神や意識に深く根差していたこと

だけは間違いなさそうです．

　次章からは，「無限と連続」をさらに考えていくために「実数空間」から派生した「関数空間」について考えていきます．

第III部
関数空間の世界へようこそ

第8章
関数空間

8.1 距離空間

8.1.1 実数空間から関数空間へ

　私たちはこれまで「実数」とそこで定義された連続関数について考えてきました．また，有理数の無限進行過程(無限系列)が，一つの「数」を産出することもみてきました．これは，「無限生成過程(成ろうとすること)」自体が「存在(在ること)」を生み出した，と言い得なくもありませんが，たとえば，大学入試問題にもしばしば登場する

$$\log 2 = \frac{1}{1} - \frac{1}{2} + \frac{1}{3} - \frac{1}{4} + \frac{1}{5} - \cdots\cdots$$

というメルカトルの級数や

$$\frac{\pi}{4} = \frac{1}{1} - \frac{1}{3} + \frac{1}{5} - \frac{1}{7} + \frac{1}{9} - \cdots\cdots$$

というライプニッツの級数[1] などがその例で，7章の最後でも述べたように「有理数($\mathbb{Q}$)」の世界にこれらの「生産点」を付け加えてこれを「実数 $\mathbb{R}$」として，そこに私たちは「連続性」を見たのです．

　つまり，有理数列が基本列(コーシー列)であったとしても，有理数の範囲においては必ずしも収束するとは限らなかったわけですが，これに対して，実数列が基本列である場合は，実数の範囲においてこの数列は必ず収束する(これが一つの生産点！)わけで，これがすなわち「実数の完備性」ということでした．有理数と実数との決定的な違いがここにありました．

　高校や現在の大学初年級の数学では，「実数」はそこに'数直線'のイメージ

---

[1] ライプニッツはこれを'奇数の奇蹟'と呼んだ．

とともにすでに「在る」ものとして扱われ,「連続性」についても深く考えることなく遣り過ごしているように思われますが,しかし実数の「連続性」という怪物に深い反省が加えられ,実数の理論が数学的に整備され確立されたのは,実はほんの130〜140年くらい前であったことは,銘記しておかなければなりません.

「実数」が順序構造,代数構造を備え,さらに位相構造（点同士の遠近構造）をもっていることはすでに述べたことですが,「有理数」と「実数」とを決定的に分かつのは「連続性」という位相的性質でした.

さて,ここで私たちは**大きな発想の転換を行います**.一つの集合 S があり,この集合に今度は,「代数構造,順序構造,位相構造」を与えるならば,この集合 S は,本質的に実数世界と同じようなものになります.たとえば,集合 S として閉区間 $[0,1]$ で定義されたすべての連続関数の集合 $C[0,1]$（これを**関数空間**[2]と言ったりする）を考えようというわけです.すなわち,この集合の元（要素）である関数 $x(t)$ $(0 \leq t \leq 1)$ を集合 $C[0,1]$ の'点'（あるいは'ベクトル'）と考えて,この点の振る舞いを観察してみよう,という試みです.それは,ちょうど実数の集合 $\mathbb{R}$ における各点 x の行動を観察したのと同様の試みにほかなりません.

実数空間 $\mathbb{R}$ において数列 $\{x_n\}$ が a に収束するとは,x_n と a との距離 $|x_n - a|$ がいくらでも 0 に近づくことで,これを

$$\forall \varepsilon > 0, \ \exists n_0 \in \mathbb{N} \ ; \ n \geq n_0 \implies |x_n - a| < \varepsilon$$

---

[2] 関数空間にどのようなものがあるか知りたい人は,宮島静雄氏の『ソボレフ空間の基礎と応用』（共立出版）第1章の「関数空間の一覧表」を参照されるとよい.'$S \subset \mathbb{R}^N$ 上の実数値連続関数の全体'からはじまって,'開集合 $\Omega \subset \mathbb{R}^N$ で定義された $p (1 \leq p < \infty)$ 乗可積分な関数全体','L^p で考えた m 階の Sobolev 空間'など全部で24個の関数空間が紹介してある.ちなみに $L^p = L^p(A)$ とは,可測集合 A 上のある条件を満たす可測関数全体から,ある同値関係によって得られる同値類であり,線形空間になる.ともあれ,この一覧表を眺めると私たちがこれから考えようとする関数空間が,関数空間全体の世界の'部分'にもならない点のようなほんの一部であることが実感できるだろう.

第8章 関数空間

のように捉えましたが，これとアナロジカルな議論を関数空間 $C[0, 1]$ の元に対して行なおうというのです．

そのためには，先ほども述べたように当然この関数空間に'距離(位相)'を導入しなければなりませんが，このような議論の成果として，たとえばワイエルシュトラスが19世紀末に発表した「至る所微分不可能な連続関数」の「存在」を具体的な関数を構成することなく示すことができます．のみならず，「微分方程式の解の存在証明」や実数値連続関数は多項式で一様に近似できるという「Stone-Weierstrass の定理」も証明されます．

ともあれ，連続関数を関数空間の中の一つの「点」と'見立てる'ことによって，そこからこれまで想像も出来なかったような驚異的な世界がひらけてくるのです．そしてそれにもまして，実数世界を考えることで私たちたち人間の意識と事物認識の問題が浮きぼられていったように，$C[0, 1]$ の世界でも，無限と連続にまつわる私たち自身の問題があらたな形で露呈してくるにちがいありません．

8.1.2 距離空間の定義

実数世界において，数列 $\{x_n\}$ の収束を論ずるとき，その根本にある概念は「距離」でした．中学生になれば，実数直線上の2点 a, b の距離を絶対値記号を用いて，

$$|a-b|$$

のように表しましたが，数列 $\{x_n\}$ が a に収束するとは要するに，n をどんどん大きくしていけば，x_n と a との距離を表す実数値がいくらでも小さくなる，ということに他なりませんでした．また，絶対値については，x, y, z を実数とすると

(ⅰ) $|x-y| \geq 0$ （特に，$|x-y| = 0 \iff x = y$）
(ⅱ) $|x-y| = |y-x|$
(ⅲ) $|x-z| \leq |x-y| + |y-z|$

が成り立つことはよく知られていることです．

特に，3番目の不等式は**三角不等式**といわれるもので，これは不等式 $|a+b| \leq |a|+|b|$ を用いると，

216

$$|x-z|=|(x-y)+(y-z)|\leq|x-y|+|y-z|$$
のように簡単に示すことができます．実は，この三角不等式は数列や連続関数の極限を考える際に繰り返し登場してきましたが，'距離'の最も根本的な性質というべきでしょう．

ともあれ，関数空間における「距離」あるいは一般に「距離」とはいったい何なのでしょうか[3]．数学者は，平面幾何におけるもっとも基本的な事実である「三角形の2辺の和は他の1辺よりも長い（三角不等式）」をベースにして，それを抽象的に次のように定義します．

定義 8・1　集合 E の任意の 2 点 x, y に対して，実数 $d(x, y)$ が定めれていて，以下の 3 つの条件（距離の公理）；

(D1)　$d(x, y) \geq 0$（特に，$d(x, y) = 0 \iff x = y$）

(D2)　$d(x, y) = d(y, x)$

(D3)　$d(x, z) \leq d(x, y) + d(y, z)$　$(x, y, z \in E)$

を満たすとき，$d(x, y)$ を**距離**という．

そして，d を**距離関数**，E を**距離空間**(metric space) といいます．

次節の例で明らかになってくることですが，一つの集合 E に対しても，距離関数 d の定め方はさまざまで，したがって距離空間とは，集合とその集合に導入された距離関数によってはじめて構造的に規定されるわけであり，そのような考え方を反映させて，距離関数 d によって定められた距離空間を (E, d) のように書くこともあります．

実数の集合 $\mathbb{R}$ とその任意の要素 x, y に対し，距離関数 d を
$$d(x, y) = |x - y|$$
のように定めると，$(\mathbb{R}, d)$ が距離空間になることは先に見た通りですが，2個の $\mathbb{R}$ の直積

---

[3]　この問題を考えるには，距離をさらに抽象化してその本質だけを取り出して作り上げた位相空間論を考える必要があるだろう．

$$\mathbb{R}^2 = \mathbb{R} \times \mathbb{R} = \{(x_1, x_2) \mid x_1 \in \mathbb{R}, \ x_2 \in \mathbb{R}\}$$

に対して，$\mathbb{R}^2$ の 2 点 $x = (x_1, x_2)$，$y = (y_1, y_2)$ の距離を

$$d(x, y) = \sqrt{(x_1 - y_1)^2 + (x_2 - y_2)^2} = \sqrt{\sum_{i=1}^{2}(x_i - y_i)^2}$$

のように定めると，$(\mathbb{R}^2, d)$ も距離空間になります．

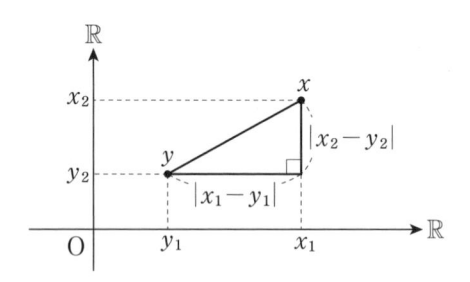

これは要するに，上図から分かるようにピュタゴラスの定理（三平方の定理）による距離の導入で，2 次元平面における中学時代から親しんできた**ユークリッド幾何**の距離に他なりません．

この距離関数 d が D1, D2 を満たすことはほとんど明かですが，D3；$d(x, z) \leq d(x, y) + d(y, z)$ すなわち

$$x = (x_1, x_2), \ y = (y_1, y_2), \ z = (z_1, z_2)$$

とすると，

$$\sqrt{\sum_{i=1}^{2}(x_i - z_i)^2} \leq \sqrt{\sum_{i=1}^{2}(x_i - y_i)^2} + \sqrt{\sum_{i=1}^{2}(y_i - z_i)^2} \quad \cdots\cdots (*)$$

を満たすことは次のようにして示すことができます．

[**D3 を満たすことの証明**]　いま，$a_i = x_i - y_i$，$b_i = y_i - z_i$ とおくと，$x_i - z_i = a_i + b_i$ であるから，$(*)$ は

$$\sqrt{\sum_{i=1}^{2}(a_i + b_i)^2} \leq \sqrt{\sum_{i=1}^{2}a_i^2} + \sqrt{\sum_{i=1}^{2}b_i^2}$$

のように変形でき，さらに上式の両辺を平方して同値変形すると

$$\sum_{i=1}^{2}(a_i+b_i)^2 \leqq \sum_{i=1}^{2}a_i^2+\sum_{i=1}^{2}b_i^2+2\sqrt{\sum_{i=1}^{2}a_i^2 \cdot \sum_{i=1}^{2}b_i^2}$$

$$\therefore \quad \sum_{i=1}^{2}a_ib_i \leqq \sqrt{\sum_{i=1}^{2}a_i^2 \cdot \sum_{i=1}^{2}b_i^2}$$

すなわち，

$$a_1b_1+a_2b_2 \leqq \sqrt{(a_1^2+a_2^2)(b_1^2+b_2^2)} \qquad \cdots\cdots(**)$$

のようになります．ここで，受験生にもおなじみのコーシー・シュワルツの不等式[4]；

$$(a_1b_1+a_2b_2)^2 \leqq (a_1^2+a_2^2)(b_1^2+b_2^2)$$

すなわち

$$|a_1b_1+a_2b_2| \leqq \sqrt{(a_1^2+a_2^2)(b_1^2+b_2^2)}$$

を用いると，$a_1b_1+a_2b_2 \leqq |a_1b_1+a_2b_2|$ であるから不等式 (**) は示されたことになります．■

これで私たちが普通に使っている平面上における 2 点間の距離の公式が，距離の公理 D1〜D3 を満たしていることが確認されたわけです．

8.1.3 非ユークリッド幾何の距離

前項で考えてみたのは，ユークリッド幾何の距離でしたが，本項では**複比 (cross ratio)**(あるいは**非調和比 (anharmonic ratio)** ともいう) による距離を紹介しておきます．つまり非ユークリッド幾何の距離です．

$\mathbb{R}^2$ の中に 1 つの円を考え，その内部の点集合を S とし，S の任意の 2 点を x, y とします．そしてこの 2 点 x, y を通る直線と円との 2 交点を図 1 のようにそれぞれ p, q とし，2 点 x, y の距離を

$$d(x, y) = |\log[x, y, p, q]| \qquad \cdots(*)$$

---

[4] 証明は簡単で，(右辺) − (左辺) = $(a_1b_2-a_2b_1)^2 \geqq 0$ より示される．

のように定めます．ただし，$[x, y, p, q]$ は 4 点 x, y, p, q の複比；

$$[x, y, p, q] = \frac{xp}{xq} \cdot \frac{yq}{yp}$$

で，たとえば xp は有向線分の長さを表わします．2 点 x, y は線分 pq の間にあるから，xp, xq および yq, yp の符号はそれぞれ互いに異なります．したがって，$[x, y, p, q] > 0$ であり，(*) のような定義は可能になります．また，複比の定義から直ちに分かるように

$$[x, y, p, q] = \frac{1}{[x, y, q, p]}$$

であるから

$$|\log[x, y, p, q]| = |\log[x, y, q, p]|$$

が成り立ち，図においてどちらを p, q に定めてもよいことも分かります．

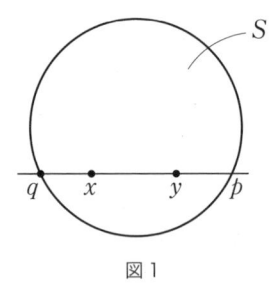

図 1

このように定められた距離 $d(x, y)$ が (D 1)～(D 3) を満たすことを示しておきたいのですが，その前に，射影幾何学の有名な命題 'パップス (Pappus) の定理' を確認しておきたいと思います．

Pappus の定理　図 2 のような 1 つの線束 X, Y, P, Q を 2 本の直線 l, l' で切ってできる 4 点 $x, y, p, q; x', y', p', r'$ の複比は等しい．

図2

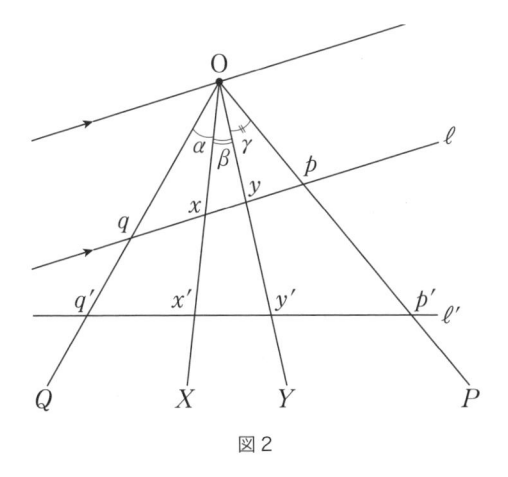

Pappus の定理の証明

図のように α, β, γ を定めておく．このとき図2から分かるように

$$[x, y, p, q] = \frac{xp}{xq} \cdot \frac{yq}{yp}$$

$$= \frac{\triangle Oxp}{\triangle Oxq} \cdot \frac{\triangle Oyq}{\triangle Oyp}$$

$$= \frac{Ox \cdot Op \cdot \sin(\beta+\gamma)}{Ox \cdot Oq \cdot \sin\alpha} \cdot \frac{Oy \cdot Oq \cdot \sin(\alpha+\beta)}{Oy \cdot Op \cdot \sin\gamma}$$

$$= \frac{\sin(\beta+\alpha)\sin(\beta+\gamma)}{\sin\alpha\sin\gamma}$$

同様にして

$$[x', y', p', q'] = \frac{\sin(\beta+\alpha)\sin(\beta+\gamma)}{\sin\alpha\sin\gamma}$$

であるから，定理は成り立つ． ■

以上で準備が整いました．以下に距離の公理を満たしていることを示してみます．

[**(D1)を満たすこと**]：$|xp|$ 等で線分 xp の長さを表わすとする．$x \neq y$ のとき，4点 x, y, p, q が図2のように左から q, x, y, p の順に並んでいれば，

221

第8章 関数空間

$$|xp|>|yp|, \quad |yq|>|xq| \quad \therefore \ [x,\ y,\ p,\ q]=\frac{xp}{xq}\cdot\frac{yq}{yp}>1$$

となり，$p,\ x,\ y,\ q$ の順に並んでいれば

$$|xp|<|yp|, \quad |yq|<|xq| \quad \therefore \ [x,\ y,\ p,\ q]=\frac{xp}{xq}\cdot\frac{yq}{yp}<1$$

である．また，$x=y$ のとき $[x,\ x,\ p,\ q]=1$ であるから $d(x,\ x)=0$ となる．したがて，(D1)は成り立つ． ∎

[(D2)を満たすこと]：$[x,\ y,\ p,\ q]=\dfrac{1}{[y,\ x,\ p,\ q]}$ であるから，

$$d(x,\ y)=|\log[x,\ y,\ p,\ q]|=|-\log[y,\ x,\ p,\ q]|=d(y,\ x)$$

となり，(D2)は成り立つ． ∎

[(D3)を満たすこと]：S の内部に3点 $x,\ y,\ z$ をとり，$p,\ p'$; $q,\ q'$; $r,\ r'$ を図3のように定めて，直線 pq' と qr の交点を O とする．また直線 Oy と直線 $p'r'$ の交点を y' とし，さらに $s,\ t$ を図3のように定めておく．このとき，Pappusの定理により

$$[x,\ y,\ p,\ q]=[x,\ y',\ s,\ t](>1) \quad \cdots\text{①},$$
$$[y,\ z,\ q',\ r]=[y',\ z,\ s,\ t](>1) \quad \cdots\text{②}$$

が成り立つ．また

$$\frac{xp'}{y'p'}=\frac{xs+sp'}{y's+sp'}\le\frac{xs}{y's}$$

であり，同様にして

$$\frac{y'r'}{xr'}=\frac{y't+tr'}{xt+tr'}\le\frac{y't}{xt}$$

であるから

$$[x,\ y',\ s,\ t]=\frac{xs}{xt}\cdot\frac{y't}{y's}\ge\frac{xp'}{xr'}\cdot\frac{y'r'}{y'p'}=[x,\ y',\ p',\ r'] \quad \cdots\text{③}$$

同様にして

$$[y',\ z,\ s,\ t]\ge[y',\ z,\ p',\ r'] \quad \cdots\text{④}$$

が成り立つ．

222

図3

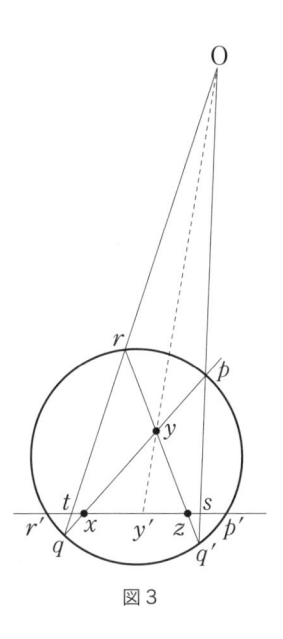

したがって
$$[x, z, p', r'] = [x, y', p', r'] \cdot [y', z, p', r']$$
と，③，④とから
$$1 < [x, z, p', r'] \leqq [x, y', s, t] \cdot [y', z, s, t]$$
$$= [x, y, p, q] \cdot [y, z, q', r]$$
$$\therefore \ [x, z, p', q'] \leqq [x, y, p, q] \cdot [y, z, q', r]$$
が得られ，両辺の対数をとって
$$|\log[x, z, p', q']| \leqq |\log[x, y, p, q]| + |[y, z, q', r]|$$
が成り立つ．すなわち
$$d(x, z) \leqq d(x, y) + d(y, z)$$
が示された． ∎

上のようにして定められた距離による距離空間 S は，ロバチェフスキー[5]

---

[5] Nicolai Ivanovitch Lobachevsky (1793 〜 1856).

223

の**非ユークリッド幾何**のモデルと言われるもので，この他にも非ユークリッド幾何のモデルとしては，クライン (1849〜1925) やポアンカレ (1854〜1912) のものがよく知られています．

8.1.4 基本的な距離空間の例

以下に，さまざまな距離空間の例を紹介してみます．

例1 E を空でない任意の集合とし，$x, y \in E$ に対して
$$d(x, y) = \begin{cases} 0 & (x = y) \\ 1 & (x \neq y) \end{cases}$$
のように定めると，(E, d) は距離空間になる．

d が距離の公理 D1〜D3 を満たすことはほとんど明らかでしょう．これを**離散距離空間**といいますが，要するに集合内の2つの要素が一致するかしないかに着目して'距離'を定めるというわけです．

例2 $E = \mathbb{R}^2$ とし，$x = (x_1, x_2) \in \mathbb{R}^2$，$y = (y_1, y_2) \in \mathbb{R}^2$ に対して，
$$d(x, y) = |x_1 - y_1| + |x_2 - y_2|$$
とすると，(E, d) は距離空間になる．

距離の公理 D1〜D3 を満たすことは簡単に確認できるでしょう．これは大学入試問題にもときどき登場する'距離'で，93年，94年と東大で出題されており，94年の問題文の冒頭部分は以下のようなものです．

> xy 平面の2点 P, Q に対し，P と Q を x 軸または y 軸に平行な線分からなる折れ線で結ぶときの経路の長さの最小値を $d(\mathrm{P}, \mathrm{Q})$ で表す．

この $d(P, Q)$ こそは，上で定義した距離 $d(x, y)$ にほかならず，この距離関数の図形的なイメージが下図から掴めるのではないかと思います．

たとえば $O = (0, 0)$，$a = (1, 1)$ として，$d(O, x) = d(a, x)$ を満たす点 $x = (x_1, x_2)$ の集合を図示すると，下図のように 2 点 $(0,1)$ と $(1,0)$ を結ぶ線分および網目部分からなります．

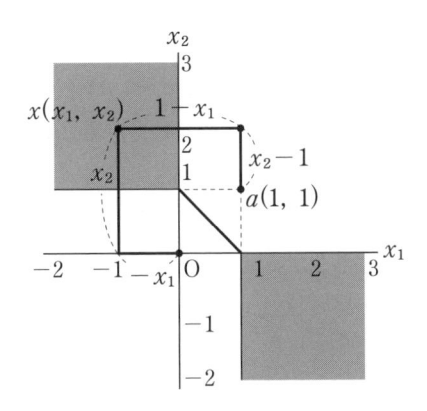

例3 $E = \mathbb{R}^n$ ($n \in \mathbb{N}$) とし，
$$x = (x_1, x_2, \cdots, x_n) \in E, \quad y = (y_1, y_2, \cdots, y_n) \in E$$
に対して，
$$d(x, y) = \sum_{i=1}^{n} |x_i - y_i|$$
と定めると，(E, d) は距離空間になる．

これは，例 2 の自然な拡張になっています．距離の公理 D1 〜 D3 を満たすことはほとんど明かでしょう．

例4 E, x, y を例 2 のように定め，距離関数 d を
$$d(x, y) = \max\{|x_1 - y_1|, |x_2 - y_2|\}$$
で定めるとこれも，距離空間になる．

第 8 章 関数空間

上の例 4 に対して，例 2 から例 3 へのような自然な拡張を考えると，$E = \mathbb{R}^n$ の元 $x = (x_1, x_2, \cdots, x_n)$, $y = (y_1, y_2, \cdots, y_n)$ に対して
$$d(x, y) = \max_{1 \leq i \leq n} |x_i - y_i|$$
で距離を定義することになりますが，もちろんこれも距離空間になります．

例 5 $E = \mathbb{R}^n$ $(n \in \mathbb{N})$, $x = (x_1, x_2, \cdots, x_n)$, $y = (y_1, y_2, \cdots, y_n)$ を E の元として，
$$d(x, y) = \sqrt{\sum_{i=1}^{n} (x_i - y_i)^2}$$
とすると，(E, d) は距離空間になる．

これは 8.1.2 で紹介した 2 次元ユークリッド平面における距離の自然な拡張になっています．これが 'n 次元ユークリッド空間' と呼ばれることはよく知られていますが，この距離関数 d が公理 D3 を満たすことは前節の証明において '2' をすべて 'n' に変えて読み直せば完了します．ただし，その場合，n 文字のコーシー・シュワルツの不等式；
$$\left(\sum_{i=1}^{n} a_i b_i\right)^2 \leq \sum_{i=1}^{n} a_i^2 \cdot \sum_{i=1}^{n} b_i^2$$
がポイントになります．この不等式の証明は大学入試でもときどき出題されています[6]が，2 次方程式の判別式を利用すれば簡単に証明できます．

例 6 E, x, y を例 5 と同様に定めておくと，例 5 の自然な拡張として，距離関数 d を
$$d(x, y) = \left(\sum_{i=1}^{n} |x_i - y_i|^p\right)^{\frac{1}{p}} \quad (p \geq 1)$$
によって定めることによって，距離空間を作ることができる．

---

[6] たとえば，1991 年早大・政経で出題されている．

$p=1$ のときは例 3 で定めた距離であり，$p=2$ のときは例 5 で定めた n 次元ユークリッド空間における距離にほかなりません．ここで定義された距離 d が距離の公理 D3 を満たすことを示すにはいわゆるミンコフスキー[7]の不等式；

$$\left(\sum_{i=1}^{n}|a_i+b_i|^p\right)^{\frac{1}{p}} \leq \left(\sum_{i=1}^{n}|a_i|^p\right)^{\frac{1}{p}} + \left(\sum_{i=1}^{n}|b_i|^p\right)^{\frac{1}{p}}$$

を証明しておく必要があります．この証明は大学入試でも出題されるヤングの不等式やヘルダーの不等式を利用すれば高校生でも証明することができますが，これについては次節で述べてみたいと思います．

例 7　$E=C[0,1]$ とし，E の 2 点 x, y に対して，
$$d(x, y) = \max\{|x(t)-y(t)|\,|\, 0 \leq t \leq 1\}$$
と定めると，(E, d) は距離空間になる．ここで，$C[0,1]$ は閉区間 $[0,1]$ で定義された実数値をとる連続関数全体の集合，すなわち
$$C[0,1]=\{x\,|\,x(t) \text{ は } 0 \leq t \leq 1 \text{ で連続}\}$$
である．

たとえば，$x(t)=t^3$, $y(t)=t$ とすると
$$d(x, y) = \max_{0 \leq t \leq 1}|t^3-t|$$
となり，$u=|t^3-t|$ のグラフを調べることによって，$d(x, y) = \dfrac{2}{3\sqrt{3}}$ となることが分かります．

---

[7] Hermann Minkowski (1864～1909) ロシア生まれの数学者．チューリッヒ工科大学ではアインシュタインを教えたが，アインシュタインの特殊相対性理論を 4 次元空間の幾何学として再構成してみせたことは有名である．

第8章 関数空間

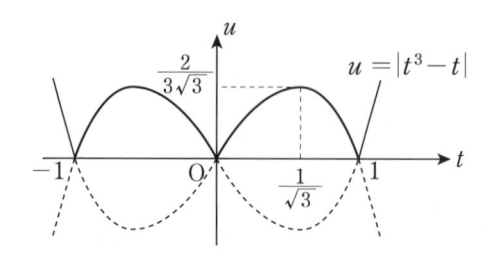

<!-- figure: graph of u = |t³ − t| with peaks at 2/(3√3), t = ±1/√3, crossing t-axis at −1, 0, 1 -->

ここでは関数の集合が一つの'距離空間'であるとみなされており，したがって，この集合の元について実数空間の数列同様に関数列の極限の議論が可能になります．さらにこの関数の集合，すなわち関数空間が稠密なのか，完備なのか，といったことが問題にされていきます．

また，$C[0, 1]$ には，

$$d(x, y) = \left\{\int_0^1 |x(t) - y(t)|^p dt\right\}^{\frac{1}{p}} \quad (p \geq 1)$$

によって距離を導入することもできます．とくに $p = 2$ のときについて距離の公理 D3 を満たすことを証明させる問題は大学入試問題でもときどき見かけます．たとえば，1989 年早大・理工では

$$\int_a^b |f(t)g(t)|dt \leq \sqrt{\int_a^b \{f(t)\}^2 dt} \sqrt{\int_a^b \{g(t)\}^2 dt}$$

を証明せよ[8]，という問題が出されていますが，この不等式の両辺を 2 倍し，さらに両辺に

$$\int_a^b |f(t)|^2 dt, \int_a^b |g(t)|^2 dt$$

---

[8] この定積分のコーシー・シュワルツの不等式は，よく知られているように，すべての実数 u に対して，

$$\int_a^b \{u|f(t)| - |g(t)|\}^2 dt \geq 0$$

$$\Longleftrightarrow u^2 \int_a^b |f(t)|^2 dt - 2u \int_a^b |f(t)g(t)|dt + \int_a^b |g(t)|^2 dt \geq 0$$

が成立するから，判別式を利用して示せる．

を加えて整理すると
$$\int_a^b |f(t)+g(t)|^2 dt \leq \left(\sqrt{\int_a^b |f(t)|^2 dt} + \sqrt{\int_a^b |g(t)|^2 dt}\right)^2$$
となり，さらに両辺の平方根をとって，$a=0, b=1, f(t)=x(t)-y(t)$，$g(t)=y(t)-z(t)$ とおくと
$$\sqrt{\int_0^1 |x(t)-z(t)|^2 dt} \leq \sqrt{\int_0^1 |x(t)-y(t)|^2 dt} + \sqrt{\int_0^1 |y(t)-z(t)|^2 dt}$$
が得られます．すなわち
$$d(x, z) \leq d(x, y) + d(y, z)$$
が示されたことになります．

例8 $x \in C[0, 1]$ に対して，
$$\|x\| = \sup_{0 \leq t \leq 1} |x(t)|$$
とおき，
$$d(x, y) = \|x-y\|$$
と定義すると，$C[0, 1]$ は距離空間になる．

ここで定義された $\|x\|$ を x のノルムといいますが，この距離による関数列の収束は，いわゆる**一様収束**と一致することはよく知られています．ここで，関数列 $x_n(t) \in C[0, 1]$ $(n=1,2,3,\cdots)$ が，$x_0(t) \in C[0, 1]$ に一様収束するとは，任意の正数 ε に対してある番号 n_0 が存在して，
$$n \geq n_0 \implies |x_n(t) - x_0(t)| < \varepsilon$$
がすべての t $(0 \leq t \leq 1)$ に対して成り立つということです．

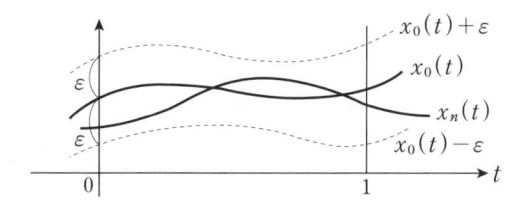

したがって，たとえば関数列
$$x_n(t) = t^n \quad (n = 1, 2, 3, \cdots)$$
を考えると，この関数列は $[0,1]$ の各点では収束し，半開区間 $[0,1)$ のすべての点でその極限は 0 になりますが，$x = 1$ ではそうではありません（下図を参照せよ）．したがって，この関数列は一様収束しない，ということになります．

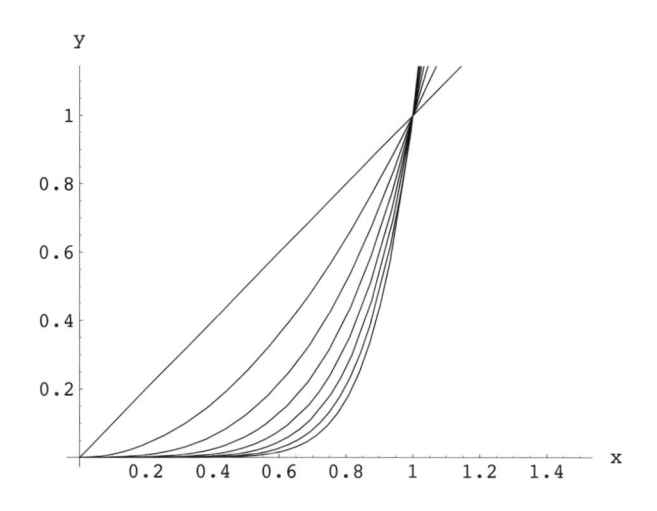

8.1.5 今後の目論見

距離空間への展望を述べる前に，ここで前項で述べた距離関数 d について一つ注意しておきましょう．それは距離関数の値自体にはさほど大きな意味はないということで，一つの距離関数 $d(x, y)$ が与えられたとき，私たちはたとえば，新しい距離関数 $\rho(x, y)$ を
$$\rho(x, y) = \frac{d(x, y)}{1 + d(x, y)}$$
のように定義しておけば，ρ は D 1 〜 D 3 を満たし，しかもその値を 0 以上 1 未満にすることができるのです．

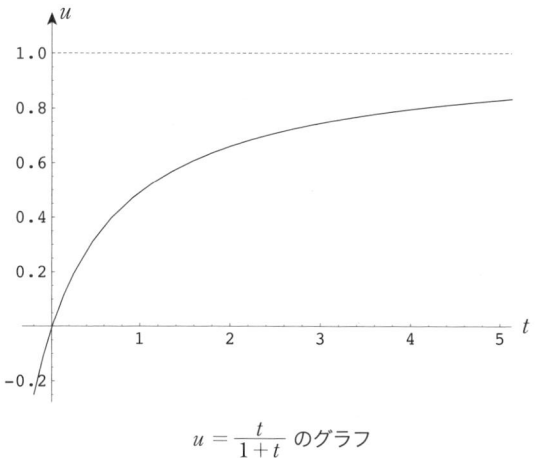

$u = \dfrac{t}{1+t}$ のグラフ

　実際，$f(t) = \dfrac{t}{1+t}$ とおくと，上のグラフから分かるように，この関数は $0 \leqq t < 1$ において単調増加関数で，その値域は $0 \leqq f(t) < 1$ となります．また，$a = d(x, z) \geqq 0$, $b = d(x, y) \geqq 0$, $c = d(y, z) \geqq 0$ とおくと，$a \leqq b + c$ ですから

$$\frac{a}{1+a} = f(a) \leqq f(b+c) = \frac{b+c}{1+b+c} \leqq \frac{b}{1+b+c} + \frac{c}{1+b+c}$$

が成り立ちます．ところが，分母，分子が正数の場合，分母が小さければ小さいほどその分数の値は大きくなりますから

$$\frac{b}{1+b+c} \leqq \frac{b}{1+b}, \quad \frac{c}{1+b+c} \leqq \frac{c}{1+c}$$

となり，結局

$$\frac{a}{1+a} \leqq \frac{b}{1+b} + \frac{c}{1+c} \qquad \cdots (*)$$

が成り立ちます．そしてこれより

$$\rho(x, z) \leqq \rho(x, y) + \rho(y, z)$$

という距離の公理 D3 が成立することが分かります．なお，不等式 (*) の証明は，大学入試における頻出テーマの一つです．

　ともあれ，以上のことから距離関数 $d(x, y)$ において，いかほど大きな値

をとろうとも，'距離の変更'によって，その値をすべて区間 [0, 1) の値にしてしまうことができるのです．

前項ではさまざまな距離空間の例を見てきましたが，要するにひとつの集合 E があり，この集合の任意の元 x, y に対して距離の公理 D1〜D3 を満たす距離関数 $d(x, y)$ が定義できれば，(E, d) は距離空間になる，ということにほかなりません．そして，距離が定義されたからには E の 2 点 x, y の近さをその距離 $d(x, y)$ で測ることができます．

また，これによって E の点列の極限，そして閉集合，開集合などのさまざまな位相的概念を規定していくことができます．

たとえば，距離空間 (E, d) において E の点列 $\{x_n\}$ が E の 1 点 a に収束することを，x_n と a との距離 $d(x_n, a)$ が 0 に収束することで定義し，$\lim_{x \to \infty} x_n = a$ のようにかき，a を x_n の極限点ということにします．すなわち，

$$\lim_{n \to \infty} x_n = a \iff \lim_{n \to \infty} d(x_n, a) = 0$$

というわけです．もちろんこれは，実数世界のときと同様に $\varepsilon - n_0$ 論法で書き表すこともできますが，ここで注意しなければならないのは x_n はもはや単なる'数'である必要はなく，閉区間 $[0,1]$ で定義された'連続関数'であっても，あるいは一般の集合の要素でもいいということです．このような考え方の下で，私たちは距離空間の一つとして'関数空間'を考察していこう，というわけです．

ともあれ，実数世界に固有であると思われた'距離'を，距離関数として独立させ，それを一般の集合に付与してそれを'距離空間'とし，そこであらたな議論を展開してみよう，というのが今後の私たちの目論見なのです．

8.2 ミンコフスキーの不等式

8.2.1 Young の不等式

前節では，距離空間の例をいろいろと紹介しましたが，$E = \mathbb{R}^n$ $(n \in \mathbb{N})$,

$x=(x_1, x_2, \cdots, x_n)$, $y=(y_1, y_2, \cdots, y_n)$ を E の元として，距離関数 d を

$$d(x, y) = \left(\sum_{i=1}^{n} |x_i - y_i|^p\right)^{\frac{1}{p}} \quad (p \geq 1) \qquad \cdots\cdots(*)$$

のように定めることによって，距離空間を作ることができることを述べました．そしてこの関数が距離の公理 D3 (三角不等式) を満たすことを示すにはいわゆる'ミンコフスキーの不等式'を証明しておく必要があることにも触れておきました．

そこで，ここでは大学入試問題に登場した不等式を復習しながら，ミンコフスキーの不等式を証明しておきたいと思います．

まず，平成 15 年 (2003 年) に九州大学理学部の数学科で出題された次の問題 ((3) は割愛) から考えてみましょう．

問題 8·1 関数 $f(x)$ は $x \geq 0$ で定義されており，$f(0) = 0$ かつ $x > 0$ で $f'(x) > 0$ をみたすとする．また $f^{-1}(x)$ を $f(x)$ の逆関数とする．

(1) $b = f(a)$ であるとき，$\int_0^a f(x)dx + \int_0^b f^{-1}(x)dx = ab$ を示せ．

(2) $a > 0$, $b > 0$ であるとき，$\int_0^a f(x)dx + \int_0^b f^{-1}(x)dx \geq ab$ が成立することを示せ．また等号が成立するのは $b = f(a)$ のときに限ることを証明せよ．

$f'(x) > 0$ より $f(x)$ は $x > 0$ において狭義の単調増加関数で，$f(0) = 0$ だから $x > 0$ において $f(x) > 0$ であることに注意します．答は以下のようになります．

[解答]
(1) $y = f(x)$ より $dy = f'(x)dx$ であり，$x = f^{-1}(y)$ であるから，$\{xf(x)\}' = f(x) + xf'(x)$ に注意すると，

$$\int_0^a f(x)dx + \int_0^b f^{-1}(x)dx = \int_0^a f(x)dx + \int_0^b f^{-1}(y)dy$$
$$= \int_0^a f(x)dx + \int_0^a xf'(x)dx$$
$$= \int_0^a \{f(x) + xf'(x)\}dx$$
$$= [xf(x)]_0^a = af(a) = ab$$

のようになって，題意の等式は示された． ∎

(2) $b' = f(a)$ とおく．$b' = b$ のときは，(1)の結果から証明すべき不等式において等号が成り立つ．そこで，$b' \neq b$ とする．

i) $f(a) = b' < b$ のとき，(1)の結果より

$$\int_0^a f(x)dx + \int_0^{b'} f^{-1}(y)dy = ab'$$

であり，$b' < y < b$ においては $a = f^{-1}(b') < f^{-1}(y)$ であるから

$$\int_0^a f(x)dx + \int_0^b f^{-1}(x)dx = \int_0^a f(x)dx + \int_0^b f^{-1}(y)dy$$
$$= \int_0^a f(x)dx + \int_0^{b'} f^{-1}(y)dy + \int_{b'}^b f^{-1}(y)dy$$
$$> \int_0^a f(x)dx + \int_0^{b'} f^{-1}(y)dy + \int_{b'}^b a\,dy$$
$$= ab' + a(b - b') = ab$$

ii) $f(a) = b' > b$ のとき，$f^{-1}(b) = a'$ とおくと，(1)の結果より

$$\int_0^{a'} f(x)dx + \int_0^b f^{-1}(y)dy = a'b$$

であり，$a' < x < a$ においては $b = f(a') < f(x)$ であるから，

$$\int_0^a f(x)dx + \int_0^b f^{-1}(x)dx = \int_0^{a'} f(x)dx + \int_{a'}^a f(x)dx + \int_0^b f^{-1}(y)dy$$
$$= \int_0^{a'} f(x)dx + \int_0^b f^{-1}(y)dy + \int_{a'}^a f(x)dx$$
$$> \int_0^{a'} f(x)dx + \int_0^b f^{-1}(y)dy + \int_{a'}^a b\,dx$$
$$= a'b + b(a - a') = ab$$

以上により題意の不等式は示されたことになり，また等号は $b=f(a)$ のとき，またそのときに限って成り立つことが示された． ∎

(2)で証明した不等式を'Young(ヤング)の不等式'といいますが，この不等式は図を用いると次のように直感的に了解することができます．

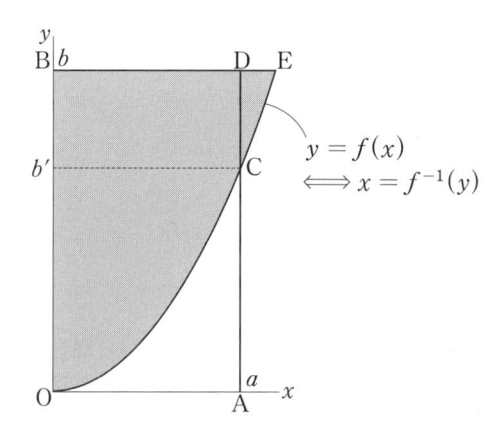

たとえば，上図のように $A(a,0)$, $B(0,b)$, $C(a,b')$ $(b'=f(a))$ とし，$b'<b$ としてみましょう．このとき，

$$\int_0^a f(x)dx = [曲線\ y=f(x)と線分\ OA, ACの囲む図形の面積]$$

$$\int_0^b f^{-1}(y)dy = [曲線\ y=f(x)と線分\ OB, BEの囲む図形の面積]$$

となりますから，この2つの図形を併せた図形と長方形 OADB を比較すると，前者の方が右上の三角形状の分だけ面積が大きくなります．すなわち

$$\int_0^a f(x)dx + \int_0^b f^{-1}(y)dy > [長方形\ OADBの面積] = ab$$

となり，(2)の不等式を直感的に了解できます．$b'>b$ のときも同様に考えることができますので各自で図を描いて試みてください．

8.2.2　Hölder の不等式

次の問題の (1) (2) は昭和 58 年 (1983 年) に西日本工業大学で出題された問題で，(3) は私が付け加えたものです．

問題 8·2　$p > 1$, $\dfrac{1}{p} + \dfrac{1}{q} = 1$ とするとき，次の不等式を証明せよ．

(1) $x \geqq 0$ のとき $\dfrac{1}{p}x^p + \dfrac{1}{q} \geqq x$

(2) $\dfrac{1}{p}|\alpha|^p + \dfrac{1}{q}|\beta|^q \geqq |\alpha| \cdot |\beta|$

(3) $\displaystyle\sum_{i=1}^{n}|a_i b_i| \leqq \left(\sum_{i=1}^{n}|a_i|^p\right)^{\frac{1}{p}} \left(\sum_{i=1}^{n}|b_i|^q\right)^{\frac{1}{q}}$

(1) は前節で証明した young の不等式を利用すれば簡単に証明できます．(2) は (1) を利用するのですが，$x > 0$ のとき，(1) の不等式は

$$\frac{1}{p}x^{p-1} + \frac{1}{q}x^{-1} \geqq 1 \qquad \cdots ①$$

と同値であり，また (2) で証明すべき不等式は $|\alpha||\beta| \neq 0$ のとき

$$\frac{1}{p}|\alpha|^{p-1}|\beta|^{-1} + \frac{1}{q}|\alpha|^{-1}|\beta|^{q-1} \geqq 1 \qquad \cdots ②$$

と同値変形できますから，2 つの不等式①，②の左辺の第 2 項を比較して x を

$$x^{-1} = |\alpha|^{-1}|\beta|^{q-1} \iff x = |\alpha||\beta|^{-q+1}$$

のように定めておけば証明できそうです．すなわち，

$$\frac{1}{p} + \frac{1}{q} = 1 \iff \frac{q}{p} + 1 = q \iff -q + 1 = -\frac{q}{p}$$

ですから，x は

$$x = |\alpha||\beta|^{-q+1} = |\alpha||\beta|^{-\frac{q}{p}} = \frac{|\alpha|}{|\beta|^{\frac{q}{p}}}$$

ということになります．

(3)は'Hölder(ヘルダー)の不等式'と呼ばれるもので，大学教養課程の微積分の問題です．証明には(2)の結果を利用します．$|\alpha|, |\beta|$ をどのように定めるかがポイントになりますが，高校生には少し難しいかもしれません．最後は $\frac{1}{p}+\frac{1}{q}=1$ が鍵になります．なお，ミンコフスキーの不等式の証明には，ヘルダーの不等式を利用します．証明は以下のようになります．

[**解答**]　(1) $\frac{1}{p}+\frac{1}{q}=1$ より
$$(p-1)(q-1)=1 \quad \cdots ③$$
であり，$p>1$ より，$p-1>0$ である．そこで問題 8・1 で $f(x)=x^{p-1}$ とおくと，$f(0)=0$ かつ $x>0$ で $f'(x)=(p-1)x^{p-2}>0$ である．また③より
$$y=x^{p-1} \iff y^{q-1}=x^{(p-1)(q-1)} \iff y^{q-1}=x$$
であるから $f^{-1}(x)=x^{q-1}$ となる．したがって，問題 8・1(2)の不等式において積分変数を t に換えておくと，
$$\int_0^x t^{p-1}dt + \int_0^1 t^{q-1}dt \geqq x \cdot 1 \qquad \therefore \quad \frac{1}{p}x^p + \frac{1}{q} \geqq x$$
となり不等式は証明された．なお，等号は $1=x^{p-1}$ すなわち $x=1$ のとき成立する．　■

(2) $|\beta|=0$ のときは明らかに不等式は成立するので，$|\beta| \neq 0$ とする．このとき，(1)で示した不等式において，$x=\dfrac{|\alpha|}{|\beta|^{\frac{q}{p}}}$ とおくと
$$\frac{1}{p} \cdot \frac{|\alpha|^p}{|\beta|^q} + \frac{1}{q} \geqq \frac{|\alpha|}{|\beta|^{\frac{q}{p}}} \iff \frac{1}{p}|\alpha|^p + \frac{1}{q}|\beta|^q \geqq |\alpha||\beta|^{q-\frac{q}{p}}$$
ここで，$\frac{1}{p}+\frac{1}{q}=1$ より
$$q-\frac{q}{p}=q\left(1-\frac{1}{p}\right)=q \cdot \frac{1}{q}=1$$
であるから，
$$\frac{1}{p}|\alpha|^p + \frac{1}{q}|\beta|^q \geqq |\alpha| \cdot |\beta|$$

以上により，題意の不等式は示された．なお，(1)の等号成立条件より，等号が成立するのは $|\alpha|^p = |\beta|^q$ のときである． ∎

(3) $A = \sum_{i=1}^{n} |a_i|^p$, $B = \sum_{i=1}^{n} |b_i|^q$ とおくと，証明すべき目標の不等式は

$$\sum_{i=1}^{n} |a_i b_i| \leq A^{\frac{1}{p}} B^{\frac{1}{q}}$$

とかける．$A = 0$ または $B = 0$ のときは，目標の不等式の左辺も右辺も 0 になって，不等式は成立する．

そこで $A \neq 0$ かつ $B \neq 0$，すなわち $A > 0$ かつ $B > 0$ とする．このとき，(2)で示した不等式において

$$\alpha = \frac{a_i}{A^{\frac{1}{p}}}, \quad \beta = \frac{b_i}{B^{\frac{1}{q}}}$$

とおくと

$$\frac{1}{p} \cdot \frac{|a_i|^p}{A} + \frac{1}{q} \cdot \frac{|b_i|^q}{B} \geq \frac{|a_i|}{A^{\frac{1}{p}}} \cdot \frac{|b_i|}{B^{\frac{1}{q}}}$$

両辺に $A^{\frac{1}{p}} B^{\frac{1}{q}}$ を掛けると

$$\frac{1}{p} \cdot \frac{B^{\frac{1}{q}}}{A^{1-\frac{1}{p}}} |a_i|^p + \frac{1}{q} \cdot \frac{A^{\frac{1}{p}}}{B^{1-\frac{1}{q}}} |b_i|^q \geq |a_i||b_i|$$

i について 1 から n までの和をとると

$$\frac{1}{p} \cdot \frac{B^{\frac{1}{q}}}{A^{1-\frac{1}{p}}} A + \frac{1}{q} \cdot \frac{A^{\frac{1}{p}}}{B^{1-\frac{1}{q}}} B \geq \sum_{i=1}^{n} |a_i||b_i|$$

したがって，

$$\frac{1}{p} \cdot A^{\frac{1}{p}} B^{\frac{1}{q}} + \frac{1}{q} \cdot A^{\frac{1}{p}} B^{\frac{1}{q}} \geq \sum_{i=1}^{n} |a_i||b_i|$$

となり，$\frac{1}{p} + \frac{1}{q} = 1$ に注意すると

$$A^{\frac{1}{p}} B^{\frac{1}{q}} \geq \sum_{i=1}^{n} |a_i b_i|$$

を得る．なお，$A > 0$ かつ $B > 0$ のとき (2) の等号成立条件の考察より，等号が成り立つのは

$$\left(\frac{|a_i|}{A^{\frac{1}{p}}}\right)^p = \left(\frac{|b_i|}{B^{\frac{1}{q}}}\right)^q \Longleftrightarrow B|a_i|^p = A|b_i|^q \quad (i=1,2,\cdots,n)$$

のときである．したがって，$A=0$ または $B=0$ のときも考慮すると，等号が成り立つ条件は

$$s|a_i|^p = t|b_i|^q \quad (i=1,2,\cdots,n)$$

である同時には 0 にならない非負実数 s, t が存在することとなる． ■

以上により，ヘルダーの不等式；

$$\sum_{i=1}^{n}|a_i b_i| \leq \left(\sum_{i=1}^{n}|a_i|^p\right)^{\frac{1}{p}} \left(\sum_{i=1}^{n}|b_i|^q\right)^{\frac{1}{q}}$$

が証明されたことになりますが，この不等式において $p=q=2$ とおくと，n 文字のコーシー・シュワルツの不等式が得られることは容易に分かることです．

8.2.3 Minkowskiの不等式の証明

ミンコフスキーの不等式；

$$\left(\sum_{i=1}^{n}|a_i+b_i|^p\right)^{\frac{1}{p}} \leq \left(\sum_{i=1}^{n}|a_i|^p\right)^{\frac{1}{p}} + \left(\sum_{i=1}^{n}|b_i|^p\right)^{\frac{1}{p}}$$

に関連してかつて平成 2 年 (1990 年) に東京工業大学で次のような問題が出題されています．

問題 8・3 x, y, z, w を正数とする．任意の正の整数 m, n に対して

$$(x^{\frac{1}{m}}+y^{\frac{1}{m}})^n + (z^{\frac{1}{m}}+w^{\frac{1}{m}})^n = \{(x^{\frac{n}{m}}+z^{\frac{n}{m}})^{\frac{1}{n}} + (y^{\frac{n}{m}}+w^{\frac{n}{m}})^{\frac{1}{n}}\}^n$$

が成り立つための必要十分条件を求めよ．

問題の等式は，$a_1 = x^{\frac{1}{m}}$, $a_2 = z^{\frac{1}{m}}$, $b_1 = y^{\frac{1}{m}}$, $b_2 = w^{\frac{1}{m}}$ とおくと，$a_i > 0 (i=1,2)$, $b_i > 0 (i=1,2)$ ですから，等式の両辺を $\dfrac{1}{n}$ 乗して

第 8 章　関数空間

$$\left(\sum_{i=1}^{2}|a_i+b_i|^n\right)^{\frac{1}{n}} = \left(\sum_{i=1}^{2}|a_i|^n\right)^{\frac{1}{n}} + \left(\sum_{i=1}^{2}|b_i|^n\right)^{\frac{1}{n}}$$

とかけて，なるほど問題 8·3 がミンコフスキーの不等式で等号が成り立つ場合の条件を求めさせる問題であることが納得できます．

等式は任意の正の整数に対して成り立つので，たとえば $m=1$，$n=2$ として必要条件を求め，逆にそのとき等式が常に成り立つことを主張すれば終わりです．求める必要十分条件は

$$xw = zy$$

となりますので，これは各自で確認してみてください．

さてミンコフスキーの不等式の証明ですが，証明は以下のようになります．

[証明]　まず，見通しをよくするために，ベクトル **a**, **b** を

$$\mathbf{a} = (|a_1|, |a_2|, \cdots, |a_n|), \quad \mathbf{b} = (|b_1|, |b_2|, \cdots, |b_n|)$$

と定めておく．また，ベクトル $\mathbf{x} = (|x_1|, |x_2|, \cdots, |x_n|)$ に対して

$$N(\mathbf{x}) = \left(\sum_{i=1}^{n}|x_i|^p\right)^{\frac{1}{p}}$$

とおいてみよう．すると，ミンコフスキーの不等式を証明するには

$$|a_i + b_i| \leq |a_i| + |b_i| \qquad \cdots ①$$

であるから，

$$\left(\sum_{i=1}^{n}(|a_i|+|b_i|)^p\right)^{\frac{1}{p}} \leq \left(\sum_{i=1}^{n}|a_i|^p\right)^{\frac{1}{p}} + \left(\sum_{i=1}^{n}|b_i|^p\right)^{\frac{1}{p}} \qquad \cdots ②$$

すなわち

$$N(\mathbf{a}+\mathbf{b}) \leq N(\mathbf{a}) + N(\mathbf{b})$$

を証明しておけばよいことがわかる．ここで，恒等式

$$(|a|+|b|)^p = |a|(|a|+|b|)^{p-1} + |b|(|a|+|b|)^{p-1}$$

を考え，この恒等式において $a = a_i$，$b = b_i$ として $i=1$ から $i=n$ まで加えれば，

240

$$(N(\mathbf{a}+\mathbf{b}))^p = \sum_{i=1}^{n} |a_i|(|a_i|+|b_i|)^{p-1} + \sum_{i=1}^{n} |b_i|(|a_i|+|b_i|)^{p-1} \quad \cdots ③$$

$p>1$ であるから，$\dfrac{1}{p}+\dfrac{1}{q}=1$ を満たす q が定まり，このときヘルダーの不等式により，

$$\sum_{i=1}^{n} |a_i|(|a_i|+|b_i|)^{p-1} \leqq \Bigl(\sum_{i=1}^{n} |a_i|^p\Bigr)^{\frac{1}{p}} \Bigl(\sum_{i=1}^{n} (|a_i|+|b_i|)^{(p-1)q}\Bigr)^{\frac{1}{q}}$$

となり $(p-1)q = p$ であるから，

$$\sum_{i=1}^{n} |a_i|(|a_i|+|b_i|)^{p-1} \leqq \Bigl(\sum_{i=1}^{n} |a_i|^p\Bigr)^{\frac{1}{p}} \Bigl(\sum_{i=1}^{n} (|a_i|+|b_i|)^p\Bigr)^{\frac{1}{q}}$$

すなわち，

$$\sum_{i=1}^{n} |a_i|(|a_i|+|b_i|)^{p-1} \leqq N(\mathbf{a})(N(\mathbf{a}+\mathbf{b}))^{\frac{p}{q}} \quad \cdots ④$$

同様にして

$$\sum_{i=1}^{n} |b_i|(|a_i|+|b_i|)^{p-1} \leqq N(\mathbf{b})(N(\mathbf{a}+\mathbf{b}))^{\frac{p}{q}} \quad \cdots ⑤$$

④，⑤を辺々加えて，③を用いると

$$(N(\mathbf{a}+\mathbf{b}))^p \leqq (N(\mathbf{a})+N(\mathbf{b}))(N(\mathbf{a}+\mathbf{b}))^{\frac{p}{q}}$$

両辺に $(N(\mathbf{a}+\mathbf{b}))^{-\frac{p}{q}}$ を掛けると，$p - \dfrac{p}{q} = 1$ であるから

$$N(\mathbf{a}+\mathbf{b}) \leqq N(\mathbf{a}) + N(\mathbf{b})$$

が得られる．すなわち，不等式②が示され，これと①より目標の不等式が得られたことになる．なお，等号が成立する条件はヘルダーの不等式における等号成立条件の考察から，

$$s\mathbf{a} = t\mathbf{b}$$

を満たす同時には 0 にならない非負実数 s, t が存在することとなる．　∎

最後に，233 頁で述べた $(*)$ で定義される距離関数 d が公理 D3 を満たすことを示しておきます．いま 3 点 x, y, z を

241

$$x = (x_1, x_2, \cdots, x_n), \quad y = (y_1, y_2, \cdots, y_n),$$
$$z = (z_1, z_2, \cdots, z_n)$$

としておきます．このとき，

$$\left(\sum_{i=1}^{n} |x_i - z_i|^p\right)^{\frac{1}{p}} \leq \left(\sum_{i=1}^{n} |x_i - y_i|^p\right)^{\frac{1}{p}} + \left(\sum_{i=1}^{n} |y_i - z_i|^p\right)^{\frac{1}{p}}$$

が成り立つことを示しておけばよいわけですが，いま

$$a_i = x_i - y_i, \quad b_i = y_i - z_i$$

とおくと

$$|x_i - z_i| \leq |x_i - y_i| + |y_i - z_i| = |a_i| + |b_i|$$

となり，$|x_i - z_i|^p \leq (|a_i| + |b_i|)^p$ とミンコフスキーの不等式を証明する際に登場した不等式②[9]を用いると，

$$\left(\sum_{i=1}^{n} |x_i - z_i|^p\right)^{\frac{1}{p}} \leq \left(\sum_{i=1}^{n} (|a_i| + |b_i|)^p\right)^{\frac{1}{p}} \leq \left(\sum_{i=1}^{n} |a_i|^p\right)^{\frac{1}{p}} + \left(\sum_{i=1}^{n} |b_i|^p\right)^{\frac{1}{p}}$$
$$= \left(\sum_{i=1}^{n} |x_i - y_i|^p\right)^{\frac{1}{p}} + \left(\sum_{i=1}^{n} |y_i - z_i|^p\right)^{\frac{1}{p}}$$

となって，三角不等式が証明されたことになります．

8.3 距離空間から位相空間への展望

8.3.1 至る所微分不可能な連続関数の存在

高校の微積分では，「関数 $f(x)$ が微分可能ならば，その関数は連続であって，その逆は成り立たない」ということはしばしば強調されることです．実際，$0 \leq x \leq 1$ で定義された関数

$$f(x) = |2x - 1|$$

を考えると，これは連続ですが $x = \frac{1}{2}$ では微分不可能です．$y = f(x)$ のグラフは $x = \frac{1}{2}$ のところで尖っていますので，これは直感的にも納得できます．

---

[9] 不等式②をミンコフスキーの不等式ということもある．

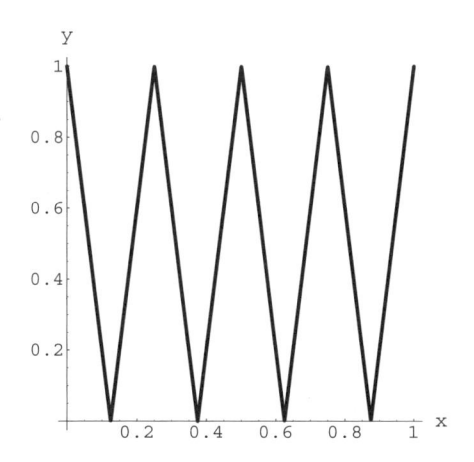

また，$y = f(f(f(x)))$ のグラフを考えると上図のようになり，この場合は微分不可能な点が7個あります．このように考えていくと，微分不可能な点が一万個でも，一億個でも存在する連続関数を考えられることは直ちに了解できます．要するに，微分不可能な点が有限個ある連続関数が存在する，ということになります．

私のような凡夫はせいぜいそこまでしか理解できませんが，実は微分不可能な点が無限個あるような連続関数，いや「至るところで微分不可能な連続関数が存在する」と言い出した数学者たちがいます．これまで何度も登場したワイエルシュトラスがその代表選手ですが，19世紀後半に彼はその具体的な例として

$$\sum_{n=0}^{\infty} a^n \cos(b^n \pi x) \qquad \cdots ①$$

という関数を構成してみせました．ただし，ここで a, b は，

$$0 < a < 1, \quad b は奇数, \quad ab > 1 + \frac{3\pi}{2}$$

を満たす実数とします．これとほとんど同じ形のものをすでにボルツァノも考えていたと言われていますが，たとえば，$a = \dfrac{1}{10}$, $b = 77$ とし，n を0か

243

第 8 章　関数空間

ら 50 までとして上の関数①のグラフを Mathematica で描かせると，その概形は以下のようになります．

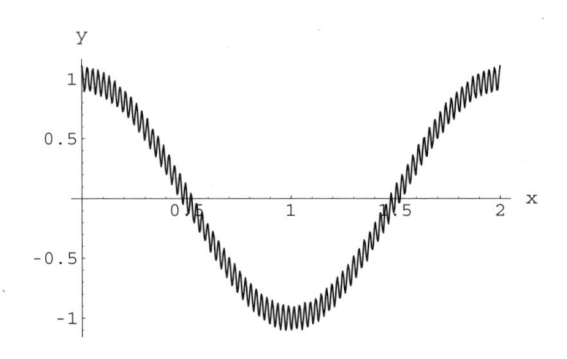

またダルブー[10] は至るところ微分不可能な例として 1875 年に

$$\sum_{n=0}^{\infty} \frac{1}{n!} \sin((n+1)!\pi x) \quad \cdots ②$$

という関数を提示しています．

下図は②において n を 0 から 100 までとして Mathematica で描かせてみたグラフです．

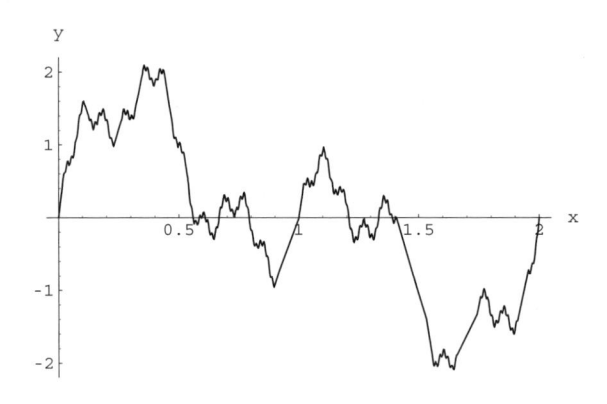

---

[10] Jean Gaston Darboux（1842〜1917）フランスの数学者で，ダルブー和（リーマン和ともいう）に関する基本定理は有名である．

244

さらに，筆者が大学時代に「至るところ微分不可能な連続関数」の例として学んだものに以下のようなものがあります．いま，m を整数とし，実数全体で定義された関数 $f_m(x)$ を

$$f_m(x) = \begin{cases} -\left|(x-m)-\dfrac{1}{2}\right|+\dfrac{1}{2} & (m \leqq x \leqq m+1) \\ 0 & (x<m \text{ または } m+1<x) \end{cases}$$

とし，この関数を用いて $f(x)$ を $f(x)=\displaystyle\sum_{m=-\infty}^{m=\infty} f_m(x)$ のように定めます．これは要するに実数 x に対して，この実数に最も近い整数までの距離に他なりませんが，フーリエの余弦級数では

$$f(x)=\frac{1}{4}-\frac{2}{\pi^2}\sum_{k=1}^{\infty}\frac{1}{(2k-1)^2}\cos(4k-2)\pi x$$

と表わされ，グラフは以下のようになります．

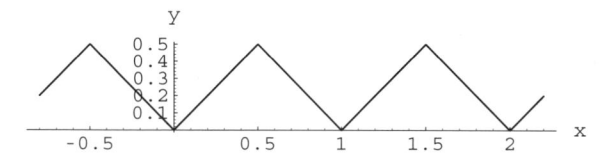

この関数 $f(x)$ に対して

$$\sum_{n=0}^{\infty}\left(\frac{1}{10}\right)^n f(10^n x) \qquad \cdots ③$$

のような関数を考えると，これもまた至るところ微分不可能な関数になり，

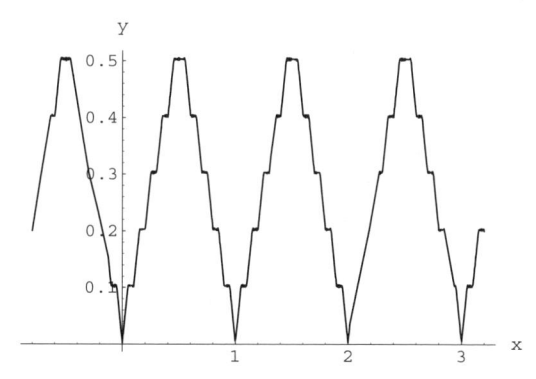

245

たとえば n を 0 から 500 として③のグラフを描かせると上図のようになります．

これらの関数が至るところ微分不可能であることは第 10 章で触れてみたいと思いますが，私たちが目指すことはこのような具体的な関数を個々に取り上げて「至るところ微分不可能な連続関数」の存在を示す[11]ことではありません．そうではなく，本章の冒頭部分でも少し述べたように関数空間そのものの構造を精査してそのことによってその存在を析出してみる[12]という試みなのです．

そのための当面の目標は，距離空間の完備性の下に成立する「ベール[13]のカテゴリー定理[14]」ということになりますが，そこに到達するために私たちは距離空間の位相的性質（距離概念を抽象して得られる性質）について少し考えておかなければなりません．すなわち '距離空間' を 1 つの位相空間として考察しておく必要があるのです．

8.3.2 距離空間における開球と閉球について

実数世界 $\mathbb{R}$ において，数列の収束を考えたように，一般の距離空間 (E, d) においても E の要素列（これを '点列' という）について収束を考えることができます．この際，実数直線における開区間や閉区間に相当するものとして開球や閉球というものを考えることがしばしばあります．ここでは次章のために，これらの言葉について必要最小限のことを確認します．

---

[11] この方法は「古典解析的証明」と言われ，長い修業ののちはじめて身につく職人技によってのみ可能というべきであろう．

[12] この方法はバナッハ (Banach) によるもので「近代解析的証明」といわれる．「存在」の必然性が「論理」を辿っていけば誰にでも分かる，という方法であり，ここに「近代的」といわれる所以がある．

[13] René Louis Baire（1874〜1932）フランスの数学者．

[14] Baire-Hausdorff の定理とも言われ，私たちは「完備距離空間は第一類ではない」という認識によって，「至るところ微分不可能な連続関数が存在する」ことを示すのである．

距離空間 (E, d) における 2 点 'x', 'y'[15] に対して，この 2 点間の距離は $d(x, y)$ で与えられますので，E の点列 $\{x_n\}$ が E の一点 a に収束することを，
$$\lim_{n\to\infty} d(x_n, a) = 0$$
のように定義します．すなわち
$$\lim_{n\to\infty} x_n = a\,(in E) \iff \lim_{n\to\infty} d(x_n, a) = 0\,(in \mathbb{R})$$
ということになります．このことは，実数列の収束のときと同様に「$\varepsilon - n_0$ 論法」で捉えることもできますが，ここで $a \in E$ と正数 ε に対して
$$N(a\,;\varepsilon) = \{x \mid d(a, x) < \varepsilon\}$$
のように定義しておくと，点列 $\{x_n\}$ が x に収束することは，
$$\forall \varepsilon > 0 \,\exists n_0 \in \mathbb{N}\,;\, n \geq n_0 \Longrightarrow x_n \in N(a\,;\varepsilon)$$
のように記述することができます．

$N(a\,;\varepsilon)$ は「中心 a，半径 ε の**開球**」と呼ばれていますが，a を中心とする半径 ε の '円' あるいは '球' のようなものだと類比的に考えてもらっても差し支えありません[16]．しかし「開球」はもちろん私たちがふつうに知っている円や球そのものではありません．「開球」は距離空間 (E, d) 一般に対して定義されていることを忘れてはならないのです．

開球 $N(a, \varepsilon)$ に対して，**閉球** $B(a\,;\varepsilon)$ も
$$B(a\,;\varepsilon) = \{x \mid d(a, x) \leq \varepsilon\}$$
のように定義されます[17]．そして，閉球を用いて $\lim_{n\to\infty} x_n = a$ であることを

---

[15] 繰り返し述べておくと，x, y は E の要素であるから，8.1.4 の例 7 で述べたようにこれが閉区間 $[0, 1]$ で定義された連続関数であってもよいことは念頭においておきたい．

[16] $E = \mathbb{R}$ とし，d を通常の距離とすると，$N(a, \varepsilon)$ は開区間 $(a-\varepsilon, a+\varepsilon)$ を表わし，$E = \mathbb{R}^2$，d をユークリッドの通常の距離とすると a を中心とする半径 ε の内部を表わしている．

[17] 本書では，開球を $N(a\,;\varepsilon)$，閉球を $B(a\,;\varepsilon)$ と表わすことにするが，この記号は必ずしも一定ではない．たとえば松坂和夫著『集合・位相入門』(岩波書店) では $B(a\,;\varepsilon)$ で開球を表わしている．

247

第 8 章　関数空間

$$\forall \varepsilon > 0 \, \exists n_0 \in \mathbb{N} ; n \geq n_0 \Longrightarrow x_n \in B(a;\varepsilon)$$

のように捉えることができるのは言うまでもないことです．

E における点列 $\{x_n\}$ の収束については，実数列とよく似た定理が成り立ちますが，たとえば次の定理もその一つです．

定理 8・1　点列 $\{x_n\}$ が a に収束するならば $\{x_n\}$ の部分点列 $\{x_{\varphi(n)}\}$ も a に収束する．

証明は，当然「収束する数列の部分数列は同じ極限値に収束する」という「実数世界」の話に還元されます．簡単ですので，以下に証明を述べておきましょう．

［証明］　数列 $\{d(x_{\varphi(n)}, a)\}$ は数列 $\{d(x_n, a)\}$ の部分数列である．したがって，
$$\lim_{n \to \infty} x_n = a \, (in \, E) \iff \lim_{n \to \infty} d(x_n, a) = 0 \, (in \, \mathbb{R})$$
であるとき，$\lim_{n \to \infty} d(x_{\varphi(n)}, a) = 0$ が成り立つので
$$\lim_{n \to \infty} x_{\varphi(n)} = a$$
が成り立つ．　∎

当然といえば当然ですが，上の証明では距離空間内における点列の収束の問題が，結局実数世界におけるそれに還元されていることがお分かりになるのではないかと思います．

第9章 距離から位相へ

9.1 位相の言葉

9.1.1 開集合と閉集合

これから，いよいよ距離空間としての'関数空間'に位相構造を導入していきたいと思いますが，そのために，以後の議論で用いるいくつかの言葉を簡単に定義しておきます．少々天下り的ですが，ご容赦のほど．

はじめは「内点(interior point)，外点(exterior point)，境界点(boundary point)，開核(open kernel)，開集合(open set)」です．

(E, d) を距離空間とし，A を E の部分集合とします．

内点：点 a が A の内点であるとは，点 a を中心とする十分小さい開球をとると，その開球が A にすっかり[1] 含まれることである．すなわち
$$a\text{ が }A\text{ の内点} \iff \exists \varepsilon > 0 ; N(a;\varepsilon) \subset A$$
と定める．

外点：点 a が A の外点であるとは，点 a を中心とする十分小さい開球をとると，その開球が A の補集合[2] A^c にすっかり含まれることである．

---

[1] 「すっかり」とはいかにも'直感的，感覚的'であるが，この言葉によって内点が直感的に理解しやすくなるのは間違いないだろう．余計な話であるが，人間は直観なくして論理だけで物事を理解することができるのだろうかという問題は，筆者の長い間の懸案である．

[2] 本書では集合 X の補集合 (complementary set, complement) を X^c のように表わすことにする．

すなわち
$$a が A の外点 \iff \exists \varepsilon > 0; N(a;\varepsilon) \subset A^c$$
と定める．なお，A の外点全体の集合を A の「外部 (exterior)」という．

境界点：A の内点でも外点でもない A の点を境界点という．なお，境界点全体の集合を A の「境界 (boundary, frontier)」といい，A^f で表わす．

開核：A の内点全体の集合を A の「開核あるいは内部 (interior)」といい，A° で表わす．すなわち
$$A^\circ = \{a \mid a は A の内点\}$$
である．なお，点 a が A の開核に含まれるとき，A を点 a の**近傍** (neighborhood) という．すなわち，
$$A が点 a の近傍 \iff a \in A^\circ$$
である．

開集合：A の開核が A と一致するとき，A を開集合という．すなわち
$$A が開集合 \iff A^\circ = A$$
と定める．これは要するに，E の部分集合 A の任意の点 a に対して，a を中心とする十分小さい開球 $N(a;\varepsilon)$ をとると，$N(a;\varepsilon) \subset A$ のようにすることができるということに他ならない．つまり，A の点がすべて内点であるとき，A を開集合という．

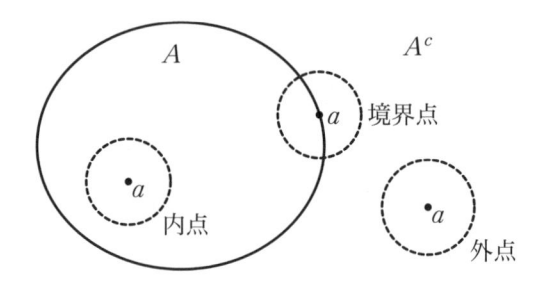

これらの言葉は上の図から分かるように，直感的には比較的理解しやすいと思いますが，図だけに依拠して余りにも直感的に理解してしまうと，後で

いろいろと困ることも出てきます．老婆心ながら，ここで少し注意しておきます．

次に，「触点(adherent point)」「閉包(closure, adherence)」「閉集合(closed set)」について述べておきます．

触点：A の内点または境界点を A の触点(adherent point)といい，触点全体の集合を A^- で表す．「adhere」とはもともと「くっつく，粘着する，固着する」という意味であるが，E の点 a と E の部分集合 $A(\neq \emptyset)$ に対して，
$$d(a, A) = \inf\{d(a, x) \mid x \in A\}$$
のように定めると，
$$a \in A^- \iff d(a, A) = 0 \ (a \text{ が } A \text{ にくっついている！})$$
のように捉えることができる．これはまた，
$$\forall \varepsilon > 0 ; N(a ; \varepsilon) \cap A \neq \emptyset$$
と言い換えることも可能で，さらに点列の言葉を用いると，「a が A の点から作られる点列の極限点であること」すなわち，
$$\exists \{x_n\}(x_n \in A) ; a = \lim_{n \to \infty} x_n$$
と定めることもできる．

閉包：集合 A の触点全体の集合を A の閉包といい，A^- で表わす．すなわち
$$A^- = \{a \mid a \text{ は } A \text{ の触点}\}$$
である．要するに，$A^\circ \cup A^f$ を A の閉包というのである．

閉集合：A の閉包が A と一致するとき，A を閉集合という．すなわち，
$$A \text{ が閉集合} \iff A^- = A$$
と定める．

ここで，言葉の意味を理解してもらうために少し具体例を考えてみます．たとえば，距離空間 (E, d) において，1 点 x のみからなる集合 $A = \{x\}$ は，閉集合になります．実際 A の任意の触点を a とすると

251

$$d(a, A) = 0 \iff d(a, x) = 0 \iff a = x(\in A)$$

となり，$A^- = A$ が成立するからです．

また，上のことと以下に述べる定理9・2(3)を用いると，集合 $B = \{a_1, a_2, \cdots, a_n\} (\subset E)$ に対して

$$B^- = \{a_1, a_2, \cdots, a_n\}^- = \{a_1\}^- \cup \{a_2\}^- \cup \cdots \cup \{a_n\}^-$$
$$= \{a_1\} \cup \{a_2\} \cup \cdots \cup \{a_n\} = B$$

となるので，集合 B も閉集合ということになります．

ただここで，注意しておきたいことは，'どんな場合でも（どんな位相においても），1点からなる集合は閉集合である'などと理解してはならないことで，このあたりは初心者にはなかなか難しいところです．

E の部分集合 A に，A^c, A°, A^- などを対応させることは**E の部分集合に関する演算の一種**であることはすでにお気づきになったと思います．たとえば，「a が A の内点である」ということは

$$\exists \varepsilon > 0 ; N(a;\varepsilon) \subset A$$

のように定義されていましたから，これを否定すると

$$\forall \varepsilon > 0 ; N(a;\varepsilon) \not\subset A$$

すなわち，

$$\forall \varepsilon > 0 ; N(a, \varepsilon) \cap A^c \neq \emptyset$$

となって，

$$a \text{ が } A \text{ の内点ではない} \iff a \text{ が } A^c \text{ の触点である}$$

となります．つまり，「$(A^\circ)^c = (A^c)^-$（A の開核(内部)の補集合は，A の補集合の閉包）が成り立つというわけです．同様に考えていけば，いま確認したことを含めて以下のような演算規則が得られます．

　1° $A^\circ = ((A^c)^-)^c$ （A の開核は，A の補集合の 閉包の補集合）

　2° $(A^\circ)^c = (A^c)^-$ （A の開核の補集合は，A の補集合の閉包）

　3° $A^- = ((A^c)^\circ)^c$ （A の閉包は，A の補集合の開核の補集合）

　4° $(A^-)^c = (A^c)^\circ$ （A の閉包の補集合は，A の補集合の開核）

なお，開核と閉包については，次の性質があります．定理としてまとめておきます．

定理 9・1 A, B を距離空間 (E, d) の部分集合とする．このとき，以下の (1)〜(4) が成り立つ．

(1) $A^\circ \subset A$
(2) $A \subset B$ ならば $A^\circ \subset B^\circ$
(3) $(A \cap B)^\circ = A^\circ \cap B^\circ$
(4) $(A^\circ)^\circ = A^\circ$

定理 9・2 A, B を距離空間 (E, d) の部分集合とする．このとき，以下の (1)〜(4) が成り立つ．

(1) $A \subset A^-$
(2) $A \subset B$ ならば $A^- \subset B^-$
(3) $(A \cup B)^- = A^- \cup B^-$
(4) $(A^-)^- = A^-$

定理 9・2 を証明しておけば，演算規則 1°〜4° を用いて，定理 9・1 を証明することができます（もちろんその逆も可能である）．たとえば，定理 9・2 の (3) が成り立つと仮定すれば，

$$(A \cap B)^\circ = (((A \cap B)^c)^-)^c = ((A^c \cup B^c)^-)^c$$
$$= ((A^c)^-)^c \cap ((B^c)^-)^c = A^\circ \cap B^\circ$$

となって，定理 9・1 の (3) が証明されたことになります．

以下，定理 9・2 の証明に簡単に触れておきたいと思いますが，(1), (2) はほとんど自明ですので (3), (4) の証明のみ述べておきましょう．

[証明] (3)： $A \subset A \cup B$ であるから (1) より $A^- \subset (A \cup B)^-$，同様にして $B^- \subset (A \cup B)^-$ である．よって，

$$A^- \cup B^- \subset (A \cup B)^-$$

である.

逆に, a を $(A \cup B)^-$ の任意の点とする. このとき, $x_n \in A \cup B$ である数列 $\{x_n\}$ が存在して, $\lim_{n \to \infty} x_n = a$ となる.

$x_n \in A$ または $x_n \in B$ であるから, 2つの集合 $\{n | x_n \in A\}$ と $\{n | x_n \in B\}$ の少なくとも一方は無限集合である. 次に無限集合となる集合からその要素を小さい順に並べて作った部分数列を $\varphi(n)$ とし, さらにこの数列から部分点列 $\{x_{\varphi(n)}\}$ を作る.

このとき, 定理8・1 より, $\lim_{n \to \infty} x_{\varphi(n)} = a$ であるから, $a \in A^- \cup B^-$ となる. すなわち,

$$(A \cap B)^- \subset A^- \cup B^-$$

となって (3) は示された. ∎

(4) : (1) より, $A^- \subset (A^-)^-$ は明かである. 逆に, $a \in (A^-)^-$ とすると, 任意の正数 ε に対して, $N(a; \varepsilon) \cap A^- \neq \emptyset$ である.

そこで, $N(a; \varepsilon) \cap A^-$ の要素 b をとると, $b \in N(a; \varepsilon)$ であるから, $\delta = \varepsilon - d(a, b)$ と定めると, $N(b; \delta) \subset N(a; \varepsilon)$ となり, $b \in A^-$ とから $N(b; \delta) \cap A \neq \emptyset$ である. すなわち, $N(a; \varepsilon) \cap A \neq \phi$ となるので, $a \in A^-$ となり,

$$(A^-)^- \subset A^-$$

となる. よって, (4) は示された. ∎

9.1.2 開集合と閉集合の基本的な性質

前項では'距離空間'における位相的性質を議論するために「開核, 開集合, 触点, 閉包, 閉集合」などの言葉を用意し, 与えられた集合からその集合の開核 (○), 閉包 (-), 補集合 (c) を作る操作をひとつの演算とみなしてそこに成り立つ規則を確認しておきました.

ここではまず, '距離空間'における閉集合と開集合に関する以下の2つの定理から考えてみます.

定理 9・3 $A, B, A_\lambda (\lambda \in \Lambda)$ を距離空間 E の部分集合とする. このとき次

の(1), (2)が成り立つ．
  (1) A, B が開集合ならば，$A \cap B$ は開集合である[3]．
  (2) $A_\lambda (\lambda \in \Lambda)$ が開集合ならば，$\bigcup_{\lambda \in \Lambda} A_\lambda$ も開集合である．

定理 9・4 $A, B, A_\lambda (\lambda \in \Lambda)$ を距離空間 E の部分集合とする．このとき次の(1), (2)が成り立つ．
  (1) A, B が閉集合ならば，$A \cup B$ は閉集合である[4]．
  (2) $A_\lambda (\lambda \in \Lambda)$ が閉集合ならば，$\bigcap_{\lambda \in \Lambda} A_\lambda$ も閉集合である．

第4章で述べたように，ここで Λ は添数集合と呼ばれるもので，これは有限または無限集合で，Λ の任意の元 λ に対して $A_\lambda \subset E$ が成り立っています．

前項同様に定理9・4を証明しておけば，閉包，開核の演算規則とDe-Morgan の法則から定理9・3を導くことができますので，ここでは定理9・4のみを示しておきます．

[**証明**] (1)集合 X が閉集合であるとは $X^- = X$ が成り立つことであるから，前項述べた定理9・2(3)より
$$(A \cup B)^- = A^- \cup B^- = A \cup B$$
となる．すなわち，$A \cup B$ は閉集合である．

(2) $\bigcap_{\lambda \in \Lambda} A_\lambda \subset A_\lambda$ であるから，定理9・2(2)より
$$\left(\bigcap_{\lambda \in \Lambda} A_\lambda\right)^- \subset A_\lambda^- = A_\lambda \qquad \therefore \left(\bigcap_{\lambda \in \Lambda} A_\lambda\right)^- \subset \bigcap_{\lambda \in \Lambda} A_\lambda$$

---

[3] $A_i (i = 1, 2, \cdots, n)$ が開集合ならば，$\bigcap_{i=1}^{n} A_i$ が開集合，としてもよい．

[4] $A_i (i = 1, 2, \cdots, n)$ が閉集合ならば，$\bigcup_{n=1}^{n} A_i$ が閉集合，としてもよい．

一方定理 9·2(1) より $\bigcap_{\lambda\in\Lambda} A_\lambda \subset \left(\bigcap_{\lambda\in\Lambda} A_\lambda\right)^-$

よって，$\left(\bigcap_{\lambda\in\Lambda} A_\lambda\right)^- = \bigcap_{\lambda\in\Lambda} A_\lambda$ が成り立つので，$\bigcap_{\lambda\in\Lambda} A_\lambda$ も閉集合である． ∎

なお，「集合 A の閉包は A^- は，A を含む最小の閉集合」となります．実際，A を含む任意の閉集合を X とすると，$A\subset X$, $X^-=X$ であるから，定理 9·2(2) から

$$A^- \subset X^- = X$$

となって，閉集合 X が A^- を必ず含むことが確認できます．いうまでもなく，これと双対的に「集合 A の開核 A° は A に含まれる最大の開集合」ということになります．また「空間全体 E および空集合 $\emptyset$ は開集合」ですが，E の補集合は $\emptyset$, $\emptyset$ の補集合は E ですから，E および $\emptyset$ は閉集合でもあります．

ここで述べてきたことは，9.2 で述べる位相空間を定義する際に基本的かつ重要な概念になります．

9.1.3　距離空間における連続写像と言葉の変容

実数の集合 $\mathbb{R}$ 上で定義された実数値関数

$$f : \mathbb{R} \ni x \longmapsto f(x) \in \mathbb{R}$$

が $x=a$ で連続であるとは，任意の正数 ε に対して，ある正数 δ が定まって，

$$|x-a|<\delta \implies |f(x)-f(a)|<\varepsilon \qquad \cdots ①$$

が成り立つことである，と定義されていましたが，これは同じ距離関数 d をもつ 2 つの距離空間 $(\mathbb{R}, d)$, $(\mathbb{R}, d)$ (ただし，$d(x_1, x_2) = |x_1-x_2|$ $(x_1, x_2 \in \mathbb{R})$) に対し，$\mathbb{R}$ から $\mathbb{R}$ への写像 f があり，

$$d(x, a) < \delta \implies d(f(x), f(a)) < \varepsilon \qquad \cdots ②$$

と読み直すことができます．

また，8.3.2 で導入した開球 $N(a;\varepsilon) = \{x \mid d(x,a) < \varepsilon\}$ を用いると

$$x \in N(a;\delta) \implies f(x) \in N(f(a);\varepsilon) \qquad \cdots ③$$

のように表すこともできます．そして，定義域 $\mathbb{R}$ のすべての点 a で $f(x)$ が連続であるとき，$f(x)$ は $\mathbb{R}$ で連続である，と言ったのでした．

ここで注意したいのは①から②へ，②から③への表現(言葉)の推移であり，私たちの思考がしだいに抽象への階梯をのぼっていく様です．すなわち，関数 $f(x)$ が $x=a$ で連続であることを，①ではごく素朴に定義された2点間の距離で記述し，②では距離の公理 (D 1) ～ (D 3) を満たす距離関数 d で把握し，③では開球で捉えている，という一連の思考様式の変化です．

そして開球や閉球はさらに開集合や閉集合の位相的概念へとすすんでいくわけですが，実は**数学の素人の私は人間の思考のこの変容過程にこそ大きな関心と興味とを持っていて，不謹慎なことを告白すればそのために数学を学んできた**，といっても過言ではありません．とにかく，この言葉遣いの変化は面白いではありませんか．

さて，一般に**2つの距離空間 $(E, d), (F, d')$ に対し，E から F への写像 f が E の一点 a で連続である**ことは，任意の正数 ε に対して，ある正数 δ が定まって

$$x \in N(a;\delta) \implies f(x) \in N(f(a);\varepsilon)$$

のように定めることができます．ただし，$N(a;\delta) = \{x \in E \mid d(x,a) < \delta\}$，$N(f(a);\varepsilon) = \{x \in F \mid d'(f(x), f(a)) < \varepsilon\}$ とします．

これは，点列の言葉を用いれば

$$\lim_{n \to \infty} x_n = a \implies \lim_{n \to \infty} f(x_n) = f(a)$$

となること，すなわち

$$\lim_{n \to \infty} d(x_n, a) = 0 \implies \lim_{n \to \infty} d'(f(x_n), f(a)) = 0$$

ということにほかなりません．なお，f が E のすべての点で連続であるとき，f を E から F への**連続写像**といいます．

以上のことを踏まえた上で距離空間における写像の連続性を開集合と閉集合によって捉える次の定理を証明してみます．

定理 9・5 E, F を 2 つの距離空間とし，f を E から F への写像とする．このとき，次の（Ⅰ）〜（Ⅲ）は同値である．

(Ⅰ) f は連続である．

(Ⅱ) F の任意の閉集合 A に対して，その原像 $f^{-1}(A)$ は E の閉集合である．

(Ⅲ) F の任意の開集合 O に対して，その原像 $f^{-1}(O)$ は E の開集合である．

[証明]（Ⅰ）$\Longrightarrow$（Ⅱ）：A を F の任意の閉集合とし，$x_n \in f^{-1}(A)$，$\lim_{n\to\infty} x_n = a$ としよう．このとき，$f^{-1}(A)$ が閉集合であることを示すためには，a が $f^{-1}(A)$ の触点，すなわち $a \in f^{-1}(A)$ を示しておけばよい．$f(x_n) \in A$ であり，仮定（Ⅰ）から $\lim_{n\to\infty} f(x_n) = f(a)$ であって，A は F の閉集合であるから，

$$f(a) \in A \quad \therefore \quad a \in f^{-1}(A)$$

となる．すなわち $f^{-1}(A)$ は E の閉集合である．

（Ⅱ）$\Longrightarrow$（Ⅲ）：O を F の任意の開集合とすると，O の補集合 O^c は F の閉集合である．したがって，（Ⅱ）から $f^{-1}(O^c)$ は E の閉集合である．ところが，$f^{-1}(O)^c = f^{-1}(O^c)$ であるから，$f^{-1}(O)^c$ は閉集合である．よって，$f^{-1}(O)$ は開集合である．

（Ⅲ）$\Longrightarrow$（Ⅰ）：a を E の点とする．このとき，正数 ε に対して F の開球 $N(f(a); \varepsilon)$ は開集合であり，仮定（Ⅲ）から $f^{-1}(N(f(a); \varepsilon))$ は E の開集合である．$f(a) \in N(f(a); \varepsilon)$ であるから，$a \in f^{-1}(N(f(a); \varepsilon))$ となり，したがってある正数 δ が存在して，$N(a; \delta) \subset f^{-1}(N(f(a); \varepsilon))$ となる．すなわち

$$x \in N(a; \delta) \Longrightarrow f(x) \in N(f(a); \varepsilon)$$

となる．よって，f は点 a で連続であり，a は E の任意の点であったから，f は連続である． ■

距離空間における連続写像が，開集合あるいは閉集合という言葉で実に簡潔に捉えられているのは，ほんとうに驚くべきことです．

9.2 位相空間

9.2.1 位相空間の発想

コルモゴロフ[5]とフォミーン[6]の共著『関数解析の基礎(原書第4版)[7]』の第2章第5節の冒頭部分には次のような記述が見られます.

> 距離空間の理論における基礎的な諸概念(集積点, 触点, 閉包など)は, 近傍, または, 本質的にはおなじことになるが, 開集合の概念に基づいて導入されたものである. さらに近傍や開集合の概念についていえば, これらは空間上に与えられた距離を用いて定義されている. しかし, これとは異なった路, すなわち, 与えられた集合 R に距離を導入することなしに, 公理的な手段によって開集合を定義するという路をたどることもできる. この路は極めて大きな行動の自由を保証するもので, これをたどれば位相空間という概念に至る. この観点に立てば, いままで扱ってきた距離空間は, この位相空間の, きわめて重要ではあるがしかし一つの特別の場合となる.

前節で距離空間における写像の連続性を開集合あるいは閉集合で捉えてみましたので, 上の指摘は容易に納得できるのではないかと思います. 上の引用で特に注意して欲しい言葉は'**公理的な手段によって開集合を定義すると**

---

[5] A.N.Kolmogorov (1903～1987) ロシアの数学者. 確率論, 集合論, 位相幾何学, 情報理論などその数学的貢献は広範かつ多岐にわたる. とくに空間全体の測度が1に等しい測度空間が, すなわち確率であるという彼の思想は有名である. I.M. ゲルファント, V.I. アーノルドなどは彼の高弟である.

[6] S.V.Fomin (1917～1975) ロシアの数学者. 抽象代数学, 位相空間論, 関数解析学, 力学系の理論などに大きな足跡を残す. また生物物理学にも貢献した.

[7] 山崎三郎, 柴岡泰光の訳で岩波書店から出ている.

第 9 章 距離から位相へ

いう路をたどることもできる'という箇所で，この発想が理解できないと，大学初年級の学生でもあらぬ混乱を引き起こします．

この部分について少し説明しておきます．これまで私たちは，距離空間 (E, d) という世界で「開集合や閉集合」といったものを，距離概念から考えてきました．そして，たとえば開集合が定理 9・3 のような性質をもつことを確認してきました．

さて，ここで**発想の転換**が起こります．今度は，開集合が何であるかには直接言及しないで，とにかく定理 9・3 の (1), (2) のような性質を持っている集合を'開集合'と呼ぼう，と定義するのです．これが'公理的な手段によって開集合を定義する'ということにほかなりません．

実は，このような方法は現代数学一般の常道であり，たとえば高校数学で教わる 2 つのベクトル x, y の内積 $\langle x, y \rangle$ (inner product) は，大学数学では線形空間 E とその元 x, y, z および数体 K[8] に対して，$\langle x, y \rangle \in K$ が以下の 4 条件を満たすもの，と定義されます．すなわち，

(1) $\langle x, x \rangle \geq 0$, とくに $\langle x, x \rangle = 0 \Longleftrightarrow x = 0$
(2) $\langle x, y \rangle = \overline{\langle y, x \rangle}$
(3) $\langle \alpha x, y \rangle = \alpha \langle x, y \rangle \quad (\alpha \in K)$
(4) $\langle x+y, z \rangle = \langle x, z \rangle + \langle y, z \rangle$

の 4 つの条件です．ここで，$\overline{\langle y, x \rangle}$ は複素数 $\langle y, x \rangle$ の共役複素数を表わします．そして，このように内積が定義されている線形空間を**内積空間**あるいは**プレヒルベルト空間**と言ったりします．

いずれにせよ，'内積'はある条件を満たすものという具合に特徴付けられているわけで，これから考えようとする開集合についても同様なのです．

では，なぜ，このような発想の路を歩もうとするのでしょうか．それはまさに'**この路は極めて大きな行動の自由を保証するもの**'だからです．その自由について，ここで詳述するわけにはいきませんが，たとえば，閉区間 $[0, 1]$

---

[8] ここでは複素数体 $\mathbb{C}$ と考えておいてよい．

上で複素数値をとる連続関数全体の集合 $C[0, 1]$ の元 f, g に対して，

$$\langle f, g \rangle = \int_0^1 f(t)\overline{g(t)}dt$$

で'内積'を定義することによって，この関数空間についてさまざまなことが分かってくるというわけです．また，その'自由'については，以後の位相空間と関数空間の話からも，少しでも想像していただけるのではないかと思います．

ともあれ，距離という概念から開集合や閉集合を通して位相という概念に到達する私たちの思考の変容は，数学という枠組みを超えて，何か人間の思考の本質を提示しているように思えてなりません．

第1章で藤井貞和氏の『ハウスドルフ空間』という詩集から「……住まいのなかでオモテ\ウラないしはウチ\ソトの領域を区別するのは，平面図の上で測定可能な物理的距離であるよりも，むしろ住み手の意識と，場所に結びついた禁忌との相関から作り出されるもう一つの『距離』であって，二つの距離は必ずしも一致するとは限らない……」という詩句を紹介しておきましたが，詩人の直観はその思考の本質を先取ったものである，というべきかもしれません．

9.2.2 素朴な位相空間の例

ここで，私たちの「意識と，場所に結びついた」論理的思考の産物というべき「位相空間」の素朴な具体例を瞥見しておきたいと思います．もちろん，私たちは'位相空間論'にここで本格的に取り組む[9]わけにはいきませんが，その何であるかのアウトラインだけは紹介しておきたいと考えています．それ

---

[9] 本格的に「位相空間論」に取り組みたい人のための良書は今ではたくさんあるが，John L.Kelly の『General Topology』(Springer-Verlag) はやはり古典であろう．また，1975年に現代数学社から刊行された松尾吉知氏の『集合から位相へ』という本は，位相空間への入門書として良書であるが，絶版である．大学図書館などで検索されて一読されるとよい．

261

第9章 距離から位相へ

には，具体的な集合を取り上げ，これに実際に'位相'を導入してみるのが一番手っ取り早いでしょう．

いま集合 S を $S = \{a, b, c\}$ としてみます．このとき，この S に位相を導入するとは，S の部分集合全体，すなわち S の冪集合

$$\mathfrak{P}(S) = \{\emptyset, \{a\}, \{b\}, \{c\}, \{a,b\}, \{a,c\}, \{b,c\}, \{a,b,c\}\}$$

を考え，この冪集合の部分集合 $\mathfrak{T}$ を定める[10]ことにほかなりません．この $\mathfrak{T}$ を'**部分集合族**'といいますが，つまりは'**S に位相を導入する**'**とは部分集合族 $\mathfrak{T}$ を定める**，ということにほかならず，とりあえずは'位相とは部分集合族 $\mathfrak{T}$ のこと'だ，と思って頂いてもいいでしょう．

ここで大切なことは，$\mathfrak{T}$ は勝手に定めていいわけではなく，以下の条件を満たすようなものでなくてはいけません．すなわち

(T1) $\emptyset \in \mathfrak{T}$ かつ $S \in \mathfrak{T}$

(T2) $O_1, O_2 \in \mathfrak{T}$ ならば，$O_1 \cap O_2 \in \mathfrak{T}$ [11]

(T3) $O_\lambda \in \mathfrak{T}$ $(\lambda \in \Lambda)$ ならば，$\bigcup_{\lambda \in \Lambda} O_\lambda \in \mathfrak{T}$

という条件です．

実は，この条件と似た性質をすでに定理 9・3 で私たちは考えました．それは，距離空間を出発点にして考えた開集合の基本的な性質でしたが，今度は，'距離'という概念を捨象して，いきなり (T1)〜(T3) を満たす $\mathfrak{T}$ の元を'開集合'と定義してしまう[12]のです．

ここで，$\mathfrak{T}$ の要素を O_1 とか O_λ と表わしたのは，これらが'開集合'だからですが，ともかく，この発想の転換をしっかり凝視し，自覚しておかない

---

[10] 位相の定め方は全部で 29 通りある．

[11] O_i $(i = 1, 2, \cdots, n) \in \mathfrak{T}$ ならば，$\bigcap_{i=1}^{n} O_i \in \mathfrak{T}$，としてもよい．

[12] このように定義しただけでは，位相空間における点列の収束の問題などを考えると，いろいろと不都合なことが生じる．そこで登場するのが'分離公理'であるが，これについては後ほど触れてみたい．

と，結局何をやっているのかが分からなくなります．

　これは，'数学の問題'というよりも，むしろ'数理哲学の問題'あるいは'数学言語の問題'だと，私は考えています．大学数学の迷路に迷い込んでしまっている予備校時代の教え子たちを見ていると，大学数学自体が分からないのではなく，大学数学における概念の変容とそれへの構え方を誤っているためではないか，と感じられてなりません．'距離概念'の残滓をいつまでも引き摺らずに，ここで一旦私たちの日常的な距離感覚から決別することが必要なのです．

　さて，(T1)～(T3)の条件を満たす位相 $\mathfrak{T}$ をいくつか実際に定めてみましょう．たとえば

$$\mathfrak{T}_1 = \{\emptyset, S\}$$

としてみましょう．上の条件(T1)～(T3)は明らかに成り立っています．

$$\mathfrak{T}_2 = \{\emptyset, \{a\}, S\}$$

はどうでしょうか．これも明らかに3つの条件を満たしています．では

$$\mathfrak{T}_3 = \{\emptyset, \{a\}, \{a,c\}, S\}$$

はどうでしょうか．$\mathfrak{T}_3$ のどの2つの要素の交わりも結びも $\mathfrak{T}_3$ に属し，3つあるいは4つの任意の要素についてもその交わりも結びも $\mathfrak{T}_3$ に属しています．したがってこの $\mathfrak{T}_3$ も集合 S の位相ということになります．

　いうまでもなく，$\mathfrak{T}_4 = \mathfrak{P}(S)$ としても，これは位相になります．では，位相にはならない部分集合族はないのでしょうか．たとえば

$$\mathfrak{T} = \{\emptyset, \{a,b\}, \{a,c\}, S\}$$

はどうでしょうか．この場合，直ちに分かるように

$$\{a, b\} \cap \{a, c\} = \{a\} \notin \mathfrak{T}$$

となりますから，$\mathfrak{T}$ は位相ではありません．

　さて，いま集合 X に対して異なる位相 $\mathfrak{T}_1$～$\mathfrak{T}_4$ を導入しましたが，これらの位相空間をそれぞれ

$$(S, \mathfrak{T}_1), (S, \mathfrak{T}_2), (S, \mathfrak{T}_3), (S, \mathfrak{T}_4).$$

のように表わします．私たちはしばしば $(S, \mathfrak{T}_1)$ を**密着空間**，空集合と S 自

身だけから構成される $\mathfrak{T}_1$ を**密着位相** (trivial topology) —— 感覚的にはベッタリ位相 —— といい，また $(S, \mathfrak{T}_4)$ を**離散空間**，X の冪集合そのものである $\mathfrak{T}_4$ を**離散位相** (discrete topology) —— 感覚的にはボツボツ位相 —— と呼びます．

もちろん，それぞれの位相空間の意味するところは異なっていて，たとえば $(S, \mathfrak{T}_1)$ は a, b, c が，区別された別々の要素として認識されない世界（したがって，たとえば点 a の近傍は S だけということになる）であり，また $(S, \mathfrak{T}_4)$ は各点 a, b, c がすべて別物として認識される世界ということになります．

なお，ここで4つの位相については
$$\mathfrak{T}_1 \subset \mathfrak{T}_2 \subset \mathfrak{T}_3 \subset \mathfrak{T}_4$$
という包含関係が成り立っていますが，一般に，2つの位相，$\mathfrak{T}_1$ と $\mathfrak{T}_2$ があって，
$$\mathfrak{T}_1 \subset \mathfrak{T}_2$$
であるとき，$\mathfrak{T}_2$ は $\mathfrak{T}_1$ よりも**強い**（あるいは，$\mathfrak{T}_1$ は $\mathfrak{T}_2$ よりも**弱い**）と言います．

私自身は，「強い」を「精しい」，「弱い」を「粗い」という言い方をしていますが，要するに，強くて精しい位相はその世界に緻密で明晰な事物認識を齎し，それに対して，弱くて粗い位相はその世界に粗雑で曖昧な事物認識を齎す，と言い得なくもありません．

さらに寄り道をして，次のような集合 S を考えて'位相'について考えてみましょう．
$$S = \{b, f, m, h_1, h_2, \cdots, h_n\}$$
ここで，'b' は一人の幼い少年，'f' は少年の父，'m' は少年の母，そして '$h_1, h_2, \cdots, h_n$' は，少年をとりまく n 人の他人たち，ということにしておきます．このとき，少年の頭の中にある人間認識を表わす'位相'とは，どのようなものなのでしょうか．

おそらく，その少年が幼ければ幼いほど，明確に意識されている人物は「自分」と「父，母」だけであり，他の人たちはまだほとんど意味を持ってはいな

い世界を作り上げているに違いありません．したがってその'位相'はたとえば
$$\mathfrak{T} = \{\emptyset, \{b\}, \{f\}, \{m\}, \{b,f\}, \{b,m\}, \{f,m\}, \{b,f,m\}, S\}$$
のようになるのかもしれません．これが，条件（T1）～（T3）を満たしているのは明らかで，たとえばこの位相においては h_1 の近傍は S 以外にはないのですから，自分と父母以外は明確に意識されていない粗くて弱い位相であることは明らかです．

ちなみに，人間が大人に成長していくとは，この弱い位相が，時間とともに強い位相に変容していく（位相自体が時間の関数！）ことと見立てることもでき，そうであれば彼の人間認識，世界認識が次第に細やかで緻密になっていくことも納得できます．しかし，人間とはまことに不思議なもので，私のようにある程度歳を重ねると，そんなものはどうでもよくなっていき，結局
$$\mathfrak{T}_1 = \{\emptyset, S\}$$
という密着位相に帰っていくようにも思われます．「色(S)即是空($\emptyset$)，空($\emptyset$)即是色(S)」とは正に，この trivial topology への回帰だったのかもしれません．

閑話休題．無駄話はこれくらいにして，本項の最後に実数全体の集合 $S = \mathbb{R}$ に，よく知られた通常の位相を定めてみましょう．

$\mathbb{R}$ の部分集合の中で，以下の条件を満たす部分集合の集り（集合族）を $\mathfrak{T}$ とする．
(1) $\emptyset \in \mathfrak{T}$
(2) $X \in \mathfrak{T}$, $X \neq \emptyset$ のとき
$$\forall p \in X, \exists I = (a, b) \subset X ; p \in I$$
以下，$\mathfrak{T}$ が位相になることを示しておきます．

(T1)を満たすこと：$\emptyset \in \mathfrak{T}$ は明らかである．また，$\forall p \in \mathbb{R}$ に対して，
$$I = (p-1, p+1)$$

265

をとれば, $I \subset \mathbb{R}$ であるから, $\mathbb{R} \in \mathfrak{T}$ となる. よって, (T1) は満たされる.

(T2)を満たすこと: $X_i \in \mathfrak{T}$ $(i=1,2,\cdots,n)$ とする. このとき $\bigcap_{i=1}^{n} X_i = \emptyset$ ならば, (T1) より, $\bigcap_{i=1}^{n} X_i = \emptyset \in \mathfrak{T}$ である.

また, $\bigcap_{i=1}^{n} X_i \neq \emptyset$ ならば, 任意の $p \in \bigcap_{i=1}^{n} X_i$ に対して, どの i に対しても $p \in I_i = (a_i, b_i)$ となる I_i が存在する. そこで
$$a = \max(a_1, a_2, \cdots, a_n), \quad b = \min(b_1, b_2, \cdots, b_n)$$
と定め, $I = (a, b)$ とすると,
$$a_i \leqq a < p < b \leqq b_i \quad \forall i = 1, 2, \cdots, n$$
であるから,
$$p \in I \subset \bigcap_{i=1}^{n} X_i \quad \therefore \bigcap_{i=1}^{n} X_i \in \mathfrak{T}$$
よって, (T 2) が満たされる.

(T3)を満たすこと: $X_\lambda \in \mathfrak{T}(\lambda \in \Lambda)$ とする. $\bigcup_{\lambda \in \Lambda} X_\lambda$ の任意の点を p とすると,
$$\exists \lambda_0 \in \Lambda; p \in X_{\lambda_0} \ (X_{\lambda_0} \in \mathfrak{T})$$
であるから, $p \in I = (a, b) \subset X_{\lambda_0}$ なる I が存在する. すなわち
$$I \subset X_{\lambda_0} \subset \bigcup_{\lambda \in \Lambda} X_\lambda \quad \therefore \bigcup_{\lambda \in \Lambda} X_\lambda \in \mathfrak{T}$$
よって, (T3) が満たされる.

細かい点はおくとして, 以上で '位相' というものの概略が把握できたのではないかと思います. 次節では, いくつかの位相の定め方を述べてみたいと思います.

9.2.3 いくつかの位相の定め方

前項の話を踏まえれば，ここでの話は比較的理解しやすいのではないかと思います．まずは，比較的馴染み易い近傍系による位相の導入です．S を空でない一つの集合とし，S の各点 x に対して次の 4 つの条件を満たす部分集合族 $\mathfrak{V}(x)$ が定められているとします．

(V1) $V \in \mathfrak{V}(x)$ ならば，$x \in V$

(V2) $V_1, V_2 \in \mathfrak{V}(x)$ ならば，$V_1 \cap V_2 \in \mathfrak{V}(x)$

(V3) $V \in \mathfrak{V}(x)$，$V \subset U$ ならば，$U \in \mathfrak{V}(x)$

(V4) 任意の $V \in \mathfrak{V}(x)$ に対して，ある $W \in \mathfrak{V}(x)$ が存在して，W の任意の点 y に対して $V \in \mathfrak{V}(y)$ が成り立つ．

'部分集合族' とは前項でも述べたように，S の部分集合全体の作る集合 $\mathfrak{P}(S)$ (S の冪集合, power set) の部分集合のことです．たとえば，$S = \{a, b, c\}$ とすると，

$$\mathfrak{P}(S) = \{\emptyset, \{a\}, \{b\}, \{c\}, \{a,b\}, \{b,c\}, \{c,a\}, \{a,b,c\}\}$$

のようになり，たとえば $\mathfrak{V}(a) = \{\{a\}, \{a,b\}, \{c,a\}, \{a,b,c\}\}$ とおくとこれが S の部分集合族の一つということになります．上の例は S が有限集合ですが，もちろん S が無限集合であっても同様に命名します．

ともあれ，上のように定めたとき，$\mathfrak{V}(x)$ に属する集合 V を x の**近傍**といい，$\{\mathfrak{V}(x)\}_{x \in S}$ を**近傍系**といいます．そして，集合 S に一つの近傍系が定められているとき，S に '位相' あるいは '位相構造' が定められているといい，S を '位相空間' といいます．

また，S の部分集合 O が開集合であることは

$$\forall x (\in O) \, \exists V (\in \mathfrak{V}(x)); V \subset O$$

のように定義され，(V3) を用いると $O \in \mathfrak{V}(x)$ が成り立っていることがわかります．開集合である近傍を**開近傍**といい，開集合全体の集合 (開集合族) を $\mathfrak{O}$ で表すと，実は以下で述べる (O1)～(O3) が成り立ちます．

第9章 距離から位相へ

逆に，(O1)〜(O3)を満たす S の部分集合族 $\mathfrak{O}$ が与えられたとき，x の近傍 $V(\in \mathfrak{V}(x))$ を
$$\exists O(\in \mathfrak{O}); x \in O \subset V$$
のように定めておけば，近傍系 $\{\mathfrak{V}(x)\}_{x \in S}$ は (V1) から (V4) を満足します．

要するに，**集合 S に位相を定めるには，近傍系 $\{\mathfrak{V}(x)\}_{x \in S}$ を定めても，開集合族 $\mathfrak{O}$ を定めてもよい**，ということになるのですが，開集合族による位相は次のように定められます．

S を一つの空でない集合とし，S の部分集合族を $\mathfrak{O}$ とします．この部分集合族 $\mathfrak{O}$ が次の3つの条件を満たすとき，$\mathfrak{O}$ は S に一つの位相を定めるといい，端的に $\mathfrak{O}$ を集合 S の '位相' とも言います．

(O1) $S \in \mathfrak{O}$ かつ $\emptyset \in \mathfrak{O}$ が成り立つ．

(O2) $O_1 \in \mathfrak{O}, O_2 \in \mathfrak{O}$ ならば $O_1 \cap O_2 \in \mathfrak{O}$ が成り立つ．

(O3) $O_\lambda \in \mathfrak{O} (\lambda \in \Lambda)$ ならば $\bigcup_{\lambda \in \Lambda} O_\lambda \in \mathfrak{O}$ が成り立つ．

ここで注意してほしいのは，条件 (O2) と (O3) で，これらは定理 9・3 の (1)，(2) とぴったり符合しているという点です．とは言え，定理 9・3 の (1)，(2) は距離空間 (E, d) において定義された開集合に関する '定理 (＝一つの到達点)' であったわけですが，これらの性質は位相空間 $(S, \mathfrak{O})$ を定義する際には，所与の条件 (＝議論の出発点の条件) として要請されています．これは，私たちが距離空間と位相空間とを考えていくときの根本姿勢に関わる大きな相違点です．しかし，この相違点こそはコルモゴロフとフォミーンが述べるように '極めて大きな行動の自由を保障する' のです．

ところで，集合 E に対していろいろな距離 d を導入して異なる距離空間 (E, d) を作っていったように，集合 S にいろいろな位相 $\mathfrak{O}$ を定めることによって，S に対して異なるさまざまな位相空間 $(S, \mathfrak{O})$ を作り出すことができます．そして，集合 S を位相空間 $(S, \mathfrak{O})$ の '**台** (あるいは**台集合**)' といい，また先ほども触れたように $\mathfrak{O}$ に属する S の部分集合を，位相空間 S の '開

集合' といいます.

一般に任意の集合 S に対して 2 つの特殊な位相を定めることができます. 実はこれについてはすでに述べたことで, その一つは
$$\mathfrak{O}_* = \{\emptyset,\ S\}$$
とするもので, これを'密着位相(trivial topology)' といいます. いま一つは開集合族として,
$$\mathfrak{O}^* = \mathfrak{P}(S)$$
とするものです. これを'離散位相(discrete topology)' といったわけですが, これは距離
$$d(x,\ y) = \begin{cases} 0 & (x = y) \\ 1 & (x \neq y) \end{cases}$$
による位相でもあります.

すでに述べたように, $\mathfrak{O}_* \subset \mathfrak{O}^*$ が成り立ちますが, このように開集合族の包含関係を用いて'位相の強弱'を定義することもできます. 一般に集合 S の位相全体の集合を考えると, この集合は最大元と最小元をもつ順序集合になりますが, 全順序集合にはなりません. つまり 2 つの位相の間に強弱のつかないものも存在します.

上では開集合族を用いて位相を定義しましたが,
$$\mathfrak{A} = \{A \mid A^c \in \mathfrak{O}\}$$
のように定めれば, これは閉集合族であり, 開集合族 $\mathfrak{O}$ の性質(O1)〜(O3)と DeMorgan の法則から閉集合族 $\mathfrak{A}$ は次の 3 つの条件を満たすことが直ちにわかるでしょう. すなわち

(A1) $S \in \mathfrak{A},\ \emptyset \in \mathfrak{A}$

(A2) $A_1 \in \mathfrak{A},\ A_2 \in \mathfrak{A}$ ならば $A_1 \cup A_2 \in \mathfrak{A}$

(A3) $A_\lambda \in \mathfrak{A}$ ならば $\bigcap_{\lambda \in \Lambda} A_\lambda \in \mathfrak{A}$

が成り立ちます. したがって, 集合 S に (A1)〜(A3) を満たす集合族 $\mathfrak{A}$ が与えられると, これに対して開集合族 $\mathfrak{O}$ を

$$\mathfrak{O} = \{O \mid O^c \in \mathfrak{A}\}$$

のように定めれば，これが(O1)～(O3)を満たすことは明らかですから，結果的に S に位相を定めることもできます．

このように，集合 S に位相を導入する方法はいくつかあり，上で述べた「近傍系による方法」，「開集合族による方法」，「閉集合族による方法」のほかにも，クラトフスキー[13]による「閉包による方法」などもあります．

9.2.4 位相空間における連続写像

定理 9·5 は距離空間における連続写像に関する定理ですが，これに符合する位相空間における定理に次のようなものがあります．

定理 9·6 $(S, \mathfrak{O}), (S', \mathfrak{O}')$ を2つの位相空間とし，f を S から S' の写像とする．このとき，次の(Ⅰ)～(Ⅲ)は同値である．

(Ⅰ) $f(x) = x' (x \in S, x' \in S')$ とする．このとき，x' の任意の近傍 V' に対して，$f^{-1}(V')$ は x の近傍になる．

(Ⅱ) S' の任意の閉集合 A' に対して，その原像 $f^{-1}(A')$ は S の閉集合である．

(Ⅲ) S' の任意の開集合 O' に対して，その原像 $f^{-1}(O')$ は S の開集合である．

上の定理と定理 9·5 を比較してください．いうまでもなく，位相空間 S から位相空間 S' への写像 f に対して，この定理のいずれか一つが成り立つとき，f を連続写像といいます．(Ⅱ)と(Ⅲ)が同値であることはほとんど明らかでしょう．実際，S' の任意の部分集合 X' に対して，

$$f^{-1}(S' - X') = S - f^{-1}(X')$$

が成り立つことから直ちに示すことができます．そこで(Ⅰ)と(Ⅲ)が同値で

---

[13] Casimir Kuratowski(1896～1980).

あることを以下に証明しておきます.

[証明] S の点 x の近傍を $\mathfrak{V}_S(x)$, S' の点 x' の近傍を $\mathfrak{V}_{S'}(x')$ で表すとする.
(I) $\Longrightarrow$ (III):いま, $O' \in \mathfrak{O}'$ とし, $f^{-1}(O') = O$ とする. x を O の任意の点とし, $f(x) = x'$ とすると, $x' \in O'$ であるから $O' \in \mathfrak{V}_{S'}(x')$ である. したがって, 仮定により $O = f^{-1}(O') \in \mathfrak{V}_S(x)$ となり, これが任意の点 x について成り立つので, $O = f^{-1}(O') \in \mathfrak{O}$ となる[14].
(III) $\Longrightarrow$ (I):V' は x' の近傍であるから,
$$x' \in U' \subset V'$$
となる $U' \in \mathfrak{O}'$ が存在する. したがって,
$$x = f^{-1}(x') \in f^{-1}(U') \subset f^{-1}(V')$$
となる. 仮定より, $f^{-1}(U') \in \mathfrak{O}$ であるから, $f^{-1}(V') \in \mathfrak{V}_S(x)$ となる. ∎

なお, 2つの位相空間 S, S' が存在して, S から S' への全単射 f が存在し, f および f^{-1} がともに連続であるとき, f は位相写像であるといい, $(S, \mathfrak{O})$ と $(S', \mathfrak{O}')$ は '位相同型' であるといいます.

私が学生時代には, 初心者向けトポロジーの本にしばしば「コーヒーカップとドーナツとは同じ形」であり, '位相数学' とは「弾性的なゴム・シートの上に描かれた図形を伸ばしたり縮めたりしても変化しない性質の研究」といった説明が見られましたが, この伸ばしたり縮めたりすることが, 上で述べた位相写像にほかなりません.

9.2.5 分離公理とハウスドルフ空間について

第1章で藤井貞和氏の『ハウスドルフ空間』という詩集を紹介した手前,

---

[14] 位相空間 S の部分集合 O が開集合となるための必要十分条件は, O の任意の点に対して, O が x の近傍になっていることである.

第9章 距離から位相へ

'ハウスドルフ空間'について述べないわけにはいかないでしょう．本章の最後にこれについて簡単に触れておきたいと思います．

さきほど，たとえ話として，幼い少年の脳内にある人間把握のための位相について述べましたが，彼にとっては $h_1, h_2, \cdots, h_n$ は個別に認識されているものではなく，すべて同一視されています．それではこれらを別々の点（人物）と認識するには，どうすればよいのでしょうか．ここに，「分離公理」が生れる所以があるのです．

また，次のように考えて「分離公理」が求められた，と考えてもいいでしょう．すなわち，私たちは'距離空間'に依拠して開集合を考え，その基本的な性質を利用して，'位相および位相空間'を定義したのはいいのですが，この空間は距離空間に比べて，言ってみればノッペラボーの世界であり，点列の収束などにおいても少々ヘンテコな振る舞いをしてしまうものが出てきます．そこで逆に，この'位相空間'を'距離空間'へ近づけるためには，どんな'条件'を付与すればよいのか．この条件がすなわち**分離公理**にほかなりません．

とにかく，いったん抽象の高みにのぼって，そこから下界を目指してそこに降りてくるための条件を考えてみよう，というわけです．そしてこれによって，「われわれが日常扱う距離空間や実数空間などの諸性質が依存する本質」が見えてくるという次第です．

さて，藤井氏の詩には'T_2-空間'とか'T_3-空間'という耳慣れない言葉が登場してきましたが，まず T-**空間**の定義から述べてみます．これは最も基本的な位相空間で，9.2.2で述べた

(T1) $\emptyset \in \mathfrak{T}$ かつ $S \in \mathfrak{T}$

(T2) $O_1, O_2 \in \mathfrak{T}$ ならば，$O_1 \cap O_2 \in \mathfrak{T}$

(T3) $O_\lambda \in \mathfrak{T}$ ($\lambda \in \Lambda$) ならば，$\bigcup_{\lambda \in \Lambda} O_\lambda \in \mathfrak{T}$

という条件だけを満たす位相空間 $(S, \mathfrak{T})$ のことです．

この T-空間が以下の条件を満たすとき，これを T_0-**空間**と言い，またこ

の条件を**コルモゴロフの公理**と言います.

公理 T_0 T-空間 $(S, \mathfrak{T})$ の異なる任意の 2 点 x, y に対して,ある $\mathfrak{T}$ の要素 G(開集合)が存在して,
$$x \in G, y \notin G \quad \text{または} \quad x \notin G, y \in G$$

ここで証明はしませんが,これは別言すれば,S の任意の異なる 2 点 x, y に対して
$$\{x\}^- \neq \{y\}^-$$
が成り立つということにほかなりません.ただし,$\{x\}^-$ は集合 $\{x\}$ の閉包を表わします.

T_0-空間の例を一つ紹介します.$S = \mathbb{N}$ とし,
$$O_n = \{n, n+1, n+2, \cdots\cdots\} \quad (n = 1, 2, 3, \cdots)$$
とし,
$$\mathfrak{T} = \{\emptyset, O_1, O_2, O_3, \cdots\cdots\}$$
とします.ここで,$S = O_1$ ですから,空間 $(S, \mathfrak{T})$ が位相空間であることは明らかで,この位相空間が公理 T_0 を満たすことも簡単に確認できます.実際,たとえば $2, 3 \in S$ に対して,$O_3 \in \mathfrak{T}$ をとると
$$2 \notin O_3, \quad 3 \in O_3$$
となります.このことは,S の異なる任意の 2 点についても成り立っています.

さらに,この T_0-空間が,通常の距離空間とはかなり異なる様相を呈することを確認するために,たとえば $\{5\}^-$ ('5' の閉包)を求めてみましょう.以下のようになります.
$$\begin{aligned}
m \in \{5\}^- &\iff m \text{ の触点} \\
&\iff \forall O_i \, (m \in O_i) : O_i \cap \{5\} \neq \emptyset \\
&\iff \forall i \, (i < m) : i \leq 5 \\
&\iff m \leq 5
\end{aligned}$$

273

第9章　距離から位相へ

したがって
$$\{5\}^- = \{1, 2, 3, 4, 5\}$$
のようになります．実数 $\mathbb{R}$ における通常の距離によって定義された位相では，$\{5\}^- = 5$ ですから，これはかなり奇妙な世界というほかはありません．それゆえ，位相空間 $(S, \mathfrak{T})$ を私たちに親しみのある距離空間に近づけるためには，もっと強い分離公理を考えていく必要があるのです．

そこで T_1-**空間**の登場というわけですが，これは条件

公理 T_1　　T-空間 $(S, \mathfrak{T})$ の異なる任意の 2 点 x, y に対して，ある $\mathfrak{T}$ の 2 つ要素 G_1, G_2（開集合）が存在して，
$$x \in G_1, y \notin G_1 \text{ かつ } x \notin G_2, y \in G_2$$
を満たす位相空間を言います．この条件は**フレシェの公理**と呼ばれます．

そして，さらに強い条件をもった位相空間として例の詩でも語られる T_2-**空間**，すなわち**ハウスドルフ空間**が考えられます．これは以下の**ハウスドルフの公理** T_2 を満たす T-空間のことを言います．

公理 T_2　　T-空間 $(S, \mathfrak{T})$ の異なる任意の 2 点 x, y に対して，ある $\mathfrak{T}$ の 2 つ要素 G_1, G_2（開集合）が存在して，これらは互いに素，すなわち $G_1 \cap G_2 = \emptyset$ であり，
$$x \in G_1, y \notin G_1 \text{ かつ } x \notin G_2, y \in G_2$$

下の図を参考に，フレシェの公理を満たす T_1-空間とハウスドルフの公理を満たす T_2-空間の違いを実感してください．

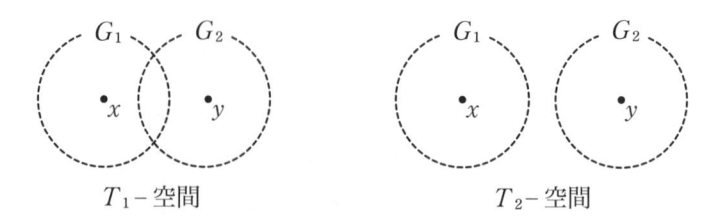

T_1-空間　　　　　　　　T_2-空間

さて，例の詩にはT_3-空間というものも登場していましたが，これについても簡単に説明しておきましょう．位相空間$(S, \mathfrak{T})$が，次の**ヴィエトリス(Vietoris)の公理**を満たすとき，**正則空間**といいます．

公理 T_3 Sの任意の閉部分集合FとFに含まれないSの1点xに対して，互いに素な開集合G_1, G_2が存在して，
$$F \in G_1, \quad x \in G_2$$
とすることができる．

この正則空間がT_1-空間であるとき，これをT_3-空間といいますが，これはT_2-空間の場合の一方の点を閉集合としたものにほかなりません．
　さらにまた，一方の点だけではなく，以下のように両方の点を閉集合にした条件を考えることもあります．

公理 T_4 位相空間$(S, \mathfrak{T})$の2つの互いに素な閉集合F_1, F_2に対して，2つの開集合G_1, G_2が存在して，
$$G_1 \cap G_2 = \emptyset, \quad F_1 \subset G_1, \quad F_2 \subset G_2$$
とすることができる．

この公理を満たす位相空間を**正規空間**といい，正規空間がT_1-空間でもあるとき，T_4-**空間**と言います．
　位相空間についてはまだまだ話は尽きず，位相空間を距離空間に近づけるために上では'分離公理'というものを考えましたが，さらに距離空間そのものにするために，ウリゾーン(Urysohn)の'距離付け可能定理'なども考えておく必要があります．しかし，位相空間の話はこのあたりでひとまず終わりとしておきましょう．位相空間に興味を持たれた方は，是非専門書を紐解いてみてください．

第10章 関数解析学事始め

10.1 完備距離空間

10.1.1 距離空間の完備化

　有理数の世界 $\mathbb{Q}$ では，基本列（コーシー列）が収束するとは限りませんでしたが，実数の世界 $\mathbb{R}$ では基本列は収束しました．別の言い方をすれば，有理数列で基本列になるものをとれば，それが必ず収束するようなあらたな世界を私たちは考えることができ，それを「実数」と名付けたのでした．このように「基本列が収束するような世界を作る」ことを**完備化**といいますが，これとまったく同様なことが「距離空間」の'点列'についてもいえます．

　一般に，距離空間 (E, d) の点列 $\{x_n\}$ が1点 a に収束するとは，任意の正数 $\varepsilon > 0$ に対して，ある自然数 n_0 が定まり，
$$n \geq n_0 \implies d(x_n, a) < \varepsilon$$
ということでした．そしてこのとき，任意の正数 $\varepsilon > 0$ に対して，ある自然数 n_0 が定まり，
$$l, m \geq n_0 \implies d(x_l, x_m) < \varepsilon$$
が成り立ちます．これは実数の場合とまったく同様に示すことができますが，この条件を満たす点列 $\{x_n\}$ を'**基本点列**（あるいは**コーシー点列**）'といいます．いうまでもなく，

$$\text{収束点列} \implies \text{基本点列}$$

が成り立ちますが，その逆，すなわち

$$\text{基本点列} \implies \text{収束点列}$$

は必ずしも成立しません．とくに，これが成立する距離空間を**完備**（**complete**）であるといいます．そして距離空間 (E, d) が完備でないときは，これを部分

空間[1]として含む完備な距離空間を，$\mathbb{Q}$ から $\mathbb{R}$ を作ったように作り出すことができます．この詳しい証明はここでは割愛しますが，要するにカントールが実数を構成したのとほぼ同じ方法と言っても誤りではありません．

なお，「完備性」は解析学にとって最も重要な概念と言っても過言ではありませんが，「基本点列は収束する」という「完備性」への確信というものは，いったい私たちのどこに，また何に依拠しているのでしょうか．いつものことながら，この問題こそわたしには'深刻'なテーマに思われますが，これはもちろん「数学」の問題ではなく，「人間」の問題です．

それはさておき．ここまでの話から分かるように，完備距離空間についても，実数世界の数列とほぼ同じ性質がアナロジカルに成り立つことは当然予想できることですが，たとえば距離空間 (E, d) が完備であるとき

（I）E の閉集合の列 $\{A_n\}\,(n \in \mathbb{N})$ があり
$$A_n \supset A_{n+1},\quad A_n \neq \emptyset,\quad \lim_{n\to\infty} \mathrm{diam}(A_n) = 0$$
ならば，すべての A_n に属するただ一つの点が存在する

という命題もその一つでしょう．ただし，ここで
$$A_n = \{x_m \mid m \geq n\} \subset E$$
$$\mathrm{diam}(A_n) = \sup\{d(x, y) \mid x, y \in A_n\}$$
とします．$\mathrm{diam}\,A_n$ は集合 A_n に含まれる 2 点の距離の上限であり，A_n の**直径**ということもあります．

また，実数世界で考えた'区間縮小列の原理'の一般化である'**閉球列の原理**'と言われる次の（II）も成り立ちます．すなわち，

（II）E の閉球 $B_n = B(a_n ; r_n)$ の列があって，
$$B_n \supset B_{n+1}\,(n \in \mathbf{N}),\quad \lim_{n\to\infty} r_n = 0$$

---

[1] 距離空間 (E, d) の部分集合 F も，E と同じ距離関数 d によって距離空間となるが，このとき F を E の部分距離空間という．

ならば，B_n の中心 a_n は収束して，その極限はすべての B_n に共通なただ一つの点である

という定理です．これらの命題は距離空間 (E, d) が完備である，という条件と同値ですが，このほかに完備距離空間については以下のような性質があります．定理としてまとめておきましょう．

定理 10·1　(E, d) を距離空間とし，その部分距離空間を (F, d) とする．このとき
(1) (E, d) が完備，F が E で閉集合 $\Longrightarrow$ (F, d) は完備
(2) (F, d) が完備 $\Longrightarrow$ F は E で閉集合

[証明]（1）$\{x_n\}(n \in \mathbb{N})$ を F の任意の基本点列とする．このとき，$\{x_n\}$ を E の点列と考えると，これは基本点列となっているから，E の完備性により，$\{x_n\}$ は E の 1 点 a に収束する．ところが，$x_n \in F$ であり F は閉集合であるから，$a \in F$ である．すなわち，閉集合 F は完備である．∎
（2）点列 $\{x_n\}$ の各要素を F の元とし，これを E の点列と考えて $\lim_{n \to \infty} x_n = a (\in E)$ のように収束するとする．いうまでもなく，これは E においても F においても基本列であり，F の完備性により $\lim_{n \to \infty} x_n = b (\in F)$ なる b が存在する．a, b はともに点列 $\{x_n\}$ の極限点であるから $a = b$ となり，それゆえ $a \in F$ となって，F は閉集合である．∎

直積距離空間についての次の定理も'数列全体'のつくる距離空間を考えていく際に大切になります．

定理 10·2　2 つの距離空間 (E_1, d_1), (E_2, d_2) がともに完備ならば，直積距離空間 $E = E_1 \times E_2$ も完備である．ただし，直積距離空間 E の 2 点 $\mathbf{x} = (\xi_1, \xi_2)$, $\mathbf{y} = (\eta_1, \eta_2)$ の距離は
$$d(\mathbf{x}, \mathbf{y}) = d_1(\xi_1, \eta_1) + d_2(\xi_2, \eta_2)$$

で与えられるものとする.

証明するまでもなくほとんど自明と思われる定理ですが,証明は以下のようになります.

[**証明**]　$\{\mathbf{x}_n\}$ ($\mathbf{x}_n = (\xi_{1n}, \xi_{2n})$ ($n=1, 2, \cdots$)) を E の基本点列とする.このとき,
$$d(\mathbf{x}_l, \mathbf{x}_m) = d_1(\xi_{1l}, \xi_{1m}) + d_2(\xi_{2l}, \xi_{2m})$$
である.点列 $\{\xi_{1n}\}, \{\xi_{2n}\}$ はそれぞれ E_1, E_2 の基本点列であり,E_1, E_2 は完備であるから,
$$\lim_{n \to \infty} \xi_{1n} = a_1, \quad \lim_{n \to \infty} \xi_{2n} = a_2$$
となる a_1, a_2 が存在する.したがって,$\mathbf{a} = (a_1, a_2)$ とすると,
$$d(\mathbf{x}_n, \mathbf{a}) = d_1(\xi_{1n}, a_1) + d_2(\xi_{2n}, a_2)$$
であるから,$\lim_{n \to \infty} \mathbf{x}_n = \mathbf{a}$ となって,$E = E_1 \times E_2$ も完備であることが示された.　∎

10.1.2 完備距離空間の例

以下に完備距離空間 (E, d) の典型的な例を挙げてみましょう.

(1) 完備距離空間の典型的な例,いやその第一の雛型として挙げなければならないのは $(\mathbb{R}, d)$ でしょう.ただし,$d(x, y)$ は 2 数 $x, y (\in \mathbb{R})$ の差の絶対値 $|x-y|$ とします.$\mathbb{R}$ の完備性はいうまでもなく $\mathbb{R}$ の「連続性」と密接に関連しています.

(2) 可算無限個の完備距離空間 (E_n, d_n) の直積 $E = \prod_{n=1}^{\infty} E_n$ の 2 点 $\mathbf{x} = \{\xi_n\}, \mathbf{y} = \{\eta_n\}$ に対して
$$d(\mathbf{x}, \mathbf{y}) = \sum_{n=1}^{\infty} \frac{1}{2^n} \cdot \frac{d_n(\xi_n, \eta_n)}{1 + d_n(\xi_n, \eta_n)} \quad \cdots (*)$$
と定めると E は完備距離空間になります.

定理 10·2 では 2 個の完備距離空間の直積を考え，この直積空間に対してその距離を $d(\mathbf{x}, \mathbf{y}) = d_1(\xi_1, \eta_1) + d_2(\xi_2, \eta_2)$ のように定めましたが，これは m 個の直積空間にも拡張され，その場合距離は

$$d(\mathbf{x}, \mathbf{y}) = \sum_{n=1}^{m} d_n(\xi_n, \eta_n)$$

のように定義されます．しかし，可算無限個の場合は単に $\sum_{n=1}^{\infty} d_n(\xi_n, \eta_n)$ としたのでは，この無限級数が収束するとは限らないので，いわゆる'距離の変更'が必要で，それゆえ上のように距離を定義しておくというわけです．実際，無限級数 (*) の一般項は 2^{-n} よりも小さいのでこれが収束することは容易に確かめることができます．

(3) $E = C[0, 1]$ (閉区間 $[0, 1]$ で定義された連続な実数値関数の全体)，$d(x, y) = \max_{0 \leq t \leq 1} |x(t) - y(t)|$ とすると，(E, d) は完備距離空間になります．

以後の議論で (3) は重要になりますので，距離空間 $(C[0, 1], d)$ が完備であることをきちんと証明しておきます．

[**証明**] $\{x_n\}$ を $C[0, 1]$ における基本点列とすると，任意の正数 ε に対して，自然数 n_0 が存在して

$$l, m \geq n_0 \implies d(x_l, x_m) < \varepsilon$$

が成り立つ．すなわち，

$$l, m \geq n_0 \implies \forall t \in [0, 1]; |x_l(t) - x_m(t)| < \varepsilon \qquad \cdots ①$$

これは，実数 $t \in [0, 1]$ を固定すると，実数列 $\{x_n(t)\}$ が基本列であることを示しているので，実数体 $\mathbb{R}$ の完備性から $\{x_n(t)\}$ は収束する．そこで，いまこの極限値を $\varphi(t)$ とする．すなわち

$$\lim_{n \to \infty} x_n(t) = \varphi(t)$$

とする．この $\varphi(t)$ は t によって定まる関数であるが，以下，

(イ) $\varphi(t)$ が t の連続関数であること

(ロ) $\lim_{n\to\infty} d(x_n, \varphi) = 0$ (x_n が距離 d の意味で φ に収束する)

を示しておけば，$C[0, 1]$ が完備であることが証明されたことになる．

(イ)：目標は，任意の正数 ε に対して，正数 δ が存在して，
$$|s-t|<\delta \implies |\varphi(s)-\varphi(t)|<K\varepsilon \qquad \cdots ②$$
を示しておくことである．ただし，K は正の定数である．

①で $m \to \infty$ とすると，$|x_l(t)-\varphi(t)| \leq \varepsilon$ となる．すなわち，任意の正数 ε に対して，ある自然数 n_0 が存在して，
$$l \geq n_0 \implies \forall t \in [0, 1]; |x_l(t)-\varphi(t)| \leq \varepsilon \qquad \cdots ③$$
が成り立つ．③は，閉区間 $[0, 1]$ の任意の t について成立し，また $l = n_0$ に対しても成り立っているから，$s, t \in [0, 1]$ とすると，
$$|x_{n_0}(s)-\varphi(s)| \leq \varepsilon, \quad |x_{n_0}(t)-\varphi(t)| \leq \varepsilon$$
となり，したがって，
$$|\varphi(s)-\varphi(t)| = |(\varphi(s)-x_{n_0}(s))+(x_{n_0}(s)-x_{n_0}(t))+(x_{n_0}(t)-\varphi(t))|$$
$$\leq |\varphi(s)-x_{n_0}(s)|+|x_{n_0}(s)-x_{n_0}(t)|+|x_{n_0}(t)-\varphi(t)|$$
$$\leq 2\varepsilon + |x_{n_0}(s)-x_{n_0}(t)|$$
すなわち，
$$|\varphi(s)-\varphi(t)| \leq 2\varepsilon + |x_{n_0}(s)-x_{n_0}(t)| \qquad \cdots ④$$
が成り立つ．さらに，$x_{n_0} \in C[0, 1]$ は連続関数であるから，正数 ε に対して，正数 δ が存在して
$$|s-t|<\delta \implies |x_{n_0}(s)-x_{n_0}(t)|<\varepsilon \qquad \cdots ⑤$$
である．したがって，④，⑤から
$$|s-t|<\delta \implies |\varphi(s)-\varphi(t)|<3\varepsilon$$
となって，(イ)は示された．

(ロ)：③で考えた条件はすなわち，
$$l \geq n_0 \implies d(x_l, \varphi) \leq \varepsilon$$

であるから，これより，$\lim_{n\to\infty} d(x_n, \varphi) = 0$ が言える．

以上から，$C[0, 1]$ は完備であることが示された．■

いま証明したことは，「連続関数列の一様収束極限は連続関数である」というよく知られた事実ですが，$C[0, 1]$ が完備にはならない距離関数 d ももちろん存在します．たとえば

$$d(x, y) = d^{(1)}(x, y) = \int_0^1 |x(t) - y(t)| dt$$

と定義すると，距離空間 $(C[0, 1], d^{(1)})$ は完備にはなりません．実際

$$x_n(t) = \begin{cases} 0 & \left(0 \leq t \leq \frac{1}{2} - \frac{1}{n+1}\right) \\ \frac{n+1}{2}t + \frac{1}{2} - \frac{n+1}{4} & \left(\frac{1}{2} - \frac{1}{n+1} \leq t \leq \frac{1}{2} + \frac{1}{n+1}\right) \\ 1 & \left(\frac{1}{2} + \frac{1}{n+1} \leq t \leq 1\right) \end{cases}$$

のように定めると，$x_n(t)$ のグラフは下図のようになり，$m \geq l \geq n_0$ とすると

$$d^{(1)}(x_l, x_m) = \int_0^1 |x_l(t) - x_m(t)| dt$$
$$= \frac{1}{2}\left(\frac{1}{l+1} - \frac{1}{m+1}\right) \leq \frac{1}{2n_0}$$

ですから，点列 $\{x_n\}$ は $d^{(1)}$ の意味で基本列になります．

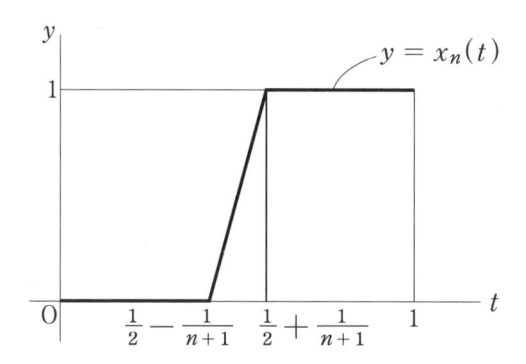

一方，不連続関数 $\varphi(t)$ を $0 \leq t < \frac{1}{2}$ のとき 0， $\frac{1}{2} \leq t \leq 1$ のとき 1 と定めると，

$$\lim_{n\to\infty}\int_0^1 |x_n(t) - \varphi(t)| dt = 0$$

となりますが，$\varphi(t)$ は連続関数ではないので $(C[0, 1], d^{(1)})$ は完備ではありません．

10.2 縮小写像

10.2.1 縮小写像の原理

縮小写像の原理は距離空間の完備性に依拠した大切な定理ですが，大学入試問題においても，この原理を背景にもつ問題がしばしば出題されています．たとえば，次の問題もその例の一つです．

問題 10·1 $f(x) = p\sin x + q$ について，次の問に答えよ．ただし，p, q は実数の定数で，$0 < p < 1$ である．

(1) 方程式 $x = f(x)$ はただ一つの実数解をもつことを示せ．
(2) 任意の実数 α, β に対して，$|f(\alpha) - f(\beta)| < p|\alpha - \beta|$ が成り立つことを証明せよ．

(3) $a_0 = 0$, $a_{n+1} = f(a_n)$ $(n = 1, 2, 3, \cdots)$ によって定義される数列 $\{a_n\}$ は，方程式 $x = f(x)$ の実数解に収束することを，(2) を利用して証明せよ．

これは，かつて杏林大学の医学部で出題されたもので，(1) は $g(x) = x - f(x)$ とおき中間値の定理を，また (2) は平均値の定理を用いれば簡単に証明できます．ちなみに，(2) の不等式を'Lipschitz の条件'といいます．(3) は，$a_{n+1} = f(a_n)$ によって定義された数列が，$x = f(x)$ の解 (これを不動点という) に収束することを示せ，というものですがこれは正に'縮小写像の原理'にほかなりません．この問題を念頭におきながら，以下の一般論を読むと分かり易いのではないかと思います．

一般に距離空間 (E, d) において，写像 $f : E \longrightarrow E$ が縮小写像 (contraction) であるとは，ある正数 r $(0 < r < 1)$ が存在して
$$d(f(x), f(y)) \leqq r d(x, y) \quad (x, y \in E)$$
と定義します．要するに，x と y の距離よりも，これらの像 $f(x)$ と $f(y)$ の距離の方が小さくなるということで，その条件から縮小写像は'一様連続'であることがわかります．

また，完備距離空間については次の縮小写像の原理が成立します．

定理 10·3 完備距離空間 (E, d) において，縮小写像 f は唯一の不動点[2]をもち，E の任意の 1 点を x_0 とし，$x_{n+1} = f(x_n)$ $(n = 0, 1, 2, \cdots)$ によって定められる点列 $\{x_n\}$ は不動点 a $(= f(a))$ に収束する．そして
$$d(x_n, a) \leqq \frac{r^n}{1-r} d(x_0, f(x_0))$$
が成り立つ．

[**証明**] E が完備であるから，点列 $\{x_n\}$ の収束を主張するにはこの点列が基本列であることを示しておけばよい．$x_{n+1} = f(x_n)$ であるから

---

[2] 写像 f によって自分自身にうつる点，すなわち $f(a) = a$ となる点のことを不動点という．

$$d(x_n, x_{n+1}) = d(f(x_{n-1}), f(x_n)) \leq r d(x_{n-1}, x_n)$$
が成り立ち，この不等式を繰り返し用いると $d(x_n, x_{n+1}) \leq r^n d(x_0, x_1)$ を得る．したがって，自然数 n, m ($n < m$) に対して
$$d(x_n, x_m) \leq d(x_n, x_{n+1}) + d(x_{n+1}, x_{n+2}) + \cdots + d(x_{m-1}, x_m)$$
$$\leq (r^n + r^{n+1} + \cdots + r^{m-1}) d(x_0, x_1)$$
$$= \frac{r^n - r^m}{1-r} d(x_0, x_1) \leq \frac{r^n}{1-r} d(x_0, x_1)$$
$$\therefore \quad d(x_n, x_m) \leq \frac{r^n}{1-r} d(x_0, x_1) \qquad \cdots ①$$
ここで，$0 < r < 1$ だから $\lim_{n \to \infty} r^n = 0$ となり，したがって点列 $\{x_n\}$ は基本列になることがわかった．

また，E は完備であるから，$\lim_{n \to \infty} x_n = a$ となる点 a が存在し，$x_{n+1} = f(x_n)$ より $a = f(a)$ である．すなわち，a は f の不動点である．したがって①において，$m \to \infty$ とし，$x_1 = f(x_0)$ に注意すると
$$d(x_n, a) \leq \frac{r^n}{1-r} d(x_0, f(x_0))$$
を得る．

さらに b も不動点であるとすると，$b = f(b)$ だから
$$d(a, b) = d(f(a), f(b)) \leq r d(a, b)$$
$$\therefore \quad d(a, b)(1-r) \leq 0$$
となり，$0 < r < 1$ と $d(a, b) \geq 0$ より $d(a, b) = 0$ でなければならない．すなわち $a = b$ で，不動点は唯一つであることがわかった． ∎

縮小写像の原理は本節のはじめに紹介したようなごく初歩的な応用のみならず，微分方程式の解の存在証明などにも利用されますが，これについては次項で述べることにします．

10.2.2 縮小写像の原理の合成写像 f^k への拡張

前項では完備距離空間 (E, d) と縮小写像の原理について説明しましたが，

その簡単な応用例として，ここでは微分方程式
$$\frac{dx}{dt} = x, \quad x(0) = 1 \qquad \cdots (*)$$
について考えてみたいと思います．この微分方程式は大学入試にもときどき登場しますが，いうまでもなく解は $x(t) = e^t$ となります．しかしここでは，この微分方程式の近似解を縮小写像の原理を利用することによって，求めてみようというわけです．しかし，その前に次の定理を用意しておきましょう．

定理 10・4 f を完備距離空間 (E, d) における連続写像とし，f 自身は縮小写像ではないが，ある正の整数 k に対して f^k（f を k 回施す写像）が縮小写像とする．このとき，f は唯一つの不動点をもつ．

証明するほどのこともない，ほとんど自明とも思われる定理ですが，以下簡単に証明を述べておきます．

[**証明**] f^k は縮小写像であるから，E の任意の点 x, y に対して
$$d(f^k(x), f^k(y)) \leq r d(x, y) \qquad \cdots ①$$
となる r $(0 < r < 1)$ が存在する．したがって前項で述べた定理 10・3 から f^k は唯一の不動点 a をもつ．すなわち，x_0 を E の任意の点とし，点列 $\{x_n\}$ $(n = 0, 1, 2, \cdots)$ を
$$x_n = f^k(x_{n-1}) \quad (n = 1, 2, 3, \cdots) \qquad \cdots ②$$
によって定めていけば，$\lim_{n \to \infty} x_n = a$ となる．実は，これが f の不動点にもなるが，これは以下のように示すことができる．

②の両辺に f を施すと
$$f(x_n) = f(f^k(x_{n-1})) = f^k(f(x_{n-1}))$$
であるから，①より
$$d(f(x_n), x_n) = d(f^k(f(x_{n-1})), f^k(x_{n-1}))$$
$$\leq r d(f(x_{n-1}), x_{n-1})$$
すなわち

$$d(f(x_n), x_n) \leqq r d(f(x_{n-1}), x_{n-1}) \quad (n=1,2,3,\cdots)$$

である．これを繰り返し用いると

$$d(f(x_n), x_n) \leqq r^n d(f(x_0), x_0)$$

が成り立つので，

$$\lim_{n \to \infty} d(f(x_n), x_n) = 0$$

である．

一方，f は連続であったから，$\lim_{n \to \infty} f(x_n) = f(a)$ であり，したがって $d(f(a), a) = 0$ である．すなわち

$$f(a) = a$$

となり，a が f の不動点であることがわかった．また f の不動点は f^k の不動点であり，f^k の不動点は唯一つであるから，f の不動点も a だけであることがわかる． ∎

10.2.3 縮小写像の原理の簡単な応用

さて，いま証明した定理を用いて，前項で与えた微分方程式 (*) の近似解を考えてみますが，微分方程式 (*) を積分方程式に書き直すと，

$$x(t) = 1 + \int_0^t x(s) ds \qquad \cdots (**)$$

のようになります．そこで，いま a を適当な正の実数とし，閉区間 $[-a, a]$ において定義された連続関数全体のつくる関数空間 $C[-a, a]$ (もちろんこれは完備距離空間である) における写像 f を

$$f : x(t) \longrightarrow y(t) = 1 + \int_0^t x(s) ds \quad (|t| \leqq a)$$

によって定めることにします．すなわち，$y = f(x)$ (y は点 x を f でうつした点であるが，x も y も $-a \leqq x \leqq a$ で定義された連続関数であったことを忘れないようにしたい) であり，

$$f(x)(t) = 1 + \int_0^t x(s) ds$$

ということになります．

したがって，$x = f(x)$ となる写像 f の不動点 x が積分方程式（∗∗）の解ということになるわけで，上記の定理を利用すれば，その不動点が存在し，その不動点に収束する点列が解の逐次近似を与えるというわけです．

さて，ここで $C[-a, a]$ における距離関数 d はいうまでもなく

$$d(x, y) = \max_{-a \leq t \leq a} |x(t) - y(t)|$$

のように定義されています．それゆえ，$|s| \leq |t| \leq a$ なる s と $x_1, x_2 \in C[-a, a]$ なる x_1, x_2 に対して

$$|x_1(s) - x_2(s)| \leq d(x_1, x_2)$$

が成り立ちます．

これを踏まえた上で $f^k (k = 1, 2, 3, \cdots)$ が縮小写像になる a の条件を考えてみましょう．

$k = 1$ のとき，

$$|f(x_1)(t) - f(x_2)(t)| = \left| \int_0^t \{x_1(s) - x_2(s)\} ds \right|$$

$$\leq \left| \int_0^t |x_1(s) - x_2(s)| ds \right|$$

$$\leq d(x_1, x_2) \left| \int_0^t ds \right|$$

$$\leq |t| d(x_1, x_2)$$

すなわち，

$$|f(x_1)(t) - f(x_2)(t)| \leq |t| d(x_1, x_2)$$

となり，これが $|t| \leq a$ なる任意の実数 t に対して成り立つので，

$$d(f(x_1), f(x_2)) \leq a d(x_1, x_2)$$

が成り立つことになります．したがって，$a < 1$ ならば f は縮小写像になります．

次に $k = 2$ のときはどうなるのでしょうか．上と同様に考えて

$$|f^2(x_1)(t)-f^2(x_2)(t)|=|f(f(x_1))(t)-f(f(x_2))(t)|$$
$$=\left|\int_0^t \{f(x_1)(s)-f(x_2)(s)\}ds\right|$$
$$\leq \left|\int_0^t |f(x_1)(s)-f(x_2)(s)|ds\right|$$
$$\leq d(x_1,\ x_2)\left|\int_0^t |s|ds\right|$$
$$\leq \frac{t^2}{2}d(x_1,\ x_2)$$

したがって,
$$d(f^2(x_1),\ f^2(x_2))\leq \frac{a^2}{2}d(x_1,\ x_2)$$

となり, $k=2$ の場合は $\frac{a^2}{2}<1$ すなわち $0<a<\sqrt{2}$ ならば f^2 は縮小写像になります.

$k=3$ のときも同様に考えると, 今度は
$$|f^3(x_1)(t)-f^3(x_2)(t)|\leq d(x_1,\ x_2)\left|\int_0^t \frac{s^2}{2}ds\right|$$
$$\leq \frac{|t|^3}{3!}d(x_1,\ x_2)$$

となり, これより
$$d(f^3(x_1),\ f^3(x_2))\leq \frac{a^3}{3!}d(x_1,\ x_2)$$

が言えて, この場合は $0<a<\sqrt[3]{3!}$ ならば f^3 は縮小写像になります.

もうお分かりでしょうが, 同様に考えていくと一般に
$$d(f^k(x_1),\ f^k(x_2))\leq \frac{a^k}{k!}d(x_1,\ x_2)$$

が成り立つことがわかり, この場合は $0<a<\sqrt[k]{k!}$ ならば f^k は縮小写像になるのです. そして,
$$\lim_{k\to\infty}\sqrt[k]{k!}=\infty$$

第10章　関数解析学事始め

です[3]から，どれほど大きな a に対しても k を十分大きくとれば，f^k は縮小写像になることがわかり，したがって不動点が存在しそれが微分方程式の解を与えます．

こうして，微分方程式（＊）は，逐次近似によって近似解が得られることになります．実際，$x_0(t)=1$（定数値関数）とすると，

$$x_1(t)=f(x_0)(t)=1+\int_0^t 1ds=1+t$$

$$x_2(t)=f(x_1)(t)=1+\int_0^t(1+s)ds=1+t+\frac{t^2}{2}$$

$$x_3(t)=f(x_2)(t)=1+\int_0^t\left(1+s+\frac{s^2}{2}\right)ds=1+t+\frac{t^2}{2!}+\frac{t^3}{3!}$$

$$\cdots\cdots\cdots\cdots\cdots\cdots\cdots\cdots$$

のようになります．これは，e^t をマクローリン展開した $\sum_{n=0}^{\infty}\frac{t^n}{n!}$ の部分和にほかなりません．

上で紹介した例は縮小写像のほんの初歩的なものですが，こうした考え方は，微分方程式 $\frac{dx}{dt}=f(t,x)$ の解の存在証明や，Fredholm の積分方程式；

$$x(t)=\lambda\int_a^b K(t,s)x(s)ds+\varphi(t)$$

あるいは Volterra の積分方程式；

$$x(t)=\lambda\int_a^t K(t,s)x(s)ds+\varphi(t)$$

が解をもつことを示す際にも利用されます．興味を持たれた方は是非関数解析学方面の専門書に当たってみてください．

---

[3] $a_k=\sqrt[k]{k!}$ とおくと，

$$\log a_k=\frac{1}{k}\sum_{i=1}^k\log i>\frac{1}{k}\int_1^{k+1}\log x\,dx=\left(1+\frac{1}{k}\right)\log(k+1)-1\xrightarrow[k\to\infty]{}\infty$$

であるから，これより $\lim_{k\to\infty}\sqrt[k]{k!}=\infty$ が示される．

10.3 至る所微分不可能な連続関数

10.3.1 Baire の定理への準備

いよいよこれから，最後の山に挑戦していきます．完備距離空間において，その'完備性'ゆえに成立する Baire の定理とその応用です．

ひと言で述べれば，Baire の定理とは完備距離空間における'痩せた集合[4]'の補集合は稠密である，というもので，それは実数世界 $\mathbb{R}$ における'痩せた集合'である $\mathbb{Q}$ の補集合（＝無理数全体からなる集合）が $\mathbb{R}$ において稠密である，ということの一般化にほかなりません．すでに述べておいたように，その結果として'至る所微分不可能な連続関数の存在'も証明されますが，ここで面白いのは，完備な関数空間が実数世界と allegorical に議論されるところで，数学を逸脱するかもしれませんがこれはこれで一考に値するテーマではないかとわたしは思っています．

まず，距離空間 (E, d) の部分集合を 2 つのタイプに分類するために，言葉の定義からはじめましょう．距離空間 (E, d) の部分集合 A が E において**稠密**(dense)であるとは，A の閉包が E と一致することとします．すなわち

$$A(\subset E) \text{ が } E \text{ において稠密} \iff A^- = E \quad \cdots ①$$

とします．これは，「E の任意の空でない開集合 O に対して，$O \cap A \neq \emptyset$ である」と言い換えることもできます．

また点列の言葉を用いるならば，

$$\forall x(\in E)\, \exists a_n(\in A)\,;\, \lim_{n \to \infty} a_n = x$$

のように述べることもできますし，開球を用いるならば「任意の開球 $N(a;r)$ に対して，$N(a;r) \cap A \neq \emptyset$ である」と捉えることもできます．要するに「A が稠密な集合ならば，E の任意の点 x のどのような近くにも，A の点が存在する」ということにほかなりません．

---

[4] これを第 1 類の集合というが，これがどんなものであるかは後ほど述べる．

これに対して，集合 A が**非稠密疎**あるいは**疎**(rare)[5] であることを，A の閉包の開核が空集合になることと定義します．すなわち

$$A(\subset E) \text{ が } E \text{ において非稠密} \iff A^{-\circ} = \emptyset \qquad \cdots ②$$

となります．すなわち A の閉包の開核 (A^- の内点全体の集合) が空集合ですから，②は「任意の空でない開集合 O に対して，$N(a;r) \subset O, N(a;r) \cap A^- = \emptyset$ となるような開球 $N(a;r)$ が存在する」ことを意味しています．また②からわかるように，

$$A^{-\circ} = \emptyset \iff A^{-\circ c} = \emptyset^c \iff A^{-\circ c} = E$$

であり，$A^{-\circ c} = A^{-c-}$ である[6] から，

$$A^{-c-} = E$$

となり，これは A^{-c} が稠密な集合であることを意味しています．

なおここで注意しておきたいことは，①，②を比べてもらえればわかるかと思いますが「疎であることは稠密であることの否定ではない」ということです．端的に言ってしまえば疎な集合は，稠密な集合よりも粗い集合であるということで，その疎な集合の例としてたとえば，閉区間 $[0,1]$ から可算個の開区間を取り除いて得られる「カントールの3進集合」を想起してもらえればいいでしょう．

以上のことを踏まえて次の定理を証明しておきます．

定理 10・5 F を閉集合とする．このとき，F と F° の差集合 $F - F^\circ$ は非稠密である．

[証明] $A = F - F^\circ$ とおき，$A^{-\circ} = \emptyset$ を示しておけばよい．$A = F \cap F^{\circ c}$ であるから，

---

[5] 'まばらな' といった意味と解釈しておけばよい．なお，'疎 (そ)' を，'全疎' とか '希薄' とか，あるいは '非稠密' とか，いろいろな呼称がある．
[6] 9.1.1 で，開集合に関する演算規則が述べてある．'開核の補集合は補集合の閉包' である．

$$A^- = (F \cap F^{\circ c})^- \subset F^- \cap F^{\circ c-}$$

ここで，F は閉集合であるから $F^- = F$ であり，また $F^{\circ c-} = F^{\circ\circ c} = F^{\circ c}$ であるから

$$A^- \subset F \cap F^{\circ c}$$

が成り立つ．したがって，すでに述べた定理 9・1(3) から

$$A^{-\circ} \subset (F \cap F^{\circ c})^\circ = F^\circ \cap F^{\circ c\circ} \subset F^\circ \cap F^{\circ c} = \emptyset$$

すなわち，$A^{-\circ} = \emptyset$ となって，$A = F - F^\circ$ が疎であることが示された．∎

この定理から，開集合または閉集合の境界点の集合は，疎であることがわかりました．次に，距離空間 (E, d) の部分集合 A を Baire に従い 2 つのタイプに分類しておきます．

A が**第一類の集合**(set of the first category)(第一類集合のことを，Bourbaki 流に**瘠せた集合**ということもあります．)とは，A が高々可算個の疎な集合の和集合で表されることであると定義します．すなわち

$$A \text{ が第一類の集合} \iff A = \bigcup_{n=1}^{\infty} A_n, \ (A_n^{-\circ} = \emptyset)$$

ということになります．つまり

$$(\text{第一類の集合}) = (\text{瘠せた集合})$$
$$= \bigcup_{n=1}^{\infty} (\text{疎あるいは希薄な集合})_n$$

という風に理解しておけばいいでしょう．

また A が**第二類の集合**(set of the second category)とは，A が第一類の集合でないことで，これは A が可算個の疎な集合を用いて上記のようには表せないことであり，もし，$A = \bigcup_{n=1}^{\infty} A_n$ のようにかけたとすると，集合 $A_n (n = 1, 2, 3, \cdots)$ の中に，$A_n^{-\circ} \neq \emptyset$ となる集合 A_n (疎でない集合)が存在

することを意味しています．

たとえば実数の集合 $\mathbb{R}$ においては一点からなる集合は疎[7]ですから，その可算個の和集合として表される有理数の集合 $\mathbb{Q}$ は，第一類の集合ということになります．

ところで，第一類の集合の部分集合や，その可算個の和集合は，当然のことながら第一類の集合になることは予想されますが，それを確認するために以下の定理を証明しておきます．

定理 10・6

(1) 第一類集合 A の部分集合 $B(\subset A)$ は第一類集合である．

(2) 第一類集合 $A_n (n = 1, 2, 3, \cdots)$ の可算個の和集合 $A = \bigcup_{n=1}^{\infty} A_n$ は第一類集合である．

[**証明**] (1) $A = \bigcup_{n=1}^{\infty} A_n$，$A_n^{-\circ} = \emptyset$ とする．このとき，

$$B = A \cap B = \bigcup_{n=1}^{\infty} (A_n \cap B)$$

であり，$(A_n \cap B)^{-\circ} \subset A_n^{-\circ} = \emptyset$，すなわち $(A_n \cap B)^{-\circ} = \emptyset$ であるから，B は第一類の集合である．

(2) A_n が第一類の集合であるから，$A_n = \bigcup_{k=1}^{\infty} A_{n,k}$，$A_{n,k}^{-\circ} = \emptyset$ とかける．したがって，

$$A = \bigcup_{n=1}^{\infty} A_n = \bigcup_{n=1}^{\infty} \left(\bigcup_{k=1}^{\infty} A_{n,k} \right)$$

となり，A は可算個の非稠密な集合 $A_{n,k}$ ($n = 1, 2, 3, \cdots, k = 1, 2, 3, \cdots$) の和集合で表されるので，$A$ は第一類の集合となる． ∎

---

[7] a を一つの有理数とすると，$\{a\}^- = \{a\}$ であり，$\{a\}^\circ = \emptyset$ であるから，$\{a\}^{-\circ} = \emptyset$ となって，$\{a\}$ は非稠密な集合であることがわかる．

次項ではいよいよ「完備距離空間の第一類の集合の補集合は稠密である」という Baire の定理を証明します．面白いことに，この定理を証明すれば，実数体 $\mathbb{R}$ が可算集合でないことも示されます．さらに，Baire の定理は一般の位相空間 $(E, \mathfrak{T})$ にも拡張されていきますが，ともあれその一端でも垣間見ていただければ，と考えています．

10.3.2　Baire の定理

前項ではベールの定理の準備として，距離空間 (E, d) の部分集合 A に対して第一類の集合（比喩的に述べれば，濃密度の粗い痩せた集合）と第二類の集合というものを定義しました．簡単に復習しておくと A が第一類の集合であるとは，それが高々可算個の疎な集合の和集合で表されるということで，すなわち

$$A \text{ が第一類の集合} \iff A = \bigcup_{n=1}^{\infty} A_n, \ (A_n^{-\circ} = \emptyset)$$

ということにほかなりませんでした．また，第二類の集合とは，それが第一類の集合ではない，ということでした．

さて，以下にまず次のベールの定理を証明してみましょう．

定理 10·7　完備距離空間 (E, d) の部分集合 A が第一類の集合とすると，A の補集合 A^c は稠密である．すなわち

$$A = \bigcup_{n=1}^{\infty} A_n, \ (A_n^{-\circ} = \emptyset) \implies A^{c-} = E$$

が成り立つ．

$A^{c-} = E$ を示すには，すでに述べたように「任意の開球 $N(a;r)$ に対して $N(a;r) \cap A^c \neq \emptyset$」を主張すればよいわけですが，そのために 10.1.1 で述べた「閉球列の原理」を利用します．これが証明の基本方針です．

[**証明**]　$N(a;r)$ を任意の開球とする．$A_1^{-\circ}=\emptyset$ であるから，開球 $N(a;r)$ に対して，
$$N(a_1;\delta_1)\subset N(a;r) \text{ かつ } N(a_1;\delta_1)\cap A_1^{-}=\emptyset$$
を満たす開球 $N(a_1;\delta_1)$ が存在する．したがって，正数 r_1 を $0<r_1<\delta_1$ のように選んでおくと，
$$B_1\subset N(a_1;\delta_1)\subset N(a;r) \text{ かつ } B_1\cap A_1^{-}=\emptyset$$
を満たす閉球 $B_1=B(a_1;r_1)$ が存在する．

次に，A_2 について上と同様に考えて，閉球 B_2 を定めていく．すなわち，$A_2^{-\circ}=\emptyset$ であるから，開球 $N(a_1;r_1)(\subset B_1)$ に対して，
$$N(a_2;\delta_2)\subset N(a_1;r_1) \text{ かつ } N(a_2;\delta_2)\cap A_2^{-}=\emptyset$$
を満たす開球 $N(a_2;\delta_2)$ が存在する．ただし，$\delta_2\leq r_1$ である．したがって，正数 r_2 を $0<r_2<\delta_2$ のように選んでおくと，
$$B_2\subset N(a_2;\delta_2)\subset N(a_1;r_1) \text{ かつ } B_2\cap A_2^{-}=\emptyset$$
を満たす閉球 $B_2=B(a_2;r_2)$ が存在し，$r_2\leq r_1$ となる．

以下まったく同様にして，A_n に対して，
$$B_n\subset N(a_n;\delta_n)\subset N(a_{n-1};r_{n-1}) \text{ かつ } B_n\cap A_n^{-}=\emptyset \qquad \cdots(*)$$
を満たす閉球 $B_n=B(a_n;r_n)$ が存在し，$r_n\leq r_{n-1}$ となる．いうまでもなく各球の半径 r_n からなる数列 r_n は単調に減少するので，$\lim_{n\to\infty}r_n=0$ のようにとってもよい．

こうして，
$$B_n\supset B_{n+1}(n\in\mathbb{N}), \quad \lim_{n\to\infty}r_n=0$$
であるような E の閉球列 $\{B_n\}$ を構成することができる．ただし，$B_n=B(a_n;r_n)$ である．したがって，(E,d) が完備であるから '閉球列の原理' により
$$\lim_{n\to\infty}a_n=a_0, \quad a_0\in\bigcap_{n=1}^{\infty}B_n$$
となる $a_0(\in E)$ が存在する．この a_0 はいうまでもなく，$(*)$ からすべての自

然数 n に対して $a_0 \notin A_n^-$ である．すなわち
$$a_0 \notin \bigcup_{n=1}^{\infty} A_n^-$$
であり，$\bigcup_{n=1}^{\infty} A_n \subset \bigcup_{n=1}^{\infty} A_n^-$ であるから，
$$a_0 \notin \bigcup_{n=1}^{\infty} A_n = A \quad \therefore \quad a_0 \notin A \quad \therefore \quad a_0 \in A^c \quad \cdots ①$$
一方，$a_0 \in B_n \subset N(a_{n-1}; r_{n-1}) \subset \cdots \subset N(a; r)$ であるから
$$a_0 \in N(a; r) \quad \cdots ②$$
である．

よって，①，② から $a_0 \in N(a; r) \cap A^c$，すなわち $N(a; r) \cap A^c \neq \emptyset$ が言えて，A^c は稠密であることがわかったので，題意は示されたことになる．■

この定理から，いくつかの重要な命題が直ちに導かれます．たとえば，いま (E, d) を**完備距離空間**とすると，「E **は第二類集合**」になります．実際，E が第一類集合とすると，上に示した定理から E の補集合 $E^c = \emptyset$ が稠密でなければならないことになるからで．これは明らかに矛盾です．そして，E が第二類集合ですから
$$E = \bigcup_{n=1}^{\infty} A_n \implies \exists n \in \mathbb{N}; A^{-\circ} \neq \emptyset$$
ということも，「第二類集合」の定義から直ちにわかります．

さらに，E の部分集合 A について「$A^\circ \neq \emptyset$ ならば A が第二類集合である」ということもわかります．なぜなら，もし A が第一類集合だとすると，これまた上で証明した定理により，$A^{c-} = E$ が成り立ち，$A^{c-} = A^{\circ c}$ に注意すると，$A^{\circ c} = E$ すなわち $A^\circ = \emptyset$ となってしまうからです．

10.3.3　至る所微分不可能な連続関数の存在証明

私たちはようやく「至る所微分不可能な連続関数の存在」を，具体的な関数

第10章 関数解析学事始め

の例を提示することなしに証明できるところまで来ましたが，まず証明のアウトラインを説明しておきます．

閉区間 $[0, 1]$ で連続な関数全体の集合 $E = C[0,1]$ を考え，この連続関数空間内の 2 点 x, y（これらは'関数'である）の距離を
$$d(x, y) = \max_{0 \leq t \leq 1} |x(t) - y(t)|$$
と定めておきます．このとき，距離空間 (E, d) はすでに見たように，完備になります．

いま，自然数 $k(\in \mathbb{N})$ と実数 $t(\in [0, 1])$ に対して，E の部分集合 $A_k(t)$ を
$$A_k(t) = \{x \in E \mid |x(s) - x(t)| \leq k|s-t|,\ 0 \leq s \leq 1\}$$
のように定めます．これを図形的に説明すると，集合 $A_k(t)$ に属する関数 $u = x(s)$ のグラフは点 $(t, x(t))$ を通る 2 直線
$$u = k(s-t) + x(t), \quad u = -k(s-t) + x(t)$$
にはさまれた領域内に存在するということにほかなりません．

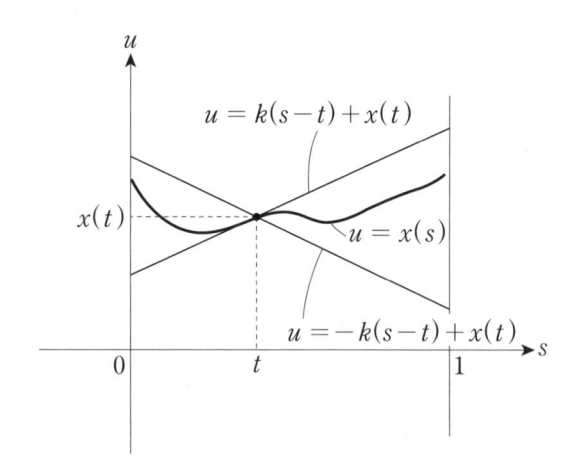

また
$$B_k = \bigcup_{t \in [0,1]} A_k(t), \quad D = \bigcup_{k=1}^{\infty} B_k$$
と定めておきます．このとき，

(1) $x(t)$ が $t=t_0$ で微分可能ならば $x \in D$ である.

(2) D は第一類の集合,すなわち B_k が非稠密な集合である.

を示します.もし,この2つが示されたとすると,Baireの定理により D の補集合 D^c は E で稠密であるから,(1)の'対偶'により D^c に属する関数はまさに「至るところ微分不可能である」ということがわかります.すなわち,至るところ微分不可能な連続関数の存在が示されたということになるわけです.

さてそれでは(1)の証明からとりかかりましょう.

[**証明**] (1) $x(t)$ が $t=t_0$ で微分可能ならば $x \in D$ であること;
$x(t)$ が $t=t_0$ で微分可能だから,関数 $\xi(t)$ を
$$\xi(t) = \frac{x(t)-x(t_0)}{t-t_0} \ (t \neq t_0), \quad \xi(t) = x'(t_0) \ (t=t_0)$$
のように定めると,ξ は連続関数である.したがって,ξ は有界であるから,$|\xi(t)| \leq k \ (0 \leq t \leq 1)$ を満たす自然数 k が存在する.つまり,$t \neq t_0$ のときも $t=t_0$ のときも
$$|x(t)-x(t_0)| = |\xi(t)||t-t_0| \leq k|t-t_0|$$
が成り立つ.よって,
$$x \in A_k(t) \subset B_k \subset \bigcup_{k=1}^{\infty} B_k = D \qquad \therefore \ x \in D$$
となる.

(2) D が第一類の集合,すなわち B_k が疎な集合であること;
B_k が非稠密な集合であることを示すには,$\overline{B_k}^\circ = \emptyset$ を証明しておけばよいが,実は「B_k は閉集合になる $(\overline{B_k} = B_k)$」(これは後で証明する)ので,「$B_k^\circ = \emptyset$」を示しておけばよいことになる.以下,順に証明しよう.

はじめに,「集合 B_k は閉集合である」ことを示そう.$x_n \in B_k$ とし,$\lim_{n \to \infty} x_n = x$ としよう.この x が B_k に属することを証明しておけば,B_k が閉集合であることが示されたことになる.

B_k の定め方から,

$$|x_n(s) - x_n(t_n)| \leq k|s - t_n|, \quad (0 \leq s \leq 1) \qquad \cdots ①$$

を満たす $t_n \in [0, 1]$ が存在する．数列 $\{t_n\}$ は閉区間 $[0, 1]$ の数列であるから有界で，したがってボルツァノ・ワイエルシュトラスの定理[8]から，収束する部分列 $\{t_{\varphi(n)}\}$ を含む．そこで，いま $\lim_{n \to \infty} t_{\varphi(n)} = t_0$ としておく．

さて $\lim_{n \to \infty} x_{\varphi(n)} = x$ であるから，任意の正数 ε に対して，$n_1 \in \mathbb{N}$ が存在して，t を $0 \leq t \leq 1$ とすると，

$$n \geq n_1 \implies |x_{\varphi(n)}(t) - x(t)| < \varepsilon \qquad \cdots ②$$

が成り立つ．また，x は連続関数であったから $\lim_{n \to \infty} x(t_{\varphi(n)}) = x(t_0)$，すなわち任意の正数 ε に対して，$n_2 \in \mathbb{N}$ が存在して，

$$n \geq n_2 \implies |x(t_{\varphi(n)}) - x(t_0)| < \varepsilon \qquad \cdots ③$$

したがって，$n_0 = \max(n_1, n_2)$ とすると，$n \geq n_0$ ならば②，③より

$$|x_{\varphi(n)}(t_{\varphi(n)}) - x(t_0)|$$
$$= |x_{\varphi(n)}(t_{\varphi(n)}) - x(t_{\varphi(n)}) + x(t_{\varphi(n)}) - x(t_0)|$$
$$\leq |x_{\varphi(n)}(t_{\varphi(n)}) - x(t_{\varphi(n)})| + |x(t_{\varphi(n)}) - x(t_0)|$$
$$< \varepsilon + \varepsilon = 2\varepsilon$$

が成り立つ．すなわち，$m = \varphi(n)$ とおくと

$$\lim_{n \to \infty} x_m(t_m) = x(t_0)$$

となる．したがって，①において n を m とすると，

$$|x_m(s) - x_m(t_m)| \leq k|s - t_m|, \quad (0 \leq s \leq 1) \qquad \cdots ④$$

が得られ，「$n \to \infty \iff m \to \infty$」だから，④において $m \to \infty$ とすると

$$|x(s) - x(t_0)| \leq k|s - t_0| \quad (0 \leq s \leq 1)$$

となって，$x \in B_k$ となる．よって，B_k は閉集合 ($B_k^- = B_k$) となることがわかった．

次に，$B_k^\circ = \emptyset$ を示す．x を B_k の点（もちろんこれは区間 $[0, 1]$ において連続関数である）とする．任意の正数 ε に対して，

---

[8] 第5章で述べた定理5・8で，「数列 $\{a_n\}$ が有界ならば，収束する部分列 $\{a_{\varphi(n)}\}$ を含む」という定理．

$$p(t) = x(t) - \frac{\varepsilon}{2}, \quad q(t) = x(t) + \frac{\varepsilon}{2}$$

を考え，曲線 $u = p(t)$ $(0 \leq t \leq 1)$ 上に適当に $N+1$ 個の点 $A_i(a_i, p(a_i))$ $(i = 0, 1, \cdots, N)$ を，また曲線 $u = q(t)$ $(0 \leq t \leq 1)$ 上に適当に N 個の点 $B_i(b_i, q(b_i))$ $(i = 1, 2, \cdots, N)$ をとる．ただし，

$$0 = a_0 < b_1 < a_1 < b_2 < a_2 \cdots\cdots < b_N < a_N = 1$$

とし，整数 N は線分 $A_0B_1, B_1A_1, A_1B_2, \cdots, A_{N-1}B_N, B_NA_N$ の傾きの絶対値がすべて $2k$ 以上になるように十分大きく定めておく．このとき，上で定めた $2N+1$ 個の点 $A_0, B_1, A_1, B_2, \cdots, B_N, A_N$ を順次結んでできるジグザグの折れ線を考え，これをグラフとする関数を $y(t)$ としよう．

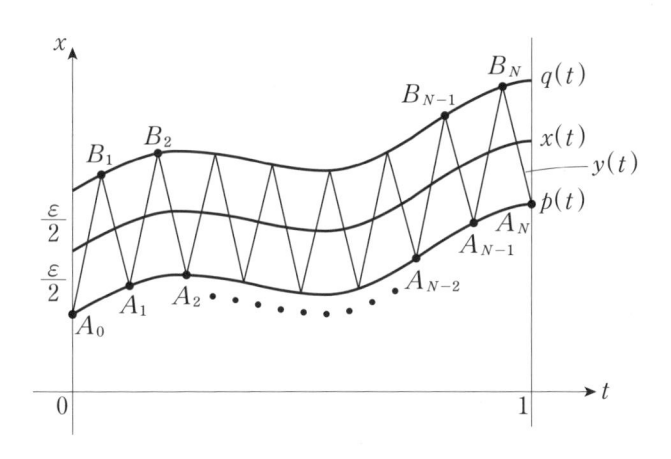

すると，明らかに $d(x, y) \leq \varepsilon$ であり，$y \notin B_k$ となる．すなわち，B_k の点 x の任意の近傍に B_k に属さない点 y が存在することがわかった．言い換えると，B_k のどんな点 x をとってもそれは内点[9]にはならないので，$B_k^\circ = \emptyset$ となる． ∎

---

[9] 点 x が B_k の内点であるとは，適当な正数 ε が存在して，$N(a; \varepsilon) \subset B_k$ が成り立つことであった．

以上で，(1), (2)が証明されたことになり，その結果として至るところ微分不可能な連続関数の存在が証明できたことになります．上の証明でとりわけ興味深いところは，「B_k の点 x の任意の '近所' に B_k に属さない点 y（ジグザグな折れ線関数）が存在する」ということで，これまでたびたび述べてきたように，わたしにとって問題なのは，このような関数の存在を可能ならしめる人間の思惟のあり方そのものです．おそらく，これは私たちの思惟の持つ無限性の問題に通底しているのですが，ここではこれ以上深入りしないことにしておきます．

10.3.4 至る所微分不可能な連続関数の具体例

第 8 章 3 節 (8.3) で「至るところ微分不可能な連続関数」の例をいくつか紹介しておきましたが，筆者が大学時代にその微分不可能性の証明をキチンとやってみたのは，$f(x)$ を実数 x に最も近い整数までの距離として

$$\sum_{n=0}^{\infty}\left(\frac{1}{10}\right)^{n} f(10^{n} x)$$

によって定められる関数だけで，ワイエルシュトラスが構成してみせた有名な関数についての微分不可能性の証明は，1986 年に出版された吉田耕作著『数学の歴史 9　19 世紀の数学　解析学 I』(共立出版社) を読むまではまったく知りませんでした．この本の第 4 章には次のような記述が見られます．

ワイエルシュトラスは 1861 年頃にベルリン大学の講義で次の定理を述べた．

定理　a を正の奇数，b を $0 < b < 1$ かつ $ab > 1 + \dfrac{3\pi}{2}$ を満足する実数とすると

$$(*) \quad f(x) = \sum_{k=0}^{\infty} b^{k} \cos(a^{k} \pi x)$$

は連続かつ有界な関数である．この関数 $f(x)$ はどの x $(-\infty <$

$x<\infty$) においても有限値の微分係数をもたない.

これは当時の数学者たちに大きな衝撃を与えた. 連続関数は, $f(x)=|x|$ における $x=0$ のような特別な点を除いて, 有限値の微分係数をもつものだと信じられていた時代であったからである. この衝撃が動機となって無限小解析学を根底から見直さなければならないという機運が高まったことも, 実数を厳密に定義しなければならないというデデキントたちの実数論が生まれた由縁ともなったのであろう.

そして, この直ぐ後に定理の証明が与えられているのですが, 以下, 行間を補いながらその証明を紹介してみたいと思います.

[証明] $|b^k \cos(a^k \pi x)| \leq b^k (k=0,1,2,\cdots,-\infty<x<\infty)$ であるから,
$$f(x)=\sum_{k=0}^{\infty} b^k \cos(a^k \pi x) \leq \sum_{k=0}^{\infty} b^k = \frac{1}{1-b}$$
一方, $f_n(x)=\sum_{k=0}^{n-1} b^k \cos(a^k \pi x)$ とおくと, $0<b<1$ であるから
$$\max_{-\infty<x<\infty}|f(x)-f_n(x)|=\max_{-\infty<x<\infty}\left|\sum_{k=n}^{\infty} b^k \cos(a^k \pi x)\right|$$
$$\leq \sum_{k=n}^{\infty} b^k = \frac{b^n}{1-b} \to 0$$
が言えるので, $f(x)$ は連続関数列 $\{f_n(x)\}$ の一様収束極限であり, x の連続関数である.

次にこの関数が至るところ微分不可能であることを調べる. x を任意の実数とし, $h>0$ と $n\in\mathbb{N}$ に対して
$$S_n = \sum_{k=0}^{n-1} b^k \frac{\cos(a^k\pi(x+h))-\cos(a^k\pi x)}{h}$$
$$R_n = \sum_{k=n}^{\infty} b^k \frac{\cos(a^k\pi(x+h))-\cos(a^k\pi x)}{h}$$
とおく. すると

$$\frac{f(x+h)-f(x)}{h} = \sum_{k=0}^{\infty} b^k \frac{\cos(a^k\pi(x+h)) - \cos(a^k\pi x)}{h}$$
$$= S_n + R_n$$

のように分解できる．ここで，$\{\cos(a^k\pi x)\}' = -a^k\pi\sin(a^k\pi x)$ であるから，平均値の定理により

$$\frac{\cos(a^k\pi(x+h)) - \cos(a^k\pi x)}{h} = -a^k\pi\sin(a^k\pi(x+h'))$$

を得る．ただし，$0 < h' < h$ である．したがって，

$$|S_n| = \left| \sum_{k=0}^{n-1} b^k(-a^k)\pi\sin(a^k\pi(x+h')) \right|$$
$$\leq \sum_{k=0}^{n-1} a^k b^k \pi = \frac{\pi(a^n b^n - 1)}{ab-1} < \frac{\pi a^n b^n}{ab-1}$$

すなわち，$\quad |S_n| < \dfrac{\pi a^n b^n}{ab-1}$ ⋯①

次に，$|R_n|$ を小さく評価するために，以下の準備をしておく．$a^n x = \alpha_n + \beta_n \left(\alpha_n \in \mathbb{Z},\ -\dfrac{1}{2} \leq \beta_n < \dfrac{1}{2} \right)$ とおき，さらに $h_n = \dfrac{1-\beta_n}{a^n}$ とおく．すると $\dfrac{1}{2} < 1-\beta_n \leq \dfrac{3}{2}$ であるから，

$$\frac{1}{2a^n} < h_n \leq \frac{3}{2a^n} \quad \therefore \quad \frac{2a^n}{3} \leq \frac{1}{h_n} < 2a^n \qquad \cdots ②$$

いま，$k \geq n$ とすると，$a^n h_n = 1-\beta_n$, $a^n x - \beta_n = \alpha_n$ であるから

$$a^k\pi(x+h_n) = a^{k-n}\pi a^n(x+h_n)$$
$$= a^{k-n}\pi(a^n x + a^n h_n)$$
$$= a^{k-n}\pi(a^n x + 1 - \beta_n) = a^{k-n}\pi(1+\alpha_n)$$

したがって，a が奇数であることに注意すると，
$$\cos(a^k\pi(x+h_n)) = \cos(a^{k-n}\pi(1+\alpha_n))$$
$$= (-1)^{1+\alpha_n}$$

同様にして

$$\begin{aligned}
-\cos(a^k\pi x) &= -\cos(\pi a^{k-1}a^n x) \\
&= -\cos(\pi a^{k-n}(\alpha_n+\beta_n)) \\
&= -\cos(\pi a^{k-n}\alpha_n)\cos(\pi a^{k-n}\beta_n)+\sin(\pi a^{k-n}\alpha_n)\sin(\pi a^{k-n}\beta_n) \\
&= -\cos(\pi a^{k-n}\alpha_n)\cos(\pi a^{k-n}\beta_n) \\
&= (-1)^{1+\alpha_n}\cos(\pi a^{k-n}\beta_n)
\end{aligned}$$

よって，R_n において $h=h_n$ とし，$-\dfrac{\pi}{2}\leqq \pi\beta_n\leqq \dfrac{\pi}{2}$ より $\cos(\pi\beta_n)\geqq 0$ となることに注意すると

$$\begin{aligned}
|R_n| &= \left|\sum_{k=n}^{\infty} b^k \frac{(-1)^{1+\alpha_n}+(-1)^{1+\alpha_n}\cos(\pi a^{k-n}\beta_n)}{h_n}\right| \\
&= \left|\frac{(-1)^{1+\alpha_n}}{h_n}\right|\sum_{k=n}^{\infty} b^k(1+\cos(\pi a^{k-n}\beta_n))\geqq \frac{b^n}{h_n}\geqq \frac{2a^n b^n}{3} \quad (\because ②)
\end{aligned}$$

すなわち $\quad |R_n|\geqq \dfrac{2a^n b^n}{3}$ $\qquad\qquad\qquad\qquad\qquad\qquad$ …③

よって，①，③から

$$\left|\frac{f(x+h_n)-f(x)}{h_0}\right|=|S_n+R_n|\geqq |R_n|-|S_n|>\frac{2a^n b^n}{3}-\frac{\pi a^n b^n}{ab-1}$$

$$=(ab)^n\left(\frac{2}{3}-\frac{\pi}{ab-1}\right)$$

ここで，$ab>1+\dfrac{3\pi}{2}$ であったから $\dfrac{2}{3}-\dfrac{\pi}{ab-1}>0$ で，したがって，$n\to\infty$ のとき $(ab)^n\left(\dfrac{2}{3}-\dfrac{\pi}{ab-1}\right)\to\infty$ となる．また a が正の奇数だから②より $\displaystyle\lim_{n\to\infty} h_n=0$ となる．したがって

$$\lim_{n\to\infty}\left|\frac{f(x+h_n)-f(x)}{h_n}\right|=\infty$$

305

すなわち，ディニの導来数[10] を考えると，$D^+f(x) = \overline{\lim_{h \to +0}} \dfrac{f(x+h_n)-f(x)}{h_n}$
$= +\infty$ または $D_+f(x) = \lim_{h \to +0} \dfrac{f(x+h_n)-f(x)}{h_n} = -\infty$ となって，$f(x)$ は有限値の微分係数をもたないことがわかった． ∎

これで定理は証明されたことになりますが，無限級数によって与えられた関数

$$f(x) = \sum_{k=0}^{\infty} b^k \cos(a^k \pi x)$$

の奇妙な振る舞い方の発見は，私たち人間の近代精神そのもの象徴かもしれません．

---

[10] Ulisse Dini (1849 ～ 1918) はイタリアの数学者．ディニの微分についてはたとえば越昭三著『測度と積分』（共立全書）の 53 頁などを参照されるとよい．

第11章
近代解析学と認識問題

11.1 近代解析学と認識主観

　これまで「実数空間」と「距離空間および関数空間」を取り上げながら，「無限と連続」の問題をいろいろと考えてきましたが，最終章では少々「数学」から逸脱するのを許していただいて，この問題を別の視点から考えてみたいと思います．

　「近代」という時代区分[1]をどのように考えるかは，人によって多少ブレがありますが，いま一応19世紀以降ということにしておくと，フーリエ(1768〜1822)，ボルツァノ(1781〜1848)，コーシー(1789〜1857)，ワイエルシュトラス(1815〜1897)などにはじまる「近代解析学」では，デカルト(1596〜1650)の「cogito, ergo sum」とも相俟って「無限と連続」の問題が積極的な形で取り扱われるようになりました[2]．それゆえにときに私たちは，私たちの素朴な直観を裏切るような場面にしばしば出くわすことになるのですが，a を正の奇数，$0 < b < 1$, $ab > 1 + \dfrac{3\pi}{2}$ として得られる三角級数

$$f(x) = \sum_{k=0}^{\infty} b^k \cos(a^k \pi x)$$

もその一例です．すでに確認したように上式で定義される「連続関数」は「至るところ微分不可能」なのですが，それにしてもこの結果はまことに奇妙な感

---

[1] このような時代区分自体が西洋の歴史観であるが，日本では明治維新以降，西洋ではルネサンス以後というのが通説である．

[2] もちろんそれ以前にも，ニュートンやライプニッツをはじめカバリエリ(1598〜1647)，ウオリス(1616〜1703)，ロピタル(1661〜1705)，テーラー(1685〜1731)，マクローリン(1685〜1746)などの仕事を考慮しておくべきなのは言うまでもない．

第11章　近代解析学と認識問題

じがします.

　また, 完備距離空間における「ベールのカテゴリー定理」の果実ともいうべき「至るところ微分不可能な連続関数の存在証明」にも, むしろその「完備性」ゆえに, わたし自身は何か釈然としないものを感じています. いったい完備性の正体とは何なのでしょうか. またその思考の真の淵源はどこにあるのでしょうか.

　ここで誤解を恐れずにその結論を先取りして述べてしまえば, これらの定理を産み出した集合論的な思考法が「認識主観の対象定立作用を含めた全体を思考する方法[3]」であるから, ということになるのかもかもしれません. こうした思考法は実は, カントール (1845〜1918) が三角級数論を通して, 導集合[4] の概念を確立しそこから近代無限集合論を創始して以来, ハウスドルフ (1868〜1942), ボレル (1871〜1956), ベール (1874〜1932), ルベーグ (1875〜1941), フレシェ (1878〜1973) などによって受け継がれていくことになるわけですが, このあたりの消息を沢田昭聿氏は, 次のように述べられています.

> ルベーグが言うように, アルキメデス以来の求積の方法は平面を正方形に分割し, 求める図形に含まれる正方形の集まりとその図形を含む正方形の集まりを考え, その上で極限を求めるものである. リーマンの積分の理論でも, 本質的には同じことである. そこでは極限をとる前は有限個の正方形, あるいは古代幾何学の図形である多角形が扱われている. われわれの認識主観

---

[3] 沢田昭聿著『連続体の数理哲学』の第Ⅰ章第3節からの引用.

[4] 点集合 P に対して, P の集積点全体からなる集合を考えこれを P' で表す. このとき P' を P の導集合という. また, 集合 P' の導集合として P'' が定義され, 以下同様にして, 任意の自然数 N に対して $P^{(n)}$ が定義される. さらにある自然数 k が存在して $P^{(k)}$ が有限集合, すなわち $P^{(k+1)} = \emptyset$ となるとき, 集合 P を第 k 種の集合という. なお, 点 a が P の集積点であるとは, a が P に属する適当な互いに異なる点列 $\{x_n\}$ の極限点となっていることである.

に依存しなければ意味のないものではない．それに反して無限可算個の区間による被覆は主観の作用を通ってのみ意味のあるものであり，それに全面的に依存するのである[5]．

また沢田氏は,「主観という認識論の概念を，証明を問題とする今の論理学的な議論において持ち出すのは好ましくないかも知れぬ」と断わりながらも「しかしこの主観の一般的な対象定立作用を考慮しないと解析学の合理性を理解する手掛りを失う[6]」とも述べられています．私たちのほとんどは，100角形でさえ実際に作図したことがなく，それにもかかわらず「100角形」という対象を定め，それを考察することをなんの恐れ気もなくやっていますが，これはまさに「主観の対象定立作用」に依拠してはじめて可能なことです．

ともあれ沢田氏の指摘は尤もで，フーリエ（1768〜1830），ボルツァノ（1781〜1846），ベッセル（1784〜1846），コーシー（1780〜1857）といった近代解析学の黎明期に活躍した人たちの仕事を理解しようとするとき，わたしなどはどうしても「認識主観の対象定立作用」というものを強く意識せざるを得ません．さらに言えば，それなくしては近代解析学というものを，純数学的に理解する（これがどういうことかは議論の余地があるが）ことは不可能なのかな，と思ったりします．

さらに沢田氏は古代ギリシア数学の「尽去法」を取り上げ，この方法は「図形の列の無限接近を扱わねばならず，そのために否定的に列の進行が阻止できないこと，或いは不定的に先があることだけを使った」のであるが,「このことは何なのか」と問い,「それはわれわれ認識主観が次々と図形を限りなく定立していく働きが証明の拠り所となっていることを意味する」と結論されています．また「空間中にある図形は常に一定数のもので，不定的であることはできぬ．不定は主観の側にあるのである」と指摘され，そして「無限列を思考するとは，その列を空間中に立てていく主観の作用自身を思考の対象とする」

---

[5] 『連続体の数理哲学』92頁．
[6] 『連続体の数理哲学』69頁．

と述べられていますが,「認識主観の対象定立作用を含めた全体を思考する方法」とはこのことにほかなりません.

私たちが「無限や連続」を考えようとすると,否応なしに「認識主観の対象定立」の問題が顔を覗かせてきますが,それというのも「無限の座はわれわれ認識主観の作用においてもとめられねばならぬ」からであり,沢田氏が指摘されているように,事実集合論においては無限は主観の作用に帰着させられると言わざるを得ないからです.ここで,再び沢田氏の言葉を引用させていただきます.

> 19世紀の測度の概念は主観の側に重点があり,測定作用を介してのみ意味のあるものである.測度の定義の出発点は区間,三角形,四面体にあるのであるから,そこでは古代の量概念があるであろう.しかしそれ以上は測定作用を非可算回である'不定'回数用いて決定するのである.測定される点集合も図形として直観的空間的に認識主観と切り離されて存在するのではなく,認識主観の対象定立作用と関係して存在するのである[7].

正にその通りというほかはありませんが,近代は私たちに素朴な図形的思考から脱却することを要求し,いわば認識主観の深く関与する集合論的思考を強いてくる,というべきなのです.なお,ここで少々能天気なことを申し添えておくと,測度論やルベーグ積分を学ぶ意義もそこにあり,私たちはそれによって人間精神の一つの雛型を確かな形で見ることができます.

11.2 完備化とは何か

「主観の一般的な対象定立作用」ということに関してわたしには学生時代からずーっと心に引っかかっていた問題がありました.それは「距離空間

---

[7] 『連続体の数理哲学』94頁.

(E, d) が完備でないとき，それを完備な距離空間に埋め込むことができる」という定理に関してです．

　当たり前のことですが，大学の講義ではこの定理の証明は極めて純論理的に淡々と説明されていきます．しかし，わたし自身は「完備化」というものが，どうも私たち人間の側の主観の問題，あるいは自由意志に関与しているように感じられて仕方がありませんでした．

　一刀斎森毅先生は『位相のこころ』(現代数学社) で「『完備性』それ自体の問題として，『完備化したら完備になった』というナンセンスな場合を除くと，ある一様構造の完備性から他の一様構造の完備性が導かれる場合である．その原型もまた教養課程の『微積分』の範囲で，『関数列についてのコーシーの定理』にある[8]」とお書きになっていますが，学生時代のわたしは正に完備化の全てが「完備化したら完備になった」という恣意的ナンセンスそのものにも感じられた次第．ざっくり言ってしまえば「完備化」は客観的な論理の問題ではなく，私たちの認識主体の極めて主観的な問題であるように感じられたのです．

　もちろん，この世界のことで人間の認識主観の網を被っていない事物はないといっても過言ではありません．しかし，ことが客観的な学問だと思われている数学の世界だけにこころ穏やかならざるものがありました．

　距離空間の完備化の方法は有理数の集合 $\mathbb{Q}$ から実数体 $\mathbb{R}$ へ拡大する方法を踏襲するもので，基本点列自体を新しい認識対象とするものです．たとえば

$$a_{n+1} = 1 + \frac{1}{1+a_n}, \quad a_1 = 1$$

によって定まる有理数列 $\{a_n\}$ は $\mathbb{Q}$ において基本点列($\mathbb{Q}$ においては収束点列ではない)であり，この基本列自体を一つの点と考える世界を構想構築するというものです．そのアウトラインを簡単に説明すると以下のようになります．

---

[8] 111〜112頁．

まず完備でない距離空間 (E, d) の基本点列全体の集合を考えます．これを $C(E)$ とし，2つの基本点列 $\xi = \{x_n\}$ と $\eta = \{y_n\}$ とが同値 $(\xi \sim \eta)$ であることを
$$\lim_{n \to \infty} d(x_n, y_n) = 0$$
のように定義します．これがいわゆる同値関係を満たすことは明らかで，そこで $C(E)$ をこの同値関係 $\sim$ で割った商集合 $C(E)/\sim$ を考えます．つまり，互いに同値な関係にある2つの基本点列を同一視して，$C(E)$ を同値関係 $\sim$ で類別したものを考えるというわけです．これを $E^* = C(E)/\sim$ とし，E から E^* の写像 φ を次のように定めます．すなわち，E の点 x に対して，x に収束する E^* の代表元 $\{x_n\}$ を考え，
$$\varphi(x) = \{x_n\}$$
とするのです[9]．このような $\{x_n\}$ は，たとえば $x_n = x\ (\in E)$ とすれば間違いなく存在します．詳しい検証はここでは省略しますが，ともあれ，この写像 φ によって E が E^* に埋め込まれ，さらに E^* の完備性も証明されます．

わたしが面白いと思うのは，基本点列自体を新しい認識対象とする思考法で，ここには紛れもなく「主観の一般的な対象定立作用」がある，ということです．言葉を変えれば E を完備化して得られる E^* とは，西田幾多郎のいう「可能なるものがその極限において実在的となる」世界と言うことができるのではないでしょうか．基本点列は収束の予感に満ちていますが，その予感に私たちの認識主体が最後の一撃を与えて「実在」を与えるのが「完備化」なのです．それは，人間のなにものかに対する深く強烈な欲動の結果というのは言い過ぎでしょうか．

11.3　選択公理の問題

第6章においてわたしは $x = a$ で $f(x)$ が連続であることを数列の言葉で

---

[9] 厳密には E の元 x に対して $C(E)$ の元を対応させ，さらに $C(E)$ から E^* への自然な写像を考えることになる．

表現すると，

「a に収束する任意の数列 $\{x_n\}$ に対して
$$\lim_{n\to\infty}f(x_n)=f(a) \text{ が成り立つこと」} \qquad \cdots\cdots(\mathrm{P})$$
と述べています．すなわち，
$$\forall\varepsilon\exists\delta>0;|x-a|<\delta\implies|f(x)-f(a)|<\varepsilon \qquad \cdots\cdots(\mathrm{Q})$$
とすると，(P) と (Q) が同値というわけです．

「(Q) ならば (P) が成り立つ」とう命題は特に問題はありませんが，その逆である「(P) ならば (Q) が成り立つ」という命題には，学生時代から何か釈然としないものを感じていました．それは，数列という「ボツボツの世界」と実数という「ベタの世界」とに何か大きな懸隔があるのではないかと感じられたからです．後年，これがキチンと主張されるためには「選択公理」が必要なのだということを，田中尚夫氏の『選択公理と数学』(遊星社) という本で教えられた次第ですが，このあたりについても少し述べておきたいと思います．

選択公理 (選出公理) についてはすでに第 4 章で触れましたが，これはツェルメロ (1871〜1953) の創案になるもので，「集合族 $\mathfrak{A}=\{A_\lambda\mid \lambda\in\Lambda\}$ において，すべての $\lambda\in\Lambda$ に対して $A_\lambda\neq\emptyset$ であるならば，直積集合 $A=\prod_{\lambda\in\Lambda}A_\lambda\neq\emptyset$ が成り立つ」というものです．要するに，$A_\lambda(\lambda\in\Lambda)$ が空でなければ，$a=(a_\lambda)_{\lambda\in\Lambda}$ となる A の元が確かに存在するという主張で，換言すればすべての $\lambda\in\Lambda$ に対して a_λ を一斉に選び出す「観念上の操作」が可能であるということを宣言している，ということができます．Λ が有限集合であればこれはほとんど自明のように思われますが，これが無限集合とりわけ非可算集合になることはそう簡単には運ばないようにも思われます．

さて，(P) ならば (Q) が成り立つことはふつう次のように証明されます．(P) が成り立つにもかかわらず (Q) が成立しないとします．すなわち
$$\exists\varepsilon\forall\delta;|x-a|<\delta \text{ かつ } |f(x)-f(x)|\geq\varepsilon$$
とします．このとき，$\delta=\dfrac{1}{n}$ $(n=1,2,3,\cdots)$ とし，各 n に対して，集合 A_n を以下のように定めます．

313

第11章 近代解析学と認識問題

$$A_n = \left\{ x \,\middle|\, |x-a| > \frac{1}{n} \text{ かつ } |f(x)-f(a)| \geqq \varepsilon \right\}$$

このとき，集合 A_n は空ではないので，

「各 A_n から1点 x_n を選ぶことができる」　　…(*)

ので，

$$|x_n - a| < \frac{1}{n} \quad \text{かつ} \quad |f(x_n) - f(a)| \geqq \varepsilon$$

が成り立ちます．したがって，$\lim_{n\to\infty} x_n = a$ であるにもかかわらず，

$$\lim_{n\to\infty} f(x_n) \neq f(a)$$

となり，これは(P)に矛盾します．すなわち，(Q)が成立しなければならないことになります．

ここで何が問題になるかというと(*)のところです．各 A_n から1点 x_n を選び出すことができる，ということをほんとうに断言してもいいのでしょうか．数列 $\{x_n\}$ の存在は，言わば「認識主観」の問題であり，そこに絶対的な客観性を期待するのは無理なような気がします．このあたりのところについて，田中尚夫氏は「選択公理は，このような数列 $\{x_n\}$ が一つの集合として存在することを保証してくれている．そこにこの公理のありがたみがある」という主旨のことを指摘されていますが，正にその通りではないかという気がします．

また，定理10・6で私たちは，「第一類集合の可算個の和集合は第一類集合である」という命題を証明しましたが，第一類集合 A_n が

$$A_n = \bigcup_{k=1}^{\infty} A_{n,k}, \ A_{n,k}^{-\circ} = \emptyset$$

のようにかける，というところでも実は選択公理を用いています．すなわち，各 n に対して上の等式を満たす疎な集合(瘠せた集合)を選び出さなければならないところで選択公理を用いているというわけです．

選択公理については『無限論の形成と構造』の著者下村寅太郎が「それの根底にある思想あるいは考え方は，集合論そのものの根底をなすそれであり，むしろ以前から，あるいはむしろ集合論以前から－近世数学そのものの全基

盤に予想されているものであって，選出公理はこれを自覚的に摘出形成したものに他ならぬ」と述べています．そして，与えられた任意の集合 M を考えたとき，M が自然数の集合と濃度を等しくするいわゆるの可付番集合の整列可能性は簡単に示されるが，それ以上のものについては決して自明ではないと指摘し「ことにこの方法においては一つの選出はその前の選出に限定されており，したがって継時的であって完結し得ない．それ故ツェルメロは，要素の選出を継時的とせず，すべての部分集合から同時に選出摘出することを要請する．これが有名な選出公理に他ならぬ」と「選択公理」について実に明解な解説を与えています．

また「これ (＝選択公理) は，集合 M の任意の部分集合 N のある要素 a を N の表出要素 (ausgezeichnetes Element) として選び出すことができること (すなわち第一要素として選出し得ること)，そうしてこれにより M のすべての部分集合に表出要素を同時に対応せしめ得ることを要請するものである」とも述べています．このあたりのことについては沢口昭聿氏は『無限論の形成と構造』の解説で次のように語ります．

「真の存在とは直接にそれ自身においてある客観的な'物'ではない．むしろ逆に，すべての物は主観に対してある存在，すなわち'現象'である．それ自身において意味をもつのではなく主観に対して意味をもつ．したがってそれ自身の意味ではなく他の意味を担うもの，すなわち Zeichen[10] であり，Symbol である．われわれにおいて理解される意味をもつのである．」われわれは古典的な集合論において，この観念論的な数学の典型を見ることができる．例の'自由なる数の生成'はかかる存在論を前提して初めて可能であり，その論理を究極まで前進させたものということができる．著者は，この立場の最終的方法として (古典的) 公理主義を挙揚し，古典的集合論の公理たる選択公理 (選出

---

[10] しるし，符号，記号という意味．

公理)に注目している.

沢口氏が引用された「真の存在とは〜われわれにおいて意味をもつものである.」の箇所は,「5 無限小の数学的形成[11]」で著者下村寅太郎が述べているところですが, 下村は「8 象徴的数学の形而上学」の章ではライプニッツを引き合いに出して,「現象」について「空間そのものは実体ではなく現象の秩序(ordo)である. 現象はそれ自身においてあるものではなく精神に対してあるものにすぎない」と述べています.「選択公理」の背後にも, 私たちの「認識主観の対象定立作用を含めた全体を思考する方法」が深く関与していたというべきなのでしょう.

11.4 結語

沢口昭聿氏は『無限論の形成と構造』の解説で「無限の真の母体は連続体にあると言わねばならない」と書かれていますが, では「連続体」の母体とはいったい何なのでしょうか. それに即答することは極めて危険なことで, たとえば「私たち人間の主観, 意識, こころ」という風に答えてみたくもなりますが, しかしそれで何がわかったか, というと何もわからない気もします.

ただ, 集合論的思考から生まれた近代解析学を概観しながら確実に言えることは, そこに紛れもなく私たちの認識主観が強く関与しているということです. 繰り返しになりますが, 職業的な数学者たちはいざ知らず, わたしのような数学の素人は「主観の一般的な対象対立作用を考慮しないと解析学の合理性を理解する手掛りを失う」ことだけは確かです. そして,「無限と連続」が至るところに登場する近代解析学を学びながらいつも驚異に感じていたことは, 数学世界の壮麗さというよりも, それを創出した人間精神自体の不思議です.

J. デュドネは『人間精神の名誉のために』という本で, ルジャンドルに宛てた C.G.J. ヤコービの手紙の次のような一節を引用しています.

---

[11] 79 頁.

フーリエ氏の意見では数学の主目的は公共に役立つことと自然現象の解明にあるとのことです．しかし彼も哲学者ならば知っているべきですが，学問の唯一の目標は人間精神の名誉のためにあって，その意味では数に関する問題も世界の体系についての問題と同じ価値があるのです．[12]

「人間精神の名誉のために」とはまことに含蓄に富む言葉ですが，この言葉はアンドレ・ヴェイユの「数学の将来」(Chaier du Sud, 1948) の結語にも使われていて，ヴェイユは「かれ (＝数学者) が，かれの仲間にしかついて行けない高い氷河に，どうしていつまでも捉まっているのか」と人から問われれば，かれはヤコービとともに「人間精神の名誉のために」と答えるであろう，と述べています．

げに，数学者のみならず，私たちのような一般人も「無限と連続」について考えざるを得ないのは，それが「人間精神にすでに仕組まれた自己証しの衝動」であり，それこそは「人間精神への垂直的な無償の愛」というべきだからなのかもしれません．

---

[12] 高橋礼司氏の訳．

おわりに

　1999年，わたしは『世界を解く数学』(河出書房新社)という本を上梓しましたが，この本の第5部の最終章で次のように書いています．

> この学問(数学)に対する私の関心は，この学問の奥深くに秘められた，私の「有限性」に真っ向から対立矛盾する「無限性」そのものにあった．合理性の極致であると思われる言語体系は，なぜ，堪え難い非合理の光線を放射し続けるのだろう，その理由はいったいどこにあるのだろう，私には，「無限」こそ，数学という学問体系が，「有限」な生身の人間に容赦なく繰り返し投げかけてくる苛烈な「問い」に思われた．

　今もこの思いに変わりはなく，実は，愚昧な私は少年の頃から「数学の合理性」ではなく，「数」の中に「神のごとくに蟠踞していたその非合理の岩盤」に魅せられ続けてきたように思います．端的に言えば，私にとり数学を学ぶということは，私の'人間あるいは人間精神の研究'にほかなりませんでした．それは決して'数学そのものの研究'ではなかった！そしてそれゆえに，これまで数学というものと付き合ってくることができたように思います．
　本書が「数学の本ではない」ということは，すでに'はじめに'でも述べましたが，本書を通じて理系の高校生や大学生のみならず，いわゆる文系の学生諸君にも'数学における非合理の岩盤'に少しでも触れていただければ，と願っています．なぜなら，そこに人間精神のなんであるかが，なんらかの形で如実に示されていると思うからです．
　「無限と連続」の連載をはじめるにあたって，実は前社長の故富田栄氏から「この問題は，空間的，物理学的問題ではなく個別認識者の意識に依存するのでしょうか」という，まことに示唆に富むメールを頂きましたが，まさに，

それを確認する形で本書を書き終えたのではないかと思っています．本書は，人間の意識の研究書でもあるのです．「無限と連続」の問題を文系の人たちにも考えてもらいたいゆえんです．

　最後にこの場を借りて，連載原稿をこのような我儘な形で単行本にして頂いた，富田淳氏をはじめ現代数学社の方々に，深甚の謝意を表したいと思います．

2013年浅春　河田直樹

参考文献

『The Infinite』(ROUTLEDGE)，A.W.Moore
『関数解析』(横浜図書)，宮島静雄
『関数解析の基礎』(岩波書店)，コルモゴルフ，フォミーン，山崎三郎，柴岡泰光訳
『散策』，村田全
『集合・位相入門』(岩波書店)，松阪和夫
『集合から位相へ』(現代数学社)，松尾吉知
『集合と位相空間』(共立出版)，柴田敏男
『数学基礎論序説』(培風館)，R・L・ワイルダー，吉田洋一訳
『数学雑談』(共立全書)，高木貞治
『数学−その形式と機能』(森北出版)，S．マックレーン，弥永昌吉監修
『数学的思考』(工作舎)，オスカー・ベッカー，中村清訳
『数学と自然科学の哲学』(岩波書店)，ヘルマン・ワイル，下村寅太郎他訳
『数学と哲学』(紀伊国屋書店)，ヒュー・レーマン，岩坪紹夫訳
『数学の哲学』(培風館)，スティーブン・F・バーカー，赤摂也訳
『数と無限の哲学』(共立全書)，白石早出雄
『数について−連続性と数の本質−』(岩波文庫)，デデキント，河野伊三郎訳
『数の概念』(岩波書店)，高木貞治
『数理哲学序説』(岩波文庫)，バートランド・ラッセル
『数理哲学の歴史』(理想社)，G・マルチン，斉藤義一訳
『世界の名著・アウグスティヌス』(中央公論社)，アウグスティヌス
『世界を解く数学』(河出書房新社)，河田直樹
『積分・長さおよび面積』(共立出版)，ルベーグ，吉田耕作訳
『選択公理と数学』(遊星社)，田中尚夫
『ソボレフ空間の基礎と応用』(共立出版)，宮島静雄
『超限集合論』(共立出版)，カントール，村田全，功力金二郎訳
『西田幾多郎全集』(岩波書店)，西田幾多郎
『ハウスドルフ空間』(思潮社)，藤井貞和
『微分積分学』(昭晃堂)，松尾吉知他
『ヒルベルトの問題』(共立出版)，ヒルベルト，一松信訳

『プラトン全集』(岩波書店)，プラトン
『無限からの光芒』(日本評論社)，志賀浩二
『無限と心』(現代数学社)，ラディ・ラッカー，好田順治訳
『無限論の形成と構造』(みすず書房)，下村寅太郎
『優雅な $e^{i\pi}=-1$ への旅』(現代数学社)，河田直樹
『零の発見』(岩波新書)，吉田洋一
『連続体の数理哲学』(東海大学出版会)，沢口昭聿

索　引

あ行

アウグスティヌス　24, 25, 61, 65
アキレス　5
アナクサゴラス　123
アリストテレス　54, 58, 59, 65
アルキメデスの公理　39, 40, 42
位相　262
位相構造　28, 29
一様収束　229
一様連続　153, 178, 180
ヴィエトリスの公理　275
上への写像　75
ウリゾーン　275
オスカー・ベッカー　58, 59, 61

か行

開核　250,
開球　247
開集合　250, 254
外点　249
ガウス　58, 156
下界　37
下極限　147, 149
下限　38, 41
可算集合　84, 87, 90
可測関数　198
可測集合　201
合併集合　71
可付番集合　84
関数空間　215
カント　56, 61, 62
カントール　29, 43, 66, 67,
　　　　　110, 120, 138, 186, 209

完備　147
基数　82
基本列　144, 214
逆像　75
境界点　250
共通部分　71
極小元　113
極大元　113
距離　215, 216
距離空間　216
近傍　250, 266
近傍系　267, 268
空集合　69
区間縮小法の原理　120
クラトフスキー　270
原像　75
コーエン　208
コーシー　29, 125
小平邦彦　62
コルモゴロフ　259, 268
コルモゴロフの公理　273

さ行

最小元　113
最小値到達の定理　177
最大元　113
最大値到達の定理　175
差集合　71
作用素　75
沢口昭聿　8, 308, 309, 310, 315
3進集合　187
自然数　29
実数　29

自同律　32
下村寅太郎　316
写像　74
集合　68
集積値　142
縮小写像　283, 284, 285
順序構造　28, 29
順序体　30
上界　37
上極限　147, 149
上限　37, 41
商集合　82
触点　251
数列　124
正規空間　275
正則空間　275
整列集合　111, 114
切断　42, 45
ゼノン　5, 6, 7, 65, 210
全射　75
全順序集合　113
選択公理　101, 107, 109
全単射　75
疎　292
双曲線　13, 14
測度　199, 200

た行

体　30
台　268
第一類の集合　293
対角線論法　92, 93
対称差　71
代数構造　28
第二類の集合　293
楕円　13, 14

ダルブー　244
単射　75
チェザロ　122
中間値の定理　171
稠密　33, 34
超越数　23
直積　73
直積　87, 88
チルピンスキー　114
ツェルメロ　111, 315
ツォルン　112, 114
ディリクレ　204, 205, 206
デデキント　7, 10, 29, 42, 43, 44, 46, 50,
　　　　　52, 57, 58, 138, 165, 208
添数集合　108
導集合　67
同値関係　82
同等　81
トマス・アキナス　26

な行

内積空間　260
内点　249
中への写像　75
ニコラス・クザーヌス　14
西田幾多郎　11, 207, 208, 210, 211, 312
ニュートン　52
濃度　82

は行

排中律　32
ハイネ　153, 154
ハウスドルフ空間　3, 274
ハウスドルフの公理　274
パップス　220
ハレー彗星　14

323

汎関数　75
非可算集合　92
非稠密　292
被覆　151
ピュタゴラス　22, 54
ヒルベルト　110, 111
フーリエ　245
複比　219
藤井貞和　3
不動点　284
部分集合　70
部分列　124
プラトン　54, 58, 59, 65
フレシェの公理　274
ブローエル　31
分離公理　272
ペアノ　20
閉球　247
閉球列の原理　277
閉集合　251, 254
閉包　251
ベール　246
ベールの定理　295
冪集合　96
ヘルダー　237
ヘルマン・ワイル　120, 195
ベルンシュタインの定理　105
変換　75
放物線　13, 14
補集合　69
ボルツァノ　10, 29, 139, 155, 156, 165, 166, 169, 243
ボレル　153, 154, 200, 203

ま行

前田愛　3

マルチン　49, 59, 156
パルメニデス　65
密着位相　264, 269
密着空間　263
ミンコフスキー　232, 233, 242

や行

無理数　46, 47, 58
ヤング　235
有界　37
ユークリッド　218
有限部分被覆　151
有理数　29, 45, 47
余集合　69

ら行

ライプニッツ　25, 26, 27, 164, 209, 210
ラッセル　5, 68
リーマン　66, 204, 205, 206
離散位相　264
離散空間　264, 269
離心率　14
ルベーグ　196, 199
連続写像　257
連続体仮説　110
連続の濃度　95

わ行

ワイエルシュトラス　29, 41, 50, 130, 132, 133, 138, 208, 243, 302

著者紹介：

河田直樹（かわた・なおき）

1953年山口県生まれ．福島県立医科大学中退．東京理科大学理学部数学科卒業．同大学理学専攻科修了．予備校講師．数理哲学研究家．

主な著書：

『世界を解く数学』（河出書房新社）

『数学的思考の本質』（PHP研究所）

『高校数学体系定理・公式の例解事典』，『算数・数学まるごと入門』（聖文新社）

『優雅な $e^{i\pi}=-1$ への旅』，『古代ギリシアの数理哲学への旅』，『高校・大学生のための整数の理論と演習』，『大数学者の数学・ライプニッツ／普遍数学への旅』（現代数学社）など．

無限と連続 ─哲学的実数論─

2013年3月15日　　初版1刷発行

著　者　　河田直樹
発行者　　富田　淳
発行所　　株式会社　現代数学社
〒606-8425 京都市左京区鹿ヶ谷西寺ノ前町1
TEL&FAX 075 (751) 0727　振替 01010-8-11144
http://www.gensu.co.jp/

印刷・製本　　牟禮印刷株式会社

検印省略

ⓒ Naoki Kawata, 2013
Printed in Japan

落丁・乱丁はお取替え致します．

ISBN978-4-7687-0424-0